"十四五"职业教育国家规划教材

国家级精品资源共享课配套教材

国家级精品课程配套教材

发电厂电气部分

（第三版）

主　编　郑晓丹

副主编　任　建　金永琪

科学出版社

北　京

内 容 简 介

全书共8个单元，以水电站实例为引线，介绍电力系统绪论、短路电流计算、发电厂变电所电气一次设备、发电厂变电所电气一次接线、配电装置、电气设备的选择、操作电源、发电厂和变电所电气二次系统等内容。每单元均明确提出学习任务、重点知识、难点知识及可持续学习的内容，每单元均附有思考与练习题。书后附有较丰富的技术资料，除水电站实例的电气主接线图、10kV高压开关柜订货图、110kV升压站平面布置图外，还收录了短路电流运算曲线数字表、常用变压器、断路器、隔离开关、常用高压熔断器、常用母线和电力电缆、电压互感器、常用电流互感器等技术参数表及KYN28A-12开关柜部分主接线方案编号，方便读者查阅。

本书可作为高职高专院校培养技术应用型人才的教材，也可作为发电厂变电所设计、运行检修、安装调试相关技术与管理人员的学习参考书。

图书在版编目 CIP 数据

发电厂电气部分/郑晓丹主编. —3 版 .—北京：科学出版社，2019.11
（2023.8 修订）

ISBN 978-7-03-063441-2

Ⅰ.①发… Ⅱ.①郑… Ⅲ.①发电厂-电气设备-高等职业教育-教材
②电厂电气系统-高等职业教育-教材 Ⅳ.①TM62

中国版本图书馆 CIP 数据核字（2019）第 254622 号

责任编辑：张振华/责任校对：王　颖
责任印制：吕春珉/封面设计：东方人华平面设计部

科 学 出 版 社 出版
北京东黄城根北街 16 号
邮政编码：100717
http://www.sciencep.com

天津市新科印刷有限公司 印刷
科学出版社发行　各地新华书店经销

*

2011 年 12 月第 一 版　　2023 年 8 月第十次印刷
2016 年 6 月第 二 版　　开本：787×1092 1/16
2019 年 11 月第 三 版　　印张：19
字数：450 000
定价：58.00 元
（如有印装质量问题，我社负责调换〈新科〉）

销售部电话 010-62136230　编辑部电话 010-62135120-2005

前　言

　　本书是根据高等学校电力工程类专业教学委员会通过的"发电厂变电所电气部分的基本内容和基本要求"编写的。

　　"发电厂电气部分"课程是高职高专电气工程类专业的主干课程，课程实践性很强、目标非常明确、具体，主要为培养学生具有发电厂及电力系统运行值班岗位、检修岗位、安装调试岗位所需的职业基本技能奠定基础，使学生在从事电力安装调试、运行值班、检修工作中具备分析问题、解决问题的能力。

　　因课程强调实践性、实用性，为便于专科学生较快地理解掌握知识，我们作了大胆的尝试，以一个水电站实例为引线，讲述各知识点时均结合水电站实例讲述，力求达到目的明确、通俗易懂。为贴近实际，全书介绍的均为目前电力系统采用的电气设备和现场情况，反映了电力新技术成果。同时，本书强调系统性、完整性和易接受性，图文并茂。

　　本书可作为普通高等专科学校、高等职业技术学院和成人高校的电气工程类专业教材使用，也可作为电厂或变电所值班运行检修岗位、电力建设单位、安装调试岗位的培训教材。用本书作为教材授课时要注意与其他教学方式（如多媒体、录像等）、教学环节（实验、实习等）相互配合，理论联系实际。教学中应结合实习实训基地，采用多媒体、教学做一体化、研究性教学等多种教学手段，加强学生对知识的感性认识，同时可参照书后附录 1 的水电站实例的电气主接线图、10kV 开关柜订货图、110kV 升压站平面布置图，依据书后收录的短路电流运算曲线数字表；常用变压器、真空断路器、隔离开关、常用高压熔断器、常用母线和电力电缆、电压互感器、常用电流互感器等技术参数表；KYN28A-12 开关柜部分主接线方案编号，自行进行课程 DIO 项目实战——实例电站的短路电流计算、主接线选择、配电装置选择、电气设备选择等实战练习，以加强对知识的掌握。

　　本书亮点和特点：

　　1) 校企"双元"开发，编写理念新颖；以实际工程项目实例为载体，行业特点鲜明。

　　2) 内容与实际工作岗位、职业标准完全对接，"双证融通"引领学习任务。

　　3) 作为国家级精品资源共享课、国家级精品课配套教材，能够提供立体化的教学服务，契合"互联网＋职业教育"发展需求，与课程改革同步。

　　4) 强化课堂思政教育，将电力职业素养培养的课程思政内容融入教材，建立起课程思政教育教学案例库，凝练案例的思政教育映射点，将案例和教学内容相结合。

　　本书配有国家精品资源共享课网站供学习参考，网址为 http://www.icourses.cn/coursestatic/course_2768.html。

　　本书由浙江水利水电学院郑晓丹担任主编，浙江省水利水电勘测设计院任建、浙江同济科技职业学院金永琪担任副主编，浙江水利水电学院程俊杰担任参编。

在编写本书过程中，得到了电力系统有关部门、电气设备生产厂家及兄弟院校的协助，他们为本书的编辑提供了宝贵的意见和必要的资料，在此一并表示感谢。

由于编者水平有限，不足之处在所难免，望读者批评指正并及时联系，以便改正。

目　　录

1 单元

绪 论

>>>>>

◎ **学习任务**

明确"发电厂电气部分"课程的全部学习任务,掌握本学习领域对应的职业典型工作任务以及本课程领域内关于电力系统方面的基本知识。

◎ **重点知识**

1. 电力工业发展现状及展望。
2. 电力系统组成,发电厂、变电所、用户分类。
3. 电能质量主要衡量指标及其允许变化范围。
4. 电气一次设备、二次设备含义。
5. 电气一次设备图形文字符号。
6. 我国电网额定电压等级种类,发电机、变压器、用电设备额定电压的确定。

◎ **难点知识**

发电机、变压器、用电设备额定电压的确定。

◎ **可持续学习**

电力工业如何发展以适应经济的需要。

"发电厂电气部分"课程的内容及任务

1.1.1 "发电厂电气部分"课程概述

"发电厂电气部分"是发电厂及电力系统专业重要的专业课程，本课程主要培养学生的短路电流实用计算，电气一次设备检修调试，电气一次、二次识图分析，电气一次接线设计选择，配电装置的应用，电气二次监测、控制、信号回路的安装接线等专业能力，以及团队协作、沟通表达、工作责任心、职业道德、职业规范，特别是电力安全技术规范等综合素质和能力。

本课程的学习依据：以工作过程为导向，以职业典型工作任务为基点，学习综合理论知识、操作技能和培养职业素养。具体设置了电气主接线系统的设计选择、高压开关柜的布置及安装调试、厂用电接线系统的设计选择、直流蓄电池的运行与维护、高压开关柜的二次安装接线与调试、中央音响信号屏的安装接线与调试等六个方面的内容。通过学习，要求学生不但能够掌握电气一次、二次系统安装调试、维护、改造与设计的专业知识和专业技能，还能够全面培养团队协作、沟通表达、工作责任心、职业道德与规范等综合素质，掌握电力工作岗位需要的各项技能和相关的专业知识。

1.1.2 "发电厂电气部分"课程学习的任务

通过课堂学习、实验、实训、实操、课业设计等各个教学环节，学生应了解现代电力生产的过程及特点，知道新理论、新技术、新设备在电力系统中的应用，树立起工程观点，能把在课堂上学到的知识运用到实际工作中去，保质保量地完成工作。具体讲就是拿到一个电厂或变电所的电气图纸（包括主接线、厂用电接线等一次图纸、断路器控制回路、中央音响信号回路等二次图纸）要能看得懂，并在看懂的基础上进行分析应用，作为运行调度、安装调试的依据，然后进一步能自行初步设计，知道该电厂（变电所）为何选择此种类型的设备，这些设备组成的通路是怎样的（即主接线形式），通路如何进行控制（即断路器控制回路原理），通路本身或其中的元器件出现问题时如何发信号（即中央信号回路原理）。学习该课程，为学生今后从事电力运行调度及检修，电气一次、二次部分初步设计、安装接线和调试等打下扎实的基础。

1.1.3 "发电厂电气部分"课程工程实例资料应用及教学组织实施

为使学习任务要求感性、具体，本书以某已经建成的小型水电站为课程实例，把该实例分解成电站电气一次接线的设计选择、10.5kV 母线和 110kV 侧三相短路电流计算、电站一次设备选型等任务，以各任务驱动激发大家的求知欲和探索精神。

　　具体实施方法：引入国际流行的 CDIO 工程教育理念，以实例电站电气一次部分设计为课程 DIO 项目（项目任务书等详细见书后附录 3），在进行相关任务学习时，均结合该工程实例资料，让学生自己根据实例电站的原始资料设计一次接线，进行短路电流计算，而后选择电气一次设备及配电装置，以组为单位将设计方案与已经建成的实例电站进行比较，分析已经建成电站的不足，自己的方案在哪些方面进行了改进以及改进后的优劣等，并结合教师评价与学生间互评进行综合评价，以此提高学生的学习主动性、协作性，培养学生的应用意识和创新意识。

　　课程实例电站选取浙江省水利水电勘测设计院承接的某水电站工程，工程设计图纸由任健高工提供。

　　该实例水电站位于云南省境内某地区，该地区水利资源丰富，由于工农业生产不断发展，耗电量日增，故需要建设此电站。根据电站周边的来水情况，确定建设电站的装机容量为 $2 \times 20\text{MW}$，发电机选型为 SF20-10/3300。系统最大运行方式下折算到距离电站 50km 处变电所 110kV 侧的电抗标幺值为 $X_{\Sigma *} = 0.1$（以 $S_b = 100\text{MV} \cdot \text{A}$，$U_b = 121\text{kV}$ 为基准）。另该地区平均气温为 30℃。设计图纸详见附录 1 附图 1-1～附图 1-3。

　　附图 1-1：实例电站电气主接线图。

　　附图 2-1：实例电站 10kV 高压开关柜订货图。

　　附图 2-3：实例电站 110kV 升压站平面布置图。

1.2 电力系统基础知识

1.2.1 电力工业发展现状及展望

　　日常生活及国民生产活动都离不开电，电力工业在现代化建设中占有十分重要的地位，其发展状况是衡量一个国家现代化水平的标志之一。

　　电能有很多优点，首先它可简便地转换成另一种形式的能量，如工厂中的电动机，即将电能转换成机械能，拖动各种机械；日常生活中的电灯即将电能转换成光能以照明。另外，许多生产部门利用电进行控制以实现自动化，提高产品质量和经济效益。

　　我国电力工业的发展速度很快，1949 年，全国总装机容量仅 184.9 万 kW，而到 2018 年底全国总装机容量已达到 19 亿 kW，发电量达到 6.8 万亿 kW·h，电网总规模居世界首位。

　　电能是一种二次能源。一次能源是指直接由自然界采用的能源，如煤、石油、天然气、水利资源、核原料等。二次能源是由一次能源加工，如燃烧、做功等获得的能源，如电力、煤气、蒸汽、焦炭等。电能生产所需要的一次能源消耗量在国民经济一次能源总消耗量的比例，称为发电能源在一次能源总消费中的比例，用 γ 表示。它是衡量一个国家国民经济发展水平的重要指标。美国的一个研究小组对 20 个部门的 350 种产品及服务行业进行统计分析，结果是这些部门的用电相对密度每提高 2%，则单位产值所消耗的能源将降低 18%，所以工业发达的国家 γ 值都比较大。正因如此，国民经济越发达，电力不足造成的损失也就越大；越是经济发达的国家，其对电的依赖性也就越大。我国的一次能源非常丰富，我国又处于经济发展的腾飞时期，对电力的需求很大，电力工业的发展有着非常优厚的物质基础和发展前景。目前我国已经形成以中国华能集团有限公司、中国大唐集团有限公司、中国华电集团有限公司、中国国电集团公司、中国电力投资集团公司五大发电集团为龙头，以国华电力公司、国投华靖电力控股股份有限公司、华润电力控股有限公司、中国长江三峡集团有限公司等中央发电企业及自备电厂、地方发电企业为辅的电力发展格局，电源扩张的紧迫性大大缓解。电力产业由早先"硬短缺——电源短缺，发电能力不足"的特征向"软短缺——电网不足，电能输送受限"转变，因此国家电力发展"十三五"规划明确了"十三五"期间我国将积极发展水电，大力发展新能源、加快煤电转型升级、实施电能替代、加快充电设施建设、深化电力体制改革等18 项重点任务，以实现能源清洁利用、优化能源消费结构的目标。

随着经济技术的进步，我国电力工业自动化水平也在逐年提高。大型机组已采用计算机监控，各中小型电厂也在进行计算机改造，大多数变电所已经装设微机监控和保护装置，电力系统已实现调度自动化。我国电力工业已经进入了大机组、大电厂、大电力系统、高电压和高自动化的新阶段。

1.2.2 电力系统及发电厂、变电所概述

电能是工农业生产不可缺少的动力，它广泛应用于一切生产部门和日常生活方面。电能不能存储，其生产、输送、分配和消费必须在同一时刻完成，因此各个环节必须形成一个整体。电力系统的任务就是将电从电厂生产出来，然后通过变电所升压、高压输电线路输送，再经过变电所降压，最终供给用户。

1. 电力系统

由发电厂、变电所、输配电线路和用户所组成的整体称为电力系统，其中由各级电压的输配电线路和变电所组成的部分称为电力网。

电力系统运行时必须保证下面几点：

1) 安全可靠连续地对用户供电，完成年发电计划。在实际运行中并非所有用户都不允许停电，按对供电可靠性的要求不同，用户分为一类、二类和三类用户。一类用户一旦停电会造成人身伤亡、设备产品报废、生产长时间不能恢复，或造成重大政治经济影响，如炼钢厂、医院手术室等；二类用户停电则会造成设备损坏、大量次品，正常工作受影响，如棉纺厂、造纸厂等；三类用户停电则影响不大，如学校等。所以，运行中三类用户允许停电，一、二类用户不允许停电，当供电不足或发生故障时，应保证一类用户的连续供电，尽量不使二类用户中断供电。

2) 保证电能质量。衡量电能质量的主要指标是电网频率和电压。频率质量指标为频率允许偏差；电压质量指标包括允许电压偏差、允许波形畸变率（谐波）、三相电压允许不平衡度以及允许电压波动和闪变。

我国电力系统的标准频率为 50Hz。供电频率允许偏差：系统容量在 300 万 kW 及以上者允许偏差为 ±0.2Hz，系统容量在 300 万 kW 以下者允许偏差为 ±0.5Hz。

我国现有电力网的额定电压等级有 0.22kV、0.38kV、3kV、6kV、10kV、35kV、60kV、110kV、220kV、330kV、500kV、750kV、1000kV 等。我国规定供电电压的允许偏差为：35kV 及以上供电电压正、负偏差的绝对值之和不超过额定电压的 10%，10kV 及以下三相供电电压的允许偏差为额定电压的 ±7%，220V 单相供电电压允许偏差为 +7%～−10%。

三相电压不平衡度：电力系统公共连接点正常电压不平衡度允许值为 2%，短时不得超过 4%。标准还规定对每个用户电压不平衡度的一般限值为 1.3%，短时不超过 2.6%。

公用电网谐波：6～220kV 各级公用电网电压（相电压）总谐波畸变率，0.38kV 为 5.0%，6～10kV 为 4.0%，35～66kV 为 3.0%，110kV 为 2.0%。用户注入电网的谐波电流允许值应保证各级电网谐波电压在限值范围内，所以国标规定各级电网谐波源产生的电压总谐波畸变率 0.38kV 为 2.6%，6～10kV 为 2.2%，35～66kV 为 1.9%，110kV 为 1.5%。对 220kV 电网及其供电的电力用户参照 110kV 执行。

波动和闪变：在公共供电点的电压波动允许值，10kV 及以下为 2.5%，35～110kV 为 2%，220kV 及以上为 1.6%。国标推荐的闪变干扰的允许值，对照明要求较高的白炽灯负荷为 0.4%，对一般性照明负荷为 0.6%。

电压的大小主要取决于无功功率的平衡，频率主要取决于电力系统中有功功率的平衡，必须通过调频、调压措施来保证电压和频率的稳定。

波形的畸变主要是各种谐波成分的存在造成的，谐波的存在不仅会大大影响电动机的效率和正常运行，还可能使电力系统产生高次谐波共振而危及设备安全运行，同时还将影响电子设备的正常工作，并对通信产生不良干扰。在实际电力系统中应针对具体谐波成因采取相应的限制措施，以保证电能质量。

3) 保证电力系统运行的经济性。在电能生产和输送过程中，应尽量做到损耗少、效率高、成本低。提高运行经济性就是将生产每度电的能源消耗，生产每度电的厂用电以及供配每度电在电网中的电能损耗这三个指标降到最低。

把多个电厂并联起来建立电力系统可充分发挥系统优越性：可实现系统资源共享；可以提高系统运行的可靠性，保证供电质量；可提高设备的利用率，减少备用机组的总容量；可提高整个电力系统的经济性，充分利用自然资源，发挥各类电厂的特点；为使用高效率、大容量的机组创造有利条件。

2. 发电厂

发电厂是将一次能源转换成电能的工厂。

按所消耗的一次能源不同，发电厂分为火力发电厂（简称火电厂）、水力发电厂（简称水电厂）、原子能电厂（又称核电厂）、风能发电厂、潮汐发电厂、地热发电厂、太阳能发电厂等，其中火电厂、水电厂、核电厂为我国电厂主要类型。截至 2018 年全国火电装机容量达到 11.4 亿 kW，约占总装机容量的 60%，水电装机容量突破 3.5 亿 kW，约占总装机容量的 18.4%；全国并网风电装机容量 1.8 亿 kW，约占总装机容量的 9.5%；核电机组装机容量达到 4466 万 kW，占总装机容量的 2.4%。

我国近期的主导能源仍然是化石能源，远景的能源主力将是生物质能、太阳能、风能、核能、水能等。我国是世界上水能资源总量最多的国家，但目前水力资源开发利用程度并不高，开发率仅达 25% 左右，远远低于发达国家 50%～70% 的开发利用水平，因此我国水力资源开发潜力巨大；同时，利用发展核电来缓解电力紧张也是出路之一；还可利用风能、生物质能、太阳能发电来解决环境保护、化石能源短缺问题。

（1）火电厂

火力发电厂是将燃料（如煤、石油、天然气、油页岩等）的化学能转换成电能的工厂，能量的转换过程是：燃料的化学能→热能→机械能→电能。火电厂中的原动机大都为汽轮机，个别地方也采用柴油机和燃气轮机。火电厂又分为凝汽式火电厂和热电厂两种。图 1-1 为我国河南省三门峡火电厂实景。

图 1-1 河南省三门峡火电厂实景

图 1-2 为凝汽式火电厂的简要生产过程，图 1-3 为热电厂的简要生产过程。热电厂与凝汽式电厂的区别在于热电厂将汽轮机中一部分做过功的蒸汽从中间段抽出供给热用户，或经热交换器将水加热后再把热水供给用户，这样减少了被循环水带走的热量损失，热电厂热效率高达 60%～70%。但热电机组的发电出力和热力用户的用热情况有关，当用热量多时，热电机组也必须相应多发电，所以其不如凝汽式机组灵活。

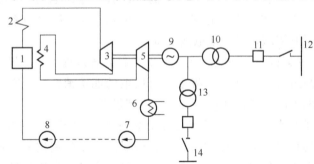

1—锅炉；2—蒸汽过热器；3—汽轮机高压段；4—中间蒸汽过热器；5—汽轮机低压段；6—凝汽器；7—凝结水泵；8—给水泵；9—发电机；10—主变压器；11—断路器；12—主母线；13—站用变压器；14—厂用电高压母线。

图 1-2 凝汽式火电厂简要生产过程

汽轮发电机组启停较慢，且随着单机容量的提高，汽轮机进汽参数提高，因此火电厂在系统中主要承担基荷，其设备年利用时间一般在 5000h 及以上。火电厂生产要消耗

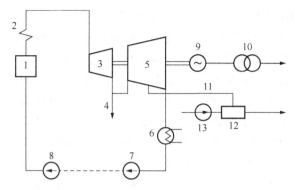

1—锅炉；2—蒸汽过热器；3—汽轮机高压段；4—生产抽气；5—汽轮机低压段；

6—凝汽器；7—凝结水泵；8—给水泵；9—发电机；10—主变压器；

11—供热抽气；12—蒸汽加热器；13—供热泵。

图 1-3　热电厂的简要生产过程

有机燃料，生产成本较高，并且要向大气中排放硫和碳的化合物，污染较大，故一些小型火电厂因生产成本较高、污染较严重已陆续关闭。

（2）水电厂

水电厂是将水的势能变成电能的电厂，能量的转换过程是：水能→机械能→电能。

水电厂根据集中水头的方式不同分为堤坝式、引水式和混合式水电厂，此外抽水蓄能水电厂和潮汐水电厂也是水能利用的重要形式。

堤坝式水电厂是在河床上游修建拦河坝，将水积蓄起来，抬高上游水位，形成发电水头，进行发电。通常堤坝式水电厂又细分为坝后式和河床式。图 1-4 为坝后式水电厂，适用于高、中水头。坝后式水电厂厂房建在坝后面，全部水头压力由坝体承受，水库的水由压力钢管引入厂房，推动水轮机组发电。举世瞩目的三峡水电站即为坝后式水电站，其装机容量达 18 200MW。图 1-5 所示为葛洲坝水电站河床式水电厂，其厂房和拦河堤坝连成一体，厂房也起挡水作用。河床式水电厂的水头较低，大多在 20～30m。

图 1-4　坝后式水电厂

图 1-5　河床式水电厂（葛洲坝水电站）

引水式水电厂用引水道集中水头，一般在河流坡降陡的河段上筑一低坝（或无坝）取水，通过人工修建的引水道（渠道、隧洞、管道）引水到河段下游，集中落差，再经压力管道引水到水轮机进行发电，图1-6所示为引水式水电厂。

抽水蓄能水电厂是一种特殊形式的水电厂，其实质相当于一个极大容量的交流蓄电装置，用于改善电力系统的运行调度。抽水蓄能电厂的建筑物情况与坝式水电厂相同，但有上、下水库。图1-7所示为浙江安吉天荒坪抽水蓄能水电厂，其机组可按水轮机-发电机方式运行发电，也可按电动机-水泵方式运行抽水。当电力系统负荷低时，机组按电动机-水泵方式运行，利用系统中多余的电力将下游水库中的水抽到上游水库中储藏起来。待电力系统高峰负荷时上游水库放水，机组按水轮机-发电机方式运行发电供给电力系统，起到调峰填谷的作用。

图1-6　引水式水电厂

图1-7　抽水蓄能水电厂（浙江安吉天荒坪）

水电项目一般集发电、内河航运、灌溉于一身。水电厂生产不消耗燃料，无污染，发电成本较低。水电机组能快速起动与停运，并能在运行中由空载到满载大幅度地改变负荷，可以起调节作用。受丰水期和枯水期限制，水电厂设备利用时数比火电厂低，调峰电站为1500～3000h，担任基荷的电站为5000～6000h。

（3）核电厂

核电厂是利用核裂变能转换为热能，再按火电厂发电方式来发电的工厂。图1-8为广东大亚湾核电厂，图1-9为核电厂简要生产过程。

一般使用的核燃料为铀-235的同位素，在核反应堆内，铀-235在中子撞击下原子核裂变，产生巨大能量，且要以热能的形式被高压水带至蒸汽发生器内，产生蒸汽，再送到汽轮发电机组发电。核电厂不燃烧有机燃料，因此不向大气排放硫和氮的氧化物以及碳酸气，从而降低了环境污染。核电厂所需的原料极少，因为1g铀-235所发出的电能约等于2.7t标准煤所发的电能。

核电站启停操作烦琐且损耗大，故核电厂在电力系统中承担基荷，设备年利用时数在6500h以上。核电厂要充分考虑核反应堆的安全性，不应将其建在人口稠密和地震活动地区。从人类生态环境考虑，核电厂仍然是电力工业的发展方向。

图 1-8　广东大亚湾核电厂

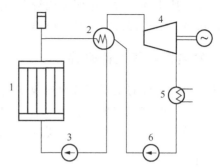

1—核反应堆；2—蒸汽发生器；3—水管；
4—过滤器；5—循环水泵；6—水泵。

图 1-9　核电厂简要生产过程

3. 变电所

变电所的作用是变换电压、传送电能，其主要设备有变压器、开关电器等，电力系统的变电所可分为发电厂的变电所和电力网的变电所两大类。

发电厂的变电所又称发电厂的升压站。如图 1-10 所示为 110kV 升压站，其作用是将发电厂发出的电能经升压送入电力网。

图 1-10　110kV 升压站

电力网中的变电所根据地位和作用分为枢纽变电所、区域变电所和配电变电所等。

（1）枢纽变电所

枢纽变电所主要用来联络本电力系统中的各个大电厂与大区域或大容量的重要客户，并实现与远方其他电力系统的联络。其特点是电压等级高，高压侧多为 330～500kV，变电容量大，出线数目多。全站停电后将引起系统解列，造成大面积停电。

（2）区域变电所

区域变电所主要是对一大区域供电，其高压进线来自枢纽变电所或附近大型发电厂，受电电压通常为 110～220kV；低压侧对多个小区域负荷供电，并可能接入一些中、小型电厂。

（3）配电变电所

配电变电所主要是对一小区域或较大容量的工厂供电（多为110kV）。其低压出线分布于该小区域，沿途接入小容量变压器，供小容量的生产和生活用电。

1.2.3 发电厂电气设备概述

发电厂电气部分的主要工作是根据负荷变化启、停和调整机组，为改变运行方式进行电路切换，随时监视主要设备的工作；周期性地检查、维护主要设备，定期检修设备并迅速消除故障。为此，发电厂中要装设一次设备和二次设备，以完成上述任务。

1. 一次设备

直接生产与输配电能的设备称为一次设备，包括：

1）生产和变换电能的设备，如生产电能的发电机、传送电能变换电压的变压器、拖动各种厂用机械运转的电动机等。

2）接通或断开电路的开关设备，如高压断路器、隔离开关、高压熔断器、重合器以及低压断路器、闸刀开关、接触器、电磁起动器、低压熔断器等。

3）限制电流和防止过电压的设备，如限制短路电流的电抗器、补偿短路小电流接地系统单相接地电容电流的消弧线圈、限制过电压的避雷器等。

4）变换电路电气量，馈电给继电保护、监测装置，并使之与一次高压隔离的设备，如电流互感器和电压互感器。

5）连接一次设备的载流导体和绝缘设备，如母线、电缆、绝缘子等。

6）接地装置，如埋入地下的金属接地体（或连成接地网）。

电气一次设备的图形文字符号详见附表2-18。

2. 二次设备

对一次设备进行监视测量、操作控制和保护的辅助设备称为二次设备，包括：

1）用来对电路电气参数进行监视测量的仪表，如电压表、电流表、功率表、功率因数表、故障录波装置等。

2）用以迅速反映电气事故或不正常运行情况，并根据要求进行切除故障或作相应调节的设备，如各种继电器等继电保护装置、自动调节励磁装置、同期装置等自动装置、信号装置、控制开关等。

3）用来连接二次设备的导体，如控制电缆、小母线等。

3. 电气设备的额定电压和额定电流

《标准电压》（GB/T 156—2017）中规定，我国电力网的额定电压（即系统标称电压）等级有0.22kV、0.38kV、0.66kV、1kV、3kV、6kV、10kV、35kV、66kV、110kV、220kV、330kV、500kV、750kV、1000kV等。其中，0.22kV为单相交流电，其余均为三相交流电。

一般城市或大工业企业配电采用 6kV 或 10kV 电压等级的电网。35kV、110kV、220kV、330kV、500kV、750kV 电压等级多用于远距离输电。为了使电气设备生产标准化，各种电气设备都规定有额定电压。当电气设备在额定电压（铭牌上所规定的电压）下长期工作时，其技术性能和经济性能最佳。

（1）额定电压

1）用电设备的额定电压。我国规定，用电设备的额定电压与同级电网的额定电压相等，见表 1-1～表 1-3，图 1-11 为额定电压的解释图，设发电机在额定电压下工作，给电力网 AB 供电，因为沿线有电压损失，所以负荷 1～5 点所受电压不同，线路首端电压 U_a 大于末端电压 U_b，用电设备的额定电压只能力求接近于实际工作电压。为使生产标准化，通常采用线路首端电压和末端电压的算术平均值 $(U_a+U_b)/2$ 作为用电设备的额定电压，此电压即为电力网的额定电压，即用电设备的额定电压等于电力网的额定电压。

2）发电机的额定电压。发电机的额定电压一般取为电力网额定电压的 105％，见表 1-1～表 1-3。因为电力网的电压损失通常为 10％，若首端电压比电力网的额定电压高 5％，则末端电压比电力网的额定电压低 5％，从而保证用电设备的工作电压偏移均不会超过允许范围，一般为 ±5％。

通常 6.3kV 多用于 50MW 及以下 的 发 电 机，10.5kV 用 于 25～100MW 的 发 电 机，13.8kV 用 于

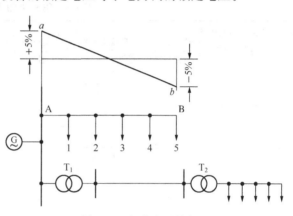

图 1-11　额定电压的解释

125MW 的汽轮发电机和 72.5MW 的水轮发电机，15.75kV 用于 200MW 的汽轮发电机和 225MW 的水轮发电机，18kV 用于 300MW 的汽轮和水轮发电机。

表 1-1　第一类额定电压　　　　　　　　　　　　　　单位：V

直流	交流		直流	交流	
	三相	单相		三相	单相
6			24		12
12			48	36	36

注：表列电压用于安全动力、照明、蓄电池及其他特殊设备。36V 只用于潮湿环境局部照明。

表 1-2　第二类额定电压　　　　　　　　　　　　　　单位：V

用电设备			发电机		变压器			
直流	三相交流		直流	三相交流	单相		三相	
	线电压	相电压			一次绕组	二次绕组	一次绕组	二次绕组
110			115					
	(127)			(133)	(127)	(133)	(127)	(133)

用电设备			发电机		变压器			
直流	三相交流		直流	三相交流	单相		三相	
	线电压	相电压			一次绕组	二次绕组	一次绕组	二次绕组
220	220	127	230	230	220	230	220	230
	380	220	400	400	380		380	400
400				690			660	690

注：广泛应用于电动机、工业、民用、照明、普通电器、动力及控制设备。括号内电压仅用于矿井下或安全要求较高的地方。

表 1-3　第三类额定电压　　　　　　　　单位：kV

用电设备与电网额定电压	交流发电机	变压器	
		一次绕组	二次绕组
3	3.15	3 及 3.15	3.15 及 3.3
6	6.3	6 及 6.3	6.3 及 6.6
10	10.5	10 及 10.5	10.5 及 11
	13.8	13.8	
	15.75	15.75	
	18	18	
	20	20	
20		20 及 21	21 及 22
35		35	38.5
66		66	72.5
110		110	121
220		220	242
330		330	363
500		500	550
750		750	825
1000		1000	1100

注：表中所列均为线电压。水轮发电机允许用非标准额定电压。

3）变压器的额定电压。升压变压器一般是与发电机电压母线或与发电机直接相连，所以升压变压器一次绕组的额定电压与发电机的额定电压相同；而降压变压器的一次绕组为受电端，可以看作用电设备，所以降压变压器一次绕组的额定电压等于电力网的额定电压（但厂用变压器例外）。

变压器二次绕组的额定电压根据变压器短路电压的百分数来确定。短路电压百分数在 7.5 及以下的变压器，其二次绕组的额定电压取所在电网额定电压的 105%；短路电压百分数在 7.5 以上的变压器，其二次绕组额定电压取所在电网额定电压的 110%。

（2）额定电流

电气设备的额定电流（铭牌中的规定值）是指在规定的周围环境温度下允许长期连续通过设备的最大电流，并且此时设备的绝缘和载流部分被长期加热达到的最高温度不超过所规定的长期发热允许温度。

我国采用的基础环境温度如下：

电力变压器和电器（周围空气温度），40℃；

发电机（冷却空气温度），35～40℃；

裸导线、裸母线、绝缘导线（周围空气温度），25℃。

实例电站基础知识分析

结合附图 1-1 实例电气主接线图与附图 1-2 实例 10kV 高压开关柜订货图一起分析。

1.3.1 一次设备识图

主接线图上画的均为一次设备。

发电机回路一次设备有发电机（SF_{20}-10/3300，P_e＝20MW，U_e＝10.5kV，I_e＝1374.6A，$\cos\varphi$＝0.8，滞后）、断路器（HS3110M-16MF-C，31.5kA）、隔离开关（GN_{19}-10/1250）、发电机出口电流互感器（AS_{12}/185h/2，0.5/10P20/10P20，2000/5A）、高压共箱封闭母线（GFM-10/2000）、发电机中性点侧电流互感器（AS_{12}/185h/2，10P20/10P20，2000/5A）、熔断器（RN_2-10，10kV，0.5A）、发电机出口电压互感器$\left(\text{REL10}，\dfrac{10}{\sqrt{3}}\Big/\dfrac{0.1}{\sqrt{3}}\Big/\dfrac{0.1}{3}\text{kV} 与 \text{RZL10}，10/0.1\text{kV}\right)$、避雷器（JPB-HY5CZ1-12.7/41×29），接地开关（EK6，10kV）、电缆（YJV_{22}-10-3×120）等。

主变压器回路一次设备有主变压器（S_{10}-63000/110，121±2×2.5%/10.5kV，U_k%＝10.5，YN，d11）、低压侧有隔离开关（GN_{22}-10/4000-50）、高压共箱封闭母线（GFM-10/4000），以及电流互感器（$LMZB_6$-10，10P20/10P20，4000/5A）、避雷器（JPB-HY5CZ1-12.7/41×29）、接地开关（EK6，10kV）等；高压侧有套管装入式电流互感器（LRG-110，200～400/5A 和 LRGB-110，200～400/5A）、断路器（LW_{36}-126/T3150A-40kA）、电流互感器（LB_6-110，10P15/10P15/0.5/0.2S，2×400/5A）、隔离开关（GW_4-110D/630）、电流互感器（$LMZB_6$-10，10P20/10P20，4000/5A）、避雷器（Y10W1-108/281）、电压互感器$\left(\text{TYD110}/\sqrt{3}-0.01\text{H}，\dfrac{110}{\sqrt{3}}\Big/\dfrac{0.1}{\sqrt{3}}\Big/\dfrac{0.1}{\sqrt{3}}\Big/0.1\text{kV}\right)$、钢芯铝

绞线（LGJ-185）等。变压器中性线上配置零序电流互感器（LRGB-35，$100\sim300/5A$）和中性点间隙接地保护装置（MT-ZJB-110）包括保护间隙、电流互感器（LJW_1-100/5A），避雷器（$Y1.5W$-72/176），隔离开关（GW_8-60G/400）。

发电机侧汇流主母线采用2（TMY-100×10），母线上压互避雷器回路一次设备包括避雷器（JPB-HY5CZ1-12.7/41×29）、熔断器（RN_2-10，10kV，0.5A）、电压互感器$\left(REL10, \dfrac{10}{\sqrt{3}}\Big/\dfrac{0.1}{\sqrt{3}}\Big/\dfrac{0.1}{3}kV\right)$；厂用变压器回路一次设备包括厂用变压器（$SCB_{10}$-250/10，$\dfrac{10.5\pm2\times2.5\%}{0.4}kV$，$U_k\%=4$，D，yn11）、熔断器（SDLJ，12kV，63/31.5A）、电缆（YJV_{22}-10-3×25）等。

1.3.2 发电机、变压器额定电压分析

发电机处于10kV电网中，其额定电压取电网额定电压的1.05倍，因此发电机额定电压为10.5kV。

实例电站主变压器低压侧与发电机相连，其额定电压等于发电机的额定电压，为10.5kV；主变压器高压侧处于110kV电网，该主变压器短路电压百分数大于7.5，因此其高压侧额定电压取电网额定电压的1.1倍，为121kV。

1号厂用变压器从发电机母线上引接，因此其高压侧额定电压即为发电机额定电压10.5kV；2号厂用变压器从10kV输电线路上引接，因此其一次绕组作为用电设备看待，额定电压即为电力网额定电压10kV；1号、2号厂用变压器低压侧均供电给低压设备，短路电压百分数又都小于7.5，故其低压侧额定电压取0.38kV的1.05倍，即0.4kV。

◀◀◀◀◀ 思考与练习 ▶▶▶▶▶

1-1 什么叫电力系统和电力网？建立电力系统有什么优越性？我国电力网的额定电压等级有哪些？试述电能质量的衡量指标及允许偏差。

1-2 发电厂和变电所各有哪几种类型？简述各类发电厂的生产过程。变电所的作用是什么？

1-3 发电厂中有哪些设备？这些设备的作用是什么？在电路图中各用哪些图形符号表示？

1-4 电气设备的额定电压和额定电流如何定义？电力网、发电机和变压器的额定电压是如何规定的？

1-5 如图1-12所示电路中，各母线所标示电压为该电力网的额定电压，试写出图中发电机、各变压器绕组及用电设备的额定电压。

1-6 你对电力专业了解多少？学习该专业想获得什么知识技能和机会？

1-7 根据你所具有的知识，你认为国家电力发展的方向和前景是什么？

1-8 结合实例电站主接线图，识读各一次设备图形符号。

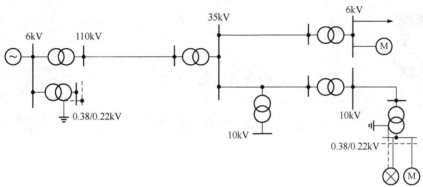

图 1-12 题 1-5 电路图

2 单元

短路电流计算

>>>>>

◎ **学习任务**

掌握短路实用计算法，即用个别变化法查运算曲线计算三相短路电流，为专业典型工作任务之主接线设计、电气设备选型、继电保护整定调试、电气运行分析等打下基础。

◎ **重点知识**

1. 短路的种类、主要原因及危害。
2. 计算短路电流的目的。
3. 发电机、变压器、电抗器、线路的电抗标幺值计算。
4. 等值电路图的拟制和化简。
5. 无限大电源系统内三相短路与发电机供电电路内三相短路的各自特点及区别。
6. 次暂态短路电流 I''、稳态短路电流 I_∞、冲击短路电流 i_{im} 的含义。
7. 个别法查运算曲线计算多电源系统内三相短路电流各时刻的值。

◎ **难点知识**

1. 额定标幺值与基准标幺值间的换算。
2. 等值电路图的化简技巧。
3. 电网平均电压引入原因。

◎ **可持续学习**

不对称短路电流计算。

　　短路是电力系统中常见的、十分严重的故障。发生短路将使系统电压降低，短路回路中电流大大增加，可能破坏电力系统的稳定运行和损坏电气设备。所以，电气设计和运行中都需要对短路电流进行计算，用于选择并核算系统和设备对短路故障的承受能力，以及作为继电保护整定计算的依据。

2.1　概　　述

2.1.1　短路的概念和类型

　　电力系统的不正常工作，大多是由于短路故障造成的。所谓"短路"，是指电路中正常情况下电压不同的两点或多点间经低阻抗意外或有意的连接。如三相系统中相与相导体之间通过电弧或其他小阻抗形成的相间连接。此外，在中性点直接接地系统或三相四线制系统中，还指单相或多相接地或接中性线。

　　在中性点非直接接地系统中，短路故障主要是指各种相间短路，包括不同相的多点接地。单相接地不会造成短路，仅有不大的接地电流流过接地处，系统仍可继续运行，故不称其为短路故障。

　　三相系统中短路的基本类型及代表符号为：三相短路，$k^{(3)}$；两相短路，$k^{(2)}$；单相短路，$k^{(1)}$；两相接地短路，$k^{(1.1)}$。图 2-1 所示为各种短路的示意图，图中 X 表示电路的电抗，R 表示电阻。为区别各种短路的电流、电压、功率等，图中在表示这些量的文字符号右上角也应注明相应的短路代表符号。

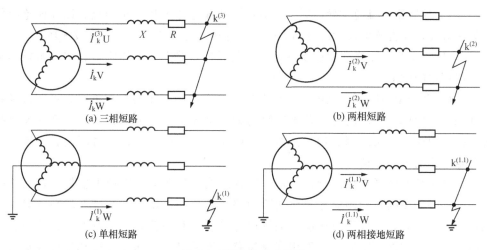

图 2-1　短路的基本类型

三相短路时，因为短路回路各相的阻抗相等，仅仅三相的电流较正常时增大，电压较正常时降低，但三相仍是对称的，故称为对称短路。除三相短路外，还有两相短路、单相短路、两相接地短路等，在短路时各相电流、电压数值不相等，相角也不相同，这些短路称为不对称短路。

事故统计表明，在中性点直接接地系统中，最常见的是单相短路，占短路故障的70％～80％以上，两相短路占4％～10％，两相接地短路占5％～12％，三相短路占3％～5％。三相短路所占比例虽小，但这并不说明三相短路无关紧要，因其所造成的后果严重。而且，计算三相短路电流的方法是不对称短路计算的基础，因此会在后面着重介绍三相短路计算。

2.1.2 短路的原因、后果及解决对策

造成短路的主要原因是电气设备载流部分的绝缘被损坏。引起绝缘损坏的原因有：各种形式的过电压，如直接遭受雷击等；绝缘材料的自然老化和污损、运行人员维护不周及直接的机械损伤等。

电力系统其他一些故障也可能直接导致短路，如输电线路断线和倒杆事故、运行人员不遵守操作技术规程和安全规程而造成错误操作、鸟和小动物等跨接裸导体等，都可能造成短路。

电力系统发生短路时所产生的基本现象是短路回路的电流急剧增大，此电流称为短路电流。短路电流可能达到正常工作电流的几倍到几十倍，甚至更大，绝对值可达几万甚至几十万安。短路电流基本上是感性电流，其将产生去磁性的电枢反应，使发电机的端电压下降，同时短路电流通过线路等设备时还增大了电压损失，因而在电流增大的同时系统电压将大幅度下降。

短路时的上述基本现象将引起下列严重后果。

1）短路时往往会有电弧产生，它可能烧坏故障元件本身。

2）巨大的短路电流通过导体时，一方面会造成导体过热甚至熔化，以及使绝缘体损坏；另一方面，还将产生很大的电动力作用于导体，使导体和设备变形或损坏。

3）短路时系统电压将大幅度下降，特别是靠近短路点处电压降低很多，可能影响部分或全部用户的供电。

4）电力系统中短路时，系统功率分布的突然变化和电压的严重下降，可能破坏各种电厂并联工作的稳定性，使整个系统被解列为几个异步运行的部分。这时某些发电机可能过负荷，因此必须切除部分用户。短路时电压下降得越大，持续时间越长，破坏整个系统稳定运行的可能性越大。

为保证系统安全可靠地运行，减轻短路的影响，除在运行维护中应努力设法消除可引起短路的一切原因外，还应尽快地切除短路故障部分，使电力系统在较短的时间内恢复到正常值。为此，可采用快速动作的继电保护装置和断路器，以及发电机装设自动调节励磁装置等。此外，还应考虑采用限制短路电流的措施，如合理选择主接线形式以限制短路电流，在电路中加装电抗器以增大短路回路阻抗从而使短路电流减小等。

2.1.3 短路电流计算的目的和基本假设

1. 短路电流计算的目的

1）电气主接线方案的比较和选择。

2）电气设备和载流导体选择。

3）继电保护装置的选择和整定计算。

4）接地装置的设计。

5）系统运行故障情况的分析等。

选择电气设备时，只需要近似计算出通过所选设备的可能出现的最大三相短路电流值。设计保护和分析系统故障时，要对各种短路情况下各支路中的电流和各点电压进行计算。在现代电力系统的实际情况下，要进行极准确的短路计算是相当复杂的，同时，解决大部分实际工程问题并不要求极准确的计算结果。为了简化和便于计算，实际工程中多采用近似计算方法。本章主要介绍短路电流实用计算法，这种方法是建立在一系列基本假设条件的基础上的，计算结果有些误差，但不超过实际工程的允许范围。

2. 短路电流实用计算的基本假设条件

1）系统在正常运行时是三相对称的。

2）电力系统各元件的磁路不饱和，即各元件的电抗值与电流大小无关，所以在计算中可以应用叠加原理。

3）电力系统各元件的电阻一般在高压电路计算中都略去不计，但在计算短路电流的衰减时间常数时应计及电阻的作用；此外，在计算低压电网的短路电流时，也应计及元件电阻，但可以不计算复阻抗，而用阻抗的绝对值 $|Z| = \sqrt{X^2 + R^2}$ 进行计算。

4）输电线路的分布电容可忽略不计。

5）变压器的励磁电流略去不计，相当于励磁阻抗回路断开，以此简化变压器的等值电路。

6）电力系统中所有发电机电势的相位在短路过程中都相同，频率与正常工作时相等，不考虑短路过程中发电机转子之间摇摆现象对短路电流的影响。

实际上，当发生短路时，由于短路前后电路的阻抗突然变化，各发电机输出的电磁功率也随之变化，从而引起与输入的机械功率不平衡。有些发电机的转子将加速，频率升高；有些发电机的转子将减速，频率下降；并使发电机电势间的相位差加大，它们之间的电流交换也随之增大，使电力系统电压下降，导致所供短路电流减小。现假设所有发电机的相位和频率都相同，发电机间几乎没有电流交换，故实用计算法计算所得短路电流要比实际值大。

短路电流计算的主要步骤是：首先根据已知条件和计算目的拟制计算电路图，并作出相应的等值电路图，然后化简电路，最后计算短路电流。在高压电路的短路计算中，一般采用标幺制，这样可使计算简便，尤其在有多级电压网络的计算中，具有更大的方便性。

标 幺 制

短路电流既可以用有名值或标幺值进行计算。用有名值计算时，因为系统中的变压器使电气设备处于不同电压等级下，所以各元件电抗需要进行折算，计算比较复杂；而用标幺值进行计算，因为阻抗、电压、电流均采用标幺值，不需要进行折算，在多电压等级系统中计算比较方便，因此本章将介绍用标幺值进行短路电流实用计算。

标幺制是一种相对单位制。短路电流实用计算中常用到的物理量，如电流、电压、电抗和视在功率等，都是用无单位的相对数值即标幺值表示大小并进行计算的。

2.2.1 标幺值的定义

标幺值是一个物理量的实际有名值与一个预先选定的具有相同量纲的基准值的比值。其一般表达式为

$$标幺值 = \frac{实际有名值}{基准值（与实际有名值同量纲）}$$

例如，发电机电压 $U_G = 13.8\text{kV}$，选取基准值 $U_b = 10.5\text{kV}$，发电机电压的标幺值为

$$U_{G*b} = \frac{13.8\text{kV}}{10.5\text{kV}} \approx 1.31$$

式中，符号"$*$"表示该量为标幺值，以便于与有名值区别；下标 b 表示该标幺值是以任意选取的数值 U_b 为基准值的。

若选取基准值 $U_b = 13.8\text{kV}$，则发电机电压的标幺值为 $U_{G*b} = 1$。

可见，标幺值是无单位的数，实际上标幺值就是某物理量的有名值对基准值的倍数。由于所选取的基准值不同，同一有名值的标幺值也不相等。一般来说，基准值可以任意选取，所以讲到一个量的标幺值时，首先应该说明它的基准值，否则没有意义。

只要基准值选取得当，采用标幺制可使一个复杂的数变成一个很简单的数。如上例中，当取 $U_b = 13.8\text{kV}$ 时，$U_{G*b} = 1$，可使复杂的运算公式简化，使运算量大为减少。

关于标幺值，在电机学课程中已经涉及。

标幺值与百分值之间的关系是：标幺值乘以 100 即得到相同基准值时的百分值，即

$$百分值 = 标幺值 \times 100$$

如

$$X\% = X_* \cdot 100$$

标幺值和百分值一样，都是相对值，但在短路电流计算中为什么不用百分值呢？因为 8% 乘以 5% 并不等于 40%，而等于 0.4%，可见两个百分值的直接乘积并不等于应得

的百分值。而两个标幺值相乘，便可以直接得到应得的标幺值，如 $0.08 \times 0.05 = 0.004$，运算比百分值简单。所以在用标幺值计算短路电流时，如遇到百分值，必须先把百分值除以 100，化为标幺值。

2.2.2　基准值的选择

在三相系统的短路电流计算中，常用的电气量有线电压 U、相电流 I、一相电抗 X，三相功率 S。这四个电气量之间应满足下列两个基本关系式，即

欧姆定律

$$U = \sqrt{3}\,IX \tag{2.1}$$

和功率方程式

$$S = \sqrt{3}\,IU \tag{2.2}$$

这四个电气量对于选定的基准值的标幺值为

$$U_{*b} = \frac{U}{U_b}, \quad I_{*b} = \frac{I}{I_b}, \quad X_{*b} = \frac{X}{X_b}, \quad S_{*b} = \frac{S}{S_b}$$

用标幺值计算时，必须首先选取四个电气量的基准值。一般来说，四个电气量可以任意选取。四个电气量的基准值分别为基准电压 U_b、基准电流 I_b、基准电抗 X_b 和基准功率 S_b。选取 U_b、I_b、X_b 和 S_b 时，也应该满足欧姆定律和功率方程式，即

$$U_b = \sqrt{3}\,I_b X_b \tag{2.3}$$

$$S_b = \sqrt{3}\,I_b U_b \tag{2.4}$$

这样选取基准值的好处在于，将式（2.1）被式（2.3）除，式（2.2）被式（2.4）除，可得

$$U_{*b} = I_{*b} X_{*b} \tag{2.5}$$

$$S_{*b} = I_{*b} U_{*b} \tag{2.6}$$

由此两式可见，当选取的四个基准值满足欧姆定律和功率方程式时，在标幺制中，三相电路线电压和三相功率的计算公式与单相电路电压和功率的计算公式完全一样。如果基准值不按上述原则选取，各电气量标幺值之间的关系会变得很复杂。

按上述原则选取基准值时，式（2.3）和式（2.4）中四个基准值只可以任意选取其中的两个，另外两个必须由式（2.3）和式（2.4）确定。通常系统的电压和功率多是已知的，所以一般是任意选取基准功率 S_b 和基准电压 U_b。基准电流 I_b 和基准电抗 X_b 由式（2.3）和式（2.4）求得，则

$$I_b = \frac{S_b}{\sqrt{3}\,U_b} \tag{2.7}$$

$$X_b = \frac{U_b}{\sqrt{3}\,I_b} = \frac{U_b^2}{S_b} \tag{2.8}$$

根据标幺值的定义和选定的基准值，便可求得各电气量的标幺值。电抗的标幺值可以利用式 $X_{*b} = \dfrac{X}{X_b}$ 求得，也可以利用下列公式求得，即

$$X_{*b} = \frac{\sqrt{3}\, I_b X}{U_b} \tag{2.9}$$

$$X_{*b} = \frac{S_b X}{U_b^2} \tag{2.10}$$

由式（2.9）可见，元件电抗的标幺值等于该元件通过基准电流时所产生的电压降对基准电压的标幺值。

以上各式中电气量的单位：电压为 kV（千伏），电流为 kA（千安），电抗为 Ω（欧姆），功率为 MV·A（兆伏安）。

对于三相对称系统，如选取线电压的基准值等于 $\sqrt{3}$ 倍相电压的基准值，三相功率的基准值等于 3 倍单相功率基准值时，则线电压和相电压的标幺值相等，三相功率和单相功率的标幺值相等。

由以上讨论可得出结论：只要按上述原则选择电气量的基准值，用标幺值对对称三相系统进行计算时，线电压和相电压的标幺值相等，三相功率和单相功率的标幺值相等，对称三相电路完全可以按单相电路的公式进行计算。当选取基准电压使 $U_{*b} = 1$ 时，则 $S_{*b} = I_{*b} = \dfrac{1}{X_{*b}}$，这样可使计算大大简化。

2.2.3 不同基准值的标幺值间的换算

由标幺值的定义可知，基准值不同时，同一有名值的标幺值大小也不等。在短路电流计算中，发电机、变压器和电抗器的电抗，生产厂家给出的都是以额定参数为基准值的标幺值（或百分值），但在计算中整个电路必须选取统一的基准值。因此，必须把以额定参数为基准值的标幺值换算成为统一选取基准值的标幺值。

不同基准值的标幺值换算原则是，不论基准值如何改变，标幺值如何不同，但电气量的有名值总是一定的。

如以额定电压 U_n 和额定功率 S_n 为基准值时，某元件的电抗标幺值为

$$X_{*n} = X \frac{S_n}{U_n^2}$$

则

$$X = X_{*n} \frac{U_n^2}{S_n} \tag{2.11}$$

现将 X_{*n} 换算为以基准电压 U_b 和基准功率 S_b 的标幺值，因为

$$X_{*b} = X \frac{S_b}{U_b^2} \tag{2.12}$$

电抗的欧姆值是一定的，将式（2.11）代入式（2.12），可得

$$X_{*b} = X_{*n} \frac{U_n^2}{S_n} \cdot \frac{S_b}{U_b^2} = X_{*n} \frac{S_b}{S_n} \left(\frac{U_n}{U_b} \right)^2 \tag{2.13}$$

$$X_{*b} = X_{*n} \frac{I_b}{I_n} \cdot \frac{U_n}{U_b} \tag{2.14}$$

2.2.4　标幺值换算为有名值

标幺值在短路电流计算中仅作为一种工具，作为一个中间桥梁，它没有单位。不论是选择电气设备还是其他某些计算，需要得到的结果都必须是有名值。所以，最后必须把标幺值换算成有名值。这种换算很简单，根据标幺值的定义便可得到

$$I = I_{*b}I_b = I_{*b}\frac{S_b}{\sqrt{3}U_b}\quad(kA)$$

$$U = U_{*b}U_b\quad(kV)$$

$$X = X_{*b}X_b = X_{*b}\frac{U_b^2}{S_b}\quad(\Omega)$$

$$S = S_{*b}S_b\quad(MV\cdot A)$$

2.3　电力系统各主要元件的电抗

短路电流实用计算中，对 1000V 以上的高压电路，一般只考虑各主要元件如发电机、电力变压器、电抗器、架空线路及电缆线路的电抗。对配电装置中的母线、不长的连接导线、断路器和电流互感器等元件的阻抗，由于对短路电流的影响很小，则忽略不计。

一个元件的等值电路往往随短路的类型不同而异。本节介绍的各元件的等值电路和电抗仅是对三相短路时的对称电流而言。

2.3.1　发电机

发电机的等值电路可用相应的电势和电抗串联起来表示。图 2-2 所示为发电机及其等值电路。在三相短路电流的实用计算中，发电机电势用次暂态电势 E'' 表示，发电机的电抗用短路起始瞬间电抗，即纵轴次暂态电抗 X_d'' 表示。各类发电机的次暂态电抗，产品目录中给出的为标幺值 X_{d*}''，其

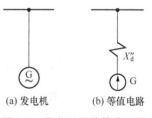

(a) 发电机　　(b) 等值电路

图 2-2　发电机及其等值电路

以发电机的额定参数为基准值，可从产品目录中查得。当数据不全或作近似计算时，可采用表 2-1 所列的平均值。

表 2-1　各类同步电机 X_{d*}'' 的平均值

序号	类型	X_{d*}''	序号	类型	X_{d*}''
1	无阻尼绕组水轮发电机	0.29	5	200MW 汽轮发电机	0.145
2	有阻尼绕组水轮发电机	0.21	6	300MW 汽轮发电机	0.172
3	容量为 50MW 及以下汽轮发电机	0.145	7	同步调相机	0.16
4	100MW 及 125MW 汽轮发电机	0.175	8	同步电动机	0.15

2.3.2 电力变压器

变压器的励磁电流较小，一般为额定电流的 5% 左右，可忽略不计。

双绕组变压器及其等值电路如图 2-3 所示。

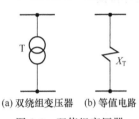

(a) 双绕组变压器　(b) 等值电路

图 2-3　双绕组变压器
及其等值电路

双绕组变压器产品目录中给出的短路电压百分值 $U_k\%$ 是变压器通过额定电流时电压降对额定电压的比值的百分数，所以变压器以额定参数为基准值的电抗标幺值为

$$X_{T*n} = \frac{\sqrt{3}\,I_n X_T}{U_n}$$

或

$$X_{T*n} = \frac{U_k\%}{100}$$

三绕组变压器和自耦变压器以及它们的等值电路如图 2-4 所示。各绕组间的短路电压百分值分别用 $U_{kI-II}\%$、$U_{kII-III}\%$、$U_{kI-III}\%$ 表示，下标 I、II、III 分别表示高压、中压和低压。注意，这些短路电压的百分值都是对应变压器额定容量（对容量最大的绕组而言）的百分值。

等值电路中各绕组的电抗 X_I、X_{II}、X_{III} 是以变压器额定参数为基准值的标幺值，可按下列公式计算，即

$$X_{I*} = \frac{1}{200}(U_{kI-II}\% + U_{kI-III}\% - U_{kII-III}\%)$$

$$X_{II*} = \frac{1}{200}(U_{kI-II}\% + U_{kII-III}\% - U_{kI-III}\%)$$

$$X_{III*} = \frac{1}{200}(U_{kI-III}\% + U_{kII-III}\% - U_{kI-II}\%)$$

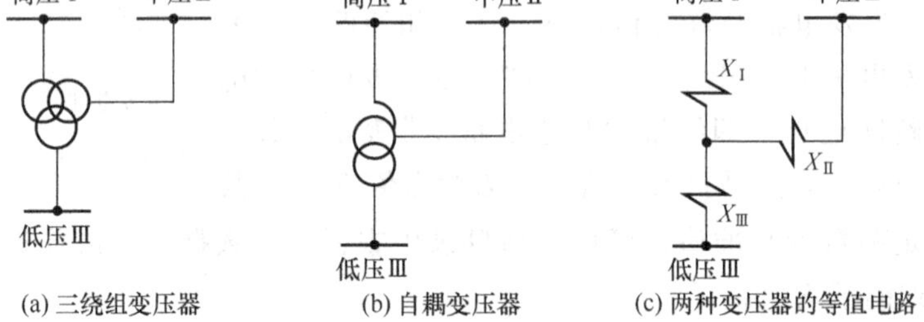

(a) 三绕组变压器　　　　(b) 自耦变压器　　　　(c) 两种变压器的等值电路

图 2-4　三绕组变压器和自耦变压器以及它们的等值电路

2.3.3 电抗器

电抗器是用来限制短路电流的电器，等值电路用其电抗表示。产品目录中给出电抗器的电抗百分值，$X_L\%$ 一般为 3%～10%。

2.3.4　架空线路和电缆线路

架空线路和电缆线路的等值电路用它们的电抗表示。在短路电流实用计算中，通常采用表 2-2 中的每千米电抗平均值。

表 2-2　各种线路每千米电抗的平均值

线路种类	电抗/(Ω/km)	线路种类	电抗/(Ω/km)
架空线	0.4（每回路值）	3～10kV 电缆	0.08
1kV 以下电缆	0.06	35kV 电缆	0.12

2.4　计算电路图和等值电路图

2.4.1　计算电路图

计算电路图是供短路电流计算时专用的电路图，它是一种简化了的单线图，如图 2-5 所示。图中仅画出与计算短路电流有关的元件及它们之间的相互连接，并注明各元件有关的技术数据，如发电机的额定容量和次暂态电抗、变压器的额定容量和短路电压百分值等。图中各元件还要按顺序注明编号，如图 2-5 中发电机为 1 和 2、变压器为 4 和 5 等。在复杂的计算电路图中，为了清晰，各元件的技术参数也可另列表说明。

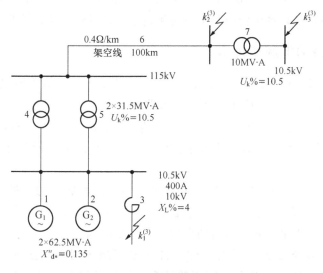

图 2-5　计算电路图举例

计算电路中各元件的连接情况，应根据电气装置的运行方式和计算短路电流的目的决定。

如为了选择电气设备，必须计算通过被选择电气设备的可能最大短路电流值；计算电路必须按正常运行时的电路连接情况考虑，并应考虑到发展情况；设计继电保护时，可能要计算电气装置或整个电力系统不同运行方式下的短路电流，此时仅有部分发电机工作。

短路时，同步补偿机和同步电动机以及大容量的并联电容器组等都可能向短路点供给短路电流，在计算电路图中应将它们看作附加电源。但距离短路点较远，或同步电动机的总功率在 $1000kV \cdot A$ 以下时，因对短路电流值影响较小，可不予考虑。

在短路电流实用计算中，为使计算简化，各级电网的额定电压均采用其相应的平均电压代替，并且注明在计算电路图所示电路的母线旁，如图 2-5 中的 115kV 和 10.5kV。

引出平均电压的概念，主要因为在同一电压级电网中，升压变压器绕组的额定电压与降压变压器绕组的额定电压不同，使计算复杂。所谓平均电压，等于同一电压级电网中元件的最高额定电压与最低额定电压的算术平均值。以图 2-5 所示 110kV 电网为例，电网的额定电压为 110kV，供电端发电厂升压变压器二次绕组的额定电压为 121kV，受电端降压变压器的一次绕组的额定电压为 110kV，故 110kV 这一电压级的额定电压为 $(121+110)/2 \approx 115$（kV）。常用的各级平均电压见表 2-3。

表 2-3　各级平均电压　　　　　　单位：kV

电网额定电压	0.22	0.38	3	6	10	35	60	110	220	330	500
平均电压	0.23	0.4	3.15	6.3	10.5	37	63	115	230	345	525

短路电流实用计算中，是用平均电压进行计算的，认为凡接在同一电压级电网中的所有设备的额定电压，均等于相应的平均电压。但电抗器除外，因为电抗器的电抗比其他元件大得多，所以在计算中仍用其本身的额定电压，以减少计算误差。

2.4.2　等值电路的拟制和化简

短路电流是对各短路点分别进行计算的，所以计算电路的等值电路应根据各短路点分别拟出。如图 2-6（a）所示为 $k_1^{(3)}$ 点短路的等值电路。但习惯上也可将几个短路点的等值电路绘在一起，如图 2-6（b）所示为 $k_1^{(3)}$、$k_2^{(3)}$、$k_3^{(3)}$ 点短路时的等值电路。用分数形式注明元件的顺序编号和电抗标幺值，其中分子为元件编号，分母为电抗标幺值。

某个短路点的等值电路仅包含该点短路时短路电流所通过的元件。例如，图 2-5 中 $k_1^{(3)}$ 点短路，短路电流仅通过发电机和电抗器，不通过变压器和架空线，所以 $k_1^{(3)}$ 点短路时的等值电路仅画出发电机和电抗器的电抗，见图 2-6（a）。

当某点短路，短路电流通过的元件在几个电压级下时，例如 $k_2^{(3)}$ 短路，发电机为 10.5kV，架空线为 115kV，中间有变压器耦合，此时必须把分布在不同电压级下元件的

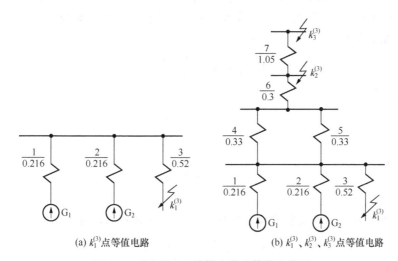

(a) $k_1^{(3)}$点等值电路　　　　(b) $k_1^{(3)}$、$k_2^{(3)}$、$k_3^{(3)}$点等值电路

图 2-6　对应图 2-5 计算电路的等值电路图

电抗值都折算到同一级电压下后，才能作成等值电路。这种折算往往给计算带来很多麻烦，但用标幺值计算时，只要恰当选择基准值，便可避免这种折算。

下面以图 2-5 所示计算电路为例，说明有几个电压级电路的基准值的选择。设发电机 10.5kV 侧为第 I 段电路，平均电压用 U_{av1} 表示；115kV 侧为第 II 段电路，平均电压用 U_{av2} 表示。

首先讨论基准电压的选择。在不同电压级的各段电路中，变压器两侧额定电压之比为变压器的变比，$K = U_{av1}/U_{av2}$，注意此处额定电压应用平均电压代替。为了避免折算，任意选取某一段电路的基准电压等于该段电路的平均电压，如在图 2-5 所示电路中，选取第 I 段电路的基准电压 $U_{b1} = U_{av1} = 10.5$kV，折算到第 II 段电路后，为

$$U'_{b1} = KU_{b1} = \frac{U_{av2}}{U_{av1}} \cdot U_{b1} = U_{b2} = 115(\text{kV})$$

同理，如首先选取第 II 段电路的基准电压等于该段电路的平均电压时，则折算到第 I 段电路后，同样等于第 I 段电路的平均电压。

由此得出结论：只要选取基准电压为某一段电路的平均电压，其折算到各段电路后便等于该段电路的平均电压，或者说各段电路的基准电压便等于该段电路的平均电压，即 $U_{b1} = U_{av1}$，$U_{b2} = U_{av2}$。这样，对各段电路来说都有 $U_b = U_{av}$。

如此选取基准电压后，在第 I 段电路侧变压器绕组额定电压的标幺值 $U_{1*} = U_{av1}/U_{b1} = U_{b1}/U_{b1} = 1$，在第 II 段电路侧，变压器绕组的额定电压的标幺值 $U_{2*} = U_{av2}/U_{b2} = 1$，所以用标幺值计算时，变压器的变比 $K_* = U_{2*}/U_{1*} = 1$。显然，对于变比为 1 的变压器，两侧的电气量不需折算，这是用标幺值计算的一个重要优点。

在有几个电压级的电路中，虽然各段电路的电压不同，但功率总是一样的，所以各段电路选取同一个基准功率 S_b。

短路电流实用计算中，一般选取基准功率 $S_b = 100$MV·A 或等于电源的总容量，选

取基准电压 $U_b = U_{av}$，各段电路的基准电流则由基准功率和基准电压决定。

按上述原则选取基准值时，各元件电抗标幺值可按下列公式计算。

1）发电机。根据式（2.13），有

$$X''_{d*b} = X''_{d*} \frac{S_b}{S_n} \left(\frac{U_n}{U_b}\right)^2$$

所以

$$X''_{d*b} = X''_{d*} \frac{S_b}{S_n} \tag{2.15}$$

2）变压器。

$$X_{T*b} = \frac{U_{k\%}}{100} \frac{S_b}{S_n} \tag{2.16}$$

3）电抗器。电抗器不能忽略额定电压与平均电压的差别，故

$$X_{L*b} = \frac{X_L\%}{100} \frac{U_n}{\sqrt{3} I_n} \frac{S_b}{U_{av}^2} \tag{2.17}$$

式中，U_{av}——电抗器所在电压级的平均电压。

4）架空线和电缆。一般架空线和电缆给出的数据为每千米电抗的欧姆值，根据式（2.12）得

$$X_{*b} = x_0 \cdot l \frac{S_b}{U_{av}^2} \tag{2.18}$$

式中，U_{av}——架空线或电缆所在电压级的平均电压；

x_0——线路每千米电抗的欧姆值；

l——线路长度。

根据以上各式求得各元件的电抗标幺值后，便可作成等值电路图。

【例 2.1】 选取 $S_b = 100\text{MV·A}$，$U_b = U_{av}$，求图 2-5 所示计算电路中各元件的电抗标幺值。

解 发电机 G_1 和 G_2：

$$X_{1*} = X_{2*} = X''_{d*} \frac{S_b}{S_n} = 0.135 \times \frac{100}{62.5} = 0.216$$

变压器：

$$X_{4*} = X_{5*} = \frac{U_k\%}{100} \frac{S_b}{S_n} = \frac{10.5}{100} \times \frac{100}{31.5} \approx 0.33$$

$$X_{7*} = \frac{10.5}{100} \times \frac{100}{10} = 1.05$$

电抗器：

$$X_{3*} = \frac{X_L\%}{100} \frac{U_n}{\sqrt{3} I_n} \frac{S_b}{U_{av}^2} = \frac{4}{100} \times \frac{10}{\sqrt{3} \times 0.4} \times \frac{100}{(10.5)^2} \approx 0.52$$

架空线：

$$X_{6*} = X \frac{S_b}{U_{av}^2} = 0.4 \times 100 \times \frac{100}{115^2} \approx 0.3$$

为了计算短路电流，必须按短路点分别进行等值电路的化简，求得电源至短路点的短路回路总电抗标幺值 $X_{\Sigma*}$。化简等值电路时，可按电工基础课程所学过的电路化简规则和公式进行。

Y-△电路的等值变换可按下列公式进行，Y-△变化的等值电路如图 2-7 所示。

将△形变成 Y 形时，Y 形各支路电抗计算公式为式（2.19），将 Y 形变成△形时，△形各支路电抗计算公式为式（2.20）。

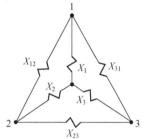

图 2-7　Y-△变换的等值电路

$$\left. \begin{aligned} X_1 &= \frac{X_{12}X_{31}}{X_{12}+X_{23}+X_{31}} \\ X_2 &= \frac{X_{12}X_{23}}{X_{12}+X_{23}+X_{31}} \\ X_3 &= \frac{X_{23}X_{31}}{X_{12}+X_{23}+X_{31}} \end{aligned} \right\} \qquad (2.19)$$

$$\left. \begin{aligned} X_{12} &= X_1 + X_2 + \frac{X_1 X_2}{X_3} \\ X_{23} &= X_2 + X_3 + \frac{X_2 X_3}{X_1} \\ X_{31} &= X_3 + X_1 + \frac{X_3 X_1}{X_2} \end{aligned} \right\} \qquad (2.20)$$

在化简电路中常会遇到对短路点局部或全部对称的等值电路，此时可将电路中等电位点直接连接起来，等电位点之间的电抗可以除去，这样可使计算大为简化。

【例 2.2】　试求图 2-5 计算电路中 $k_1^{(3)}$ 点和 $k_2^{(3)}$ 点短路时短路回路总电抗。

解　根据图 2-6 所示等值电路求短路回路总电抗。

1）$k_1^{(3)}$ 短路回路总电抗。$k_1^{(3)}$ 等值电路的化简如图 2-8（a）所示。

因两台发电机的电势相等，可将 X_{1*} 和 X_{2*} 并联，得

$$X_{8*} = \frac{0.216}{2} = 0.108$$

$k_1^{(3)}$ 点短路回路总电抗

$$X_{\Sigma*} = X_{9*} = X_{8*} + X_{3*} = 0.108 + 0.52 = 0.628$$

2）$k_2^{(3)}$ 点短路回路总电抗。$k_2^{(3)}$ 点等值电路的化简如图 2-8（b）所示。

X_{1*} 与 X_{2*} 并联等值电抗为

$$X_{8*} = 0.108$$

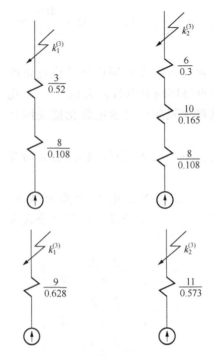

(a) $k_1^{(3)}$点等值电路的化简   (b) $k_2^{(3)}$点等值电路的化简

图 2-8　图 2-6 等值电路的化简

X_{4*} 与 X_{5*} 并联等值电抗为

$$X_{10*} = \frac{0.33}{2} = 0.165$$

$k_2^{(3)}$ 点短路回路总电抗为

$$X_{\Sigma*} = X_{11*} = X_{8*} + X_{10*} + X_{6*} = 0.108 + 0.165 + 0.3 = 0.573$$

【例 2.3】　如图 2-9（a）所示计算电路中，发电机 G_1 和 G_2、变压器 T_1 和 T_2 的参数均分别相同，当母线上 $k^{(3)}$ 点发生三相短路时，试作出等值电路图，并化简电路，求短路回路总电抗。

解　等值电路如图 2-9（b）所示。

当 $k^{(3)}$ 点短路时，因 G_1 和 G_2 参数相同，T_1 和 T_2 参数相同，所以电路中 A 点和 B 点的电位相等，A、B 两点可直接相连，电抗器的电抗 X_3 可以略去，两台发电机的电抗可并联，两台变压器的电抗可并联，等值电路可以化简为图 2-9（c）。将 X_{10} 和 X_{13} 串联，X_{11} 和 X_{12} 串联，图 2-9（c）可简化为图 2-9（d）。将 X_{15} 和 X_{16} 并联，图 2-9（d）可化简为图 2-9（e）。最后将 X_{14} 和 X_{17} 串联，化简为图 2-9（f），X_{18} 即为短路回路总阻抗（用同一变化法计算时）。

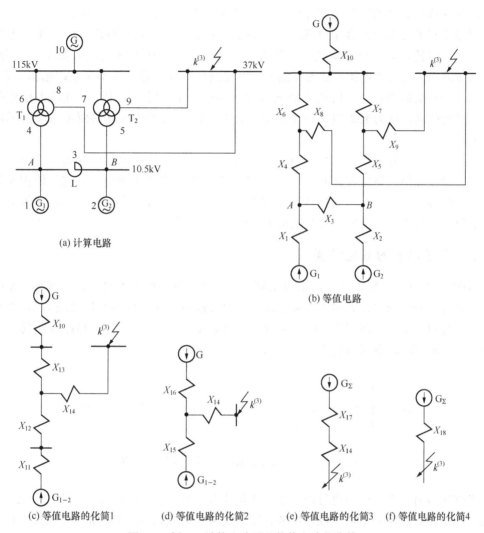

图 2-9　例 2.3 计算电路图及等值电路的化简

无限大容量电源供电电路内三相短路

2.5.1　无限大容量电源

所谓无限大容量电源，或称为无限大容量系统，是指这种电源供电的电路内发生短路时，电源的端电压在短路时恒定不变，即电压的幅值和频率都恒定不变。认为无限大容量电源的容量为"无限大"，记作 $S=\infty$，电源的内阻抗 $Z=0(X=0, R=0)$。

实际上真正的无限大容量电源是不存在的，它只是一个相对概念。因为无论电力系统多大，其容量总有一个确定值，并且总有一定阻抗，在短路时电压和频率总会变化。但是当短路发生在距离电源较远的支路上，而支路中元件的容量远小于系统电源的容量，阻抗远大于系统的阻抗，此时则电源电压变动甚微，在实用计算中，往往不考虑此种情况下电压的变动，认为电源电压恒定不变，这个短路支路所接的电源便可认为是无限大容量电源。

这种假设在实际工程计算中经常用到，如在选择电气设备的短路电流计算中，当系统电抗不超过短路回路总电抗的 $5\% \sim 10\%$ 时，便可以不考虑系统电抗，把系统作无限大容量电源处理。又如，在粗略估算通过设备的可能最大短路电流，或缺乏系统的必要技术数据时，都可认为短路回路所接电源为无限大容量电源。

2.5.2 短路电流的变化过程

以图 2-10 所示电路为例，讨论由无限大容量电源供电的电路内三相短路时短路电流的变化情况。图中电源为无限大容量电源，电源母线电压为相应的平均电压 U_{av}，在短路过程中保持恒定不变。假定 $k^{(3)}$ 点发生三相短路，R_{Σ} 和 X_{Σ} 为电源至短路点间的总电阻和总电抗，R_{fh} 和 X_{fh} 为负荷的电阻和电抗。

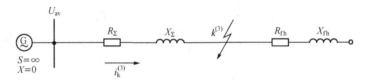

图 2-10 由无限大容量电源供电的电路三相短路

正常运行时，电路中的电流决定于电源母线电压 U_{av}、阻抗 Z_{Σ} 和 Z_{fh} 之和。当 $k^{(3)}$ 点突然三相短路，右边一个回路没有电源，通过短路点构成短接回路，相当于 RL 串联电路换路时的零输入响应情况，此回路中电流将逐渐衰减到零；左边一个回路与电源连接，构成短路回路，相当于 RL 串联电路换路时的全响应情况，电源将向短路点供给短路电流。由于短路回路中的阻抗 $Z_{\Sigma}<(Z_{\Sigma}+Z_{\mathrm{fh}})$，电路中又有电感存在，要经过一暂态过程。图 2-11 所示为无限大容量电源供电电路内三相短路电流的变化曲线。因为三相短路是对称性短路，所以可仅讨论一相的情况，图 2-11 所示短路电流变化曲线可假设为 U 相的情况。

设在 $t=0$ 时发生短路，根据电工基础课程可知，正弦交流激励下 RL 串联电路换路时的全响应可分解为两个分量——稳态分量和暂态分量。稳态分量也称周期分量，暂态分量也称非周期分量，则短路全电流 $i_{\mathrm{k}}^{(3)}$ 为周期分量 $i_{\mathrm{p}}^{(3)}$ 与非周期分量 $i_{\mathrm{np}}^{(3)}$ 之和，即

$$i_{\mathrm{k}}^{(3)}=i_{\mathrm{p}}^{(3)}+i_{\mathrm{np}}^{(3)} \tag{2.21}$$

自短路开始到非周期分量衰减到零为止，为短路电流的暂态过程，以后为稳定状态。由于非周期分量的存在，在暂态过程中全短路电流对横轴不对称，并出现最大的瞬时值 $i_{\mathrm{im}}^{(3)}$，此电流称为短路冲击电流。

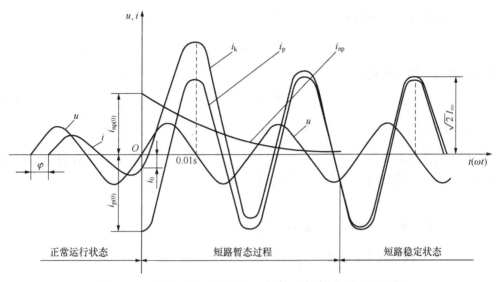

图 2-11　无限大容量电源供电电路内三相短路电流变化曲线

因自本节开始除不对称短路一节外，均是讨论三相短路电流的计算，为方便起见，将所有公式中表示三相短路的符号"(3)"都省略。

2.5.3　短路电流各量的计算

1. 周期分量

周期分量（稳态分量）决定于电源母线电压 U_{av} 和短路回路总阻抗 Z_Σ。因为母线电压保持不变，故周期分量为一个幅值不变的正弦交流电流

$$i_p = \frac{\sqrt{2}U_{av}}{\sqrt{3}Z_\Sigma}\sin(\omega t + \alpha - \varphi) \tag{2.22}$$

式中，α——电压的初相角，即短路瞬时（$t=0$ 时）的相角；

$\quad\quad\varphi$——短路回路的阻抗角，$\tan\varphi = \dfrac{X_\Sigma}{R_\Sigma}$。

如忽略电路的电阻，周期分量的有效值为

$$I_p = \frac{U_{av}}{\sqrt{3}X_\Sigma} \tag{2.23}$$

因为母线电压 U_{av} 不变，所以在以任一时刻为中心的一个周期内，周期分量的有效值均相等，即

$$I_p = I_{pt} = I'' = I_\infty$$

式中，I_{pt}——时间为 t s 时周期分量的有效值；

$\quad\quad I''$——$t=0$s 时周期分量的有效值；

$\quad\quad I_\infty$——$t=4$s 达到稳态时周期分量的有效值。

用标幺值计算时，如取 $U_b = U_{av}$，则

$$I_{p*} = \frac{1}{X_{\Sigma*}} \tag{2.24}$$

周期分量有效值的有名值为

$$I_p = I_{p*} I_b \tag{2.25}$$

2. 非周期分量

在有电感的电路中发生短路时，短路电流不但有周期分量，而且为保持电路的电流不突变，还有非周期分量。非周期分量表达式为

$$i_{np} = i_{np0} e^{-\frac{\omega t}{T_a}} \tag{2.26}$$

式中，ω——角频率，$\omega = 2\pi f$，rad/s；

T_a——衰减时间常数，$T_a = \dfrac{X_\Sigma}{R_\Sigma}$，rad；

i_{np0}——$t = 0$ 时非周期分量的起始值。

根据式（2.21），在 $t = 0$ 时，可得

$$i_{np0} = i_{k0} - i_{p0}$$

因为在发生短路的瞬间，电路中的电流不能突变，故短路全电流 $t = 0$ 时的瞬时值 i_{k0} 应等于 $t = 0$ 时负荷电流的瞬时值 i_{fh0}，所以

$$i_{np0} = i_{fh0} - i_{p0} \tag{2.27}$$

可见，i_{np0} 的大小与短路发生的时刻有关。如在 $i_{fh0} = i_{p0}$ 时发生短路，不会产生非周期分量。我们最感兴趣的是什么情况下短路时 i_{np0} 最大，因为此时短路全电流最大，这是选择导体和电器必须考虑的计算条件。

一般高压电路中，$X_\Sigma \gg R_\Sigma$，电阻可以忽略不计，即 $Z_\Sigma \approx X_\Sigma$，阻抗角 $\varphi_d \approx 90°$。如在发生短路时电压的初相角为零，即 $\alpha = 0$，而且短路前电路为空载，$i_{fh} = 0$，这是最严重的短路条件，此时非周期分量的起始值为

$$i_{np0} = -i_{p0} \tag{2.28}$$

将 $\varphi_d \approx 90°$、$\alpha = 0$ 代入式（2.22），可得 $t = 0$ 时 $i_{p0} = -\sqrt{2}\,I''$，所以一般非周期分量起始值可写为

$$i_{np0} = \sqrt{2}\,I''$$

t s 非周期分量的瞬时值可用下式表示，即

$$i_{npt} = \sqrt{2}\,I'' e^{-\frac{\omega t}{T_a}} = \sqrt{2}\,I_p e^{-\frac{\omega t}{T_a}} \tag{2.29}$$

非周期分量的衰减时间常数 T_a 决定着非周期分量衰减的快慢。T_a 越大，衰减的越慢；T_a 越小，衰减的越快。

3. 短路冲击电流 i_{im}

短路冲击电流 i_{im} 出现在短路后半个周期，即 $t = 0.01\text{s}$。它是短路全电流最大的瞬时值，当 i_{im} 通过导体和电器时，会产生很大的电动力，使导体和电器遭受损坏。由图 2-11

可见，短路冲击电流

$$i_{im} = \sqrt{2}\,I_p + \sqrt{2}\,I_p e^{-\frac{0.01\omega}{T_a}} = \sqrt{2}\,I_p(1 + e^{-\frac{0.01\omega}{T_a}}) = K_{im}\sqrt{2}\,I_p$$

式中，K_{im}——冲击系数，$K_{im} = 1 + e^{-\frac{0.01\omega}{T_a}}$。

冲击系数 K_{im} 表示短路冲击电流为周期分量幅值的倍数，它由 T_a 确定。如电路中 $R_\Sigma = 0$，仅有电抗，则 $T_a = \infty$，$K_{im} = 2$，非周期分量不衰减。如电路中 $X_\Sigma = 0$，仅有电阻，则 $T_a = 0$，$K_{im} = 1$，电路中短路时就不会产生非周期分量。实际电路中，$1 < K_{im} < 2$。

在由无限大电源供电的一般高压电路中，推荐取 $K_{im} = 1.8$，则短路冲击电流

$$i_{im} = 1.8 \times \sqrt{2}\,I_p \approx 2.55 I_p \tag{2.30}$$

需要指出，在三相电路中各相电压的相位差 $120°$，所以发生三相短路时各相的短路电流周期分量和非周期分量的初始值不同，因此仅有一相出现 $i_{im} = 2.55 I_p$ 的冲击电流值，其他两相均较此值为小。

4. 短路全电流的有效值

在短路暂态过程中，任何时刻 t 的短路全电流的有效值 I_{kt}，是指以时刻 t 为中心的一个周期内短路全电流瞬时值 i_{kt} 的均方根值，即

$$I_{kt} = \sqrt{\frac{1}{T}\int_{t-\frac{\pi}{2}}^{t+\frac{\pi}{2}} i_{kt}^2\,dt} = \sqrt{I_{pt}^2 + I_{npt}^2}$$

式中，I_{pt}——$t\,s$ 时周期分量有效值，无限大容量电源供电电路内短路时 $I_{pt} = I_p$；

I_{npt}——以 $t\,s$ 为中心的一周期内非周期分量的有效值，可近似地认为等于 $t\,s$ 的瞬时值 i_{npt}。

上式为

$$I_{kt} = \sqrt{I_{pt}^2 + i_{npt}^2}$$

短路全电流的最大有效值 I_{im} 为

$$I_{im} = \sqrt{I_p^2 + i_{npt(=0.01s)}^2}$$

$$i_{npt(=0.01s)} = i_{im} - \sqrt{2}\,I_p = (K_{im} - 1)\sqrt{2}\,I_p$$

所以

$$I_{im} = I_p\sqrt{1 + 2(K_{im} - 1)^2} \tag{2.31}$$

当 $K_{im} = 1.8$ 时

$$I_{im} = 1.52 I_p \tag{2.32}$$

5. 母线剩余电压

在继电保护计算中，有时需要计算出短路点前某一母线的剩余电压。三相短路时短路点的电压为零，网络中距离短路点电抗为 X 的某点剩余电压，在数值上等于短路电流通过该电抗时的电压降。

短路稳态时，如某一母线至短路点的电抗为 X，则该母线的剩余电压为

$$U_{rem} = \sqrt{3}\,I_\infty X$$

用标幺值计算时

$$U_{rem*} = I_{\infty*} X_*$$ (2.33)

6. 短路功率

所谓三相短路功率（或称短路容量）是一个假定值，其值为

$$S_k = \sqrt{3} U_{av} I_p$$

式中，U_{av}——电流 I_p 所在电压级的平均电压。

用标幺值计算时

$$S_{k*} = I_{p*} = \frac{1}{X_{\Sigma*}}$$ (2.34)

【例 2.4】 如图 2-12（a）所示计算电路，试计算：

1）当 k_1 点三相短路时短路点的稳态短路电流、短路冲击电流及稳态时变压器 110kV 侧母线的剩余电压。

2）当 k_2 点三相短路时通过架空线的稳态短路电流和通过电抗器的短路冲击电流。

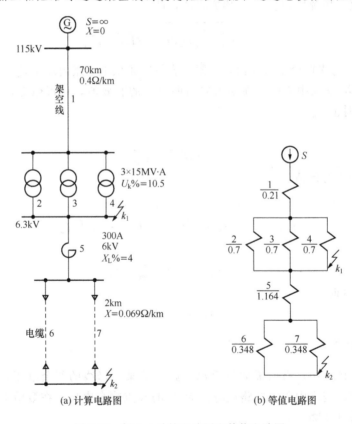

(a) 计算电路图   (b) 等值电路图

图 2-12 例 2.4 计算电路图和等值电路图

解　选取基准值

$$S_b = 100MV \cdot A, \qquad U_b = U_{av}$$

各元件电抗标幺值的计算如下。

架空线：

$$X_{1*} = 70 \times 0.4 \times \frac{100}{115^2} \approx 0.21$$

变压器：

$$X_{2*} = X_{3*} = X_{4*} = \frac{10.5}{100} \times \frac{100}{15} = 0.7$$

电抗器：

$$X_{5*} = \frac{4}{100} \times \frac{6}{\sqrt{3} \times 0.3} \times \frac{100}{6.3^2} \approx 1.164$$

电缆：

$$X_{6*} = X_{7*} = 2 \times 0.069 \times \frac{100}{6.3^2} \approx 0.348$$

等值电路如图 2-12（b）所示。

1）k_1 点短路时的计算。

短路回路总电抗

$$X_{\Sigma *} = X_{1*} + \frac{X_{2*}}{3} = 0.21 + \frac{0.7}{3} \approx 0.443$$

短路稳定状态时，非周期分量衰减完毕，短路电流仅为周期分量，稳态短路电流的标幺值为

$$I_{\infty *} = \frac{1}{X_{\Sigma *}} = \frac{1}{0.443} \approx 2.257$$

稳态短路电流

$$I_\infty = I_{\infty *} I_b = 2.257 \times \frac{100}{\sqrt{3} \times 6.3} \approx 20.684 (kA)$$

短路冲击电流

$$i_{im} = 2.55 \times 20.684 \approx 52.744 (kA)$$

110kV 母线的剩余电压

$$U_{rem} = \frac{0.7}{3} \times 2.257 \times 115 \approx 60.563 (kV)$$

2）k_2 点短路时的计算。

短路回路的总电抗

$$X_{\Sigma *} = 0.21 + \frac{0.7}{3} + 1.164 + \frac{0.348}{2} \approx 1.78$$

稳态短路电流的标幺值为

$$I_{\infty *} = \frac{1}{1.78} \approx 0.56$$

通过架空线的稳态短路电流

$$I_\infty = I_{\infty*} I_b = 0.56 \times \frac{100}{\sqrt{3} \times 115} \approx 0.28(\mathrm{kA})$$

通过电抗器的短路冲击电流

$$i_{im} = 2.55 I_p$$

其中

$$I_p = 0.56 \times \frac{100}{\sqrt{3} \times 6.3} \approx 5.132(\mathrm{kA})$$

所以

$$i_{im} = 2.55 \times 5.132 \approx 13.087(\mathrm{kA})$$

2.6 有限容量电源供电电路内三相短路

在很多情况下，短路回路所接电源的容量是有限的，短路时母线电压要下降。所以，在这种情况下，计算短路电流时不能将短路回路所接电源看成是无限大容量电源，而应看成是一个等值发电机。等值发电机的容量为有限容量电源的总容量，阻抗为有限容量电源的总阻抗。

关于发电机突然短路时发电机内部的电磁暂态过程，在电机学课程中已做详细讲述。本节主要介绍有限容量电源供电电路内三相短路时短路电流的实用计算方法。

2.6.1 短路电流的变化情况

发电机供电电路内短路时，发电机的端电压（或电势）在整个短路暂态过程中是一个变化值。由它所决定的短路电流周期分量幅值和有效值，也随着变化，这是其与无限大容量电源供电电路内短路的主要区别。此时短路电流非周期分量产生的原因、衰减的性质及计算条件等与本章 2.5 节所述基本相同，本节不再详细叙述。

短路电流周期分量变化的情况与发电机是否装有自动励磁调节装置有关。图 2-13 所示为无自动调节励磁装置的发电机供电电路内短路电流的变化曲线，图中所示短路电流的短路条件为短路前电路空载，并忽略电路电阻，发电机电势 e 的初相角等于零时短路。

由图 2-13 可见，短路电流周期分量的幅值由短路瞬时（$t = 0\mathrm{s}$）的 $\sqrt{2}I''$ 逐渐减小到稳定值 $\sqrt{2}I_\infty$。周期分量达到稳定值之前，为短路的暂态过程。幅值和有效值的减小是短路过程中发电机电枢反应的去磁作用增大，使定子电势减小的结果。

短路电流的周期分量在暂态过程中是衰减的，但在其中任一周期内可忽略其衰减。

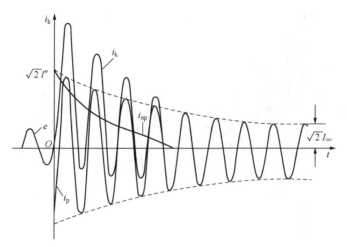

图 2-13   无自动调节励磁装置的发电机供电电路内短路电流的变化曲线

所谓周期分量在时间 t 的有效值，是周期分量在以时间 t 为中心的周期内的有效值，它与该周期幅值 $I_{\mathrm{mp}t}$ 的关系为

$$I_{\mathrm{p}t} = \frac{I_{\mathrm{mp}t}}{\sqrt{2}}$$

$t = 0\mathrm{s}$ 时，周期分量的有效值 I'' 称为周期分量的起始有效值，也称为次暂态短路电流。因为 $t = 0\mathrm{s}$ 时周期分量的瞬时值就是幅值 I''_{m}，则

$$I'' = \frac{I''_{\mathrm{m}}}{\sqrt{2}}$$

目前电力系统中的发电机都装有自动调节励磁装置，其作用是在发电机电压变动时能自动调节发电机的励磁电流，以维持发电机的端电压在一定范围内。当短路引起发电机电压下降时，自动调节励磁装置使励磁电流增大，发电机电压上升。但不论哪种类型的自动调节励磁，如电子型或机械型，其动作都需要一定时间，同时励磁回路具有较大的电感，励磁电流不能立即增大。实际上自动调节励磁装置是在短路后经过一定时间才能起作用，所以发电机不论有无自动调节励磁装置，在开始短路的瞬时及短路后几个周期内，短路电流的变化情况都一样。图 2-14 所示为有自动调节励磁装置的发电机供电电路内短路电流的变化曲线。由图中可见，短路电流周期分量最初是逐渐减小的，以后随着自动调节励磁装置的作用而逐渐增大，最后达到稳定值，短路的暂态过程结束。周期分量稳定值的大小取决于短路点与发电机间的电气距离，以及自动调节励磁装置的调节程度。

短路点到电源间的电气距离与短路回路总电抗和电源的总容量有关，可用短路回路的计算电抗 $X_{\mathrm{c}*}$ 表示。计算电抗取基准功率等于电源总额定容量 $S_{\mathrm{n}\Sigma}$ 时短路回路总电抗的标幺值，即

$$X_{\mathrm{c}*} = \frac{X_{\Sigma} S_{\mathrm{n}\Sigma}}{U_{\mathrm{av}}^2}$$

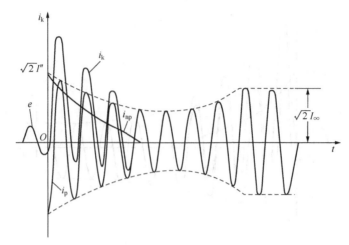

图 2-14　有自动调节励磁装置的发电机供电电路内短路电流的变化曲线

当短路回路总电抗的标幺值 $X_{\Sigma*b}$ 的基准功率为 S_b 时，则计算电抗为

$$X_{c*} = X_{\Sigma*b}\frac{S_{n\Sigma}}{S_b}\tag{2.35}$$

显然，X_Σ 和 $S_{n\Sigma}$ 越大，计算电抗也越大，短路时电源电压下降也就越小。计算电抗越大，表明短路点到电源的电气距离越大。可见，不同的计算电抗值对周期分量的变化有不同的影响。下面粗略分析不同 X_{c*} 时对周期分量的影响。

当 X_{c*} 很小时，因为短路电流很大，所以电源端电压下降很多，这时自动调节励磁装置动作，即使励磁电流增大到最大（顶值），电源电压仍低于其额定值，此时 $I'' > I_\infty$；当 X_{c*} 较大时，电源电压下降较少，到达短路稳态时，由于自动调节励磁装置的动作结果，可能使电源电压恢复到额定值，此时 $I'' = I_\infty$ 或 $I'' < I_\infty$；当 X_{c*} 很大时，一般认为 $X_{c*} \geqslant 3$ 时，电压下降甚微，自动调节励磁装置基本不起作用，此时 $I'' = I_{pt} = I_\infty$，这种情况下的短路点称为远距离短路点，所接电源相当于无限大容量电源。

此外，发电机的类型、它们的参数及电力系统负荷等对周期分量都有明显影响，所以周期分量变化情况与很多因素有关，要准确计算是十分复杂的。实际工程中广泛采用实用计算法。

2.6.2　周期分量有效值的实用计算法——运算曲线法

由以上讨论可知，单台发电机供电电路内三相短路时，周期分量有效值 I_{p*} 与时间 t 和计算电抗 X_{c*} 有关，即 $I_{p*} = f(X_{c*}, t)$。表明这种函数关系的曲线叫运算曲线，如图 2-15 所示。曲线的纵坐标为周期分量有效值的标幺值 I_{p*}，横坐标为计算电抗 X_{c*}，可对不同时间分别作出相应的曲线。注意，此处 I_{p*} 和 X_{c*} 都是以电源等值发电机的总额定容量 $S_{n\Sigma}$ 为基准功率。

我国有关单位根据国产机组参数并考虑到我国电力系统负荷分配的实际情况，用概率统计法制定的运算曲线是目前计算非无穷大系统短路电流的实用工具。

制定运算曲线所用的典型接线如图 2-16 所示,它认为发电机在额定运行状态下发生三相短路,已考虑了负荷的影响。50％的负荷接在发电厂高压母线上,其余负荷均在短路点外侧,这种接线基本符合我国现代电力系统的实际情况。

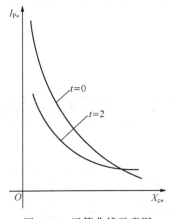

图 2-15　运算曲线示意图

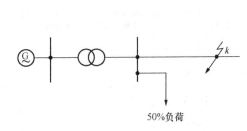

图 2-16　制定运算曲线时的典型接线

绘制运算曲线时,根据我国电力建设规划和目前电力系统的实际情况,取 18 台汽轮发电机和 17 台水轮发电机作为子样,再按典型接线,将同一类型的同步发电机的参数输入计算机中。在不同的外电抗条件下,按理论公式逐台计算出某时间 t 的周期分量有效值。取这些类型相同但型号不同的发电机计算所得周期分量有效值的平均值,作为运算曲线在某时间 t 和 X_{c*} 对应的周期分量有效值,分别绘制成为汽轮发电机和水轮发电机的运算曲线。运算曲线也可制成表格形式,详见附表 2-1～附表 2-4。

用运算曲线计算短路电流周期分量十分方便,一般不计及负荷。计算步骤如下。

1)根据计算电路作出等值电路图,化简电路,求得短路回路总电抗 $X_{\Sigma*}$。

2)将 $X_{\Sigma*}$ 归算为计算电抗 X_{c*}。

3)根据计算电抗 X_{c*},查相应的运算曲线,得所求 t s 周期分量有效值的标幺值 I_{pt*},然后乘以基准电流,即可求得有效值的有名值 I_{pt}。注意,此处基准电流

$$I_b = \frac{S_{n\Sigma}}{\sqrt{3}U_{av}} = I_{n\Sigma}$$

一般当 $X_{c*} \geqslant 3$ 时可将电源当作无限大容量电源计算。

最后需要指出,在制定运算曲线时,曾求得发电机的"标准参数"。当计算中实际发电机的参数与"标准参数"有较大差别时,为了提供计算的精确度,可对周期分量进行修正计算。主要是在实际发电机的励磁参数和时间常数与"标准参数"相差较大时才进行修正,一般情况下不必进行修正。

2.6.3　短路电流其他量的计算

1. 非周期分量

同无限大容量电源供电电路短路一样,计算条件按最严重情况考虑。t s 非周期分量

可用下式表示，即

$$i_{\mathrm{np}t} = i_{\mathrm{np}0}\mathrm{e}^{-\frac{\omega t}{T_a}} = -\sqrt{2}\,I''\mathrm{e}^{-\frac{\omega t}{T_a}} \tag{2.36}$$

衰减时间常数 $T_a = \dfrac{X_\Sigma}{R_\Sigma}$，可按电力系统各元件本身的 $\dfrac{X}{R}$ 值求得，如果缺乏各元件的 $\dfrac{X}{R}$ 值时，可选用表 2-4 所列推荐值。

表 2-4　电力系统各元件的 $\dfrac{X}{R}$ 值

名称	变化范围	推荐值	名称	变化范围	推荐值
有阻尼绕组的水轮发电机	35～95	60	电抗器大于100A	40～65	40
汽轮发电机 75MW 及以上	65～120	90	架空线路	0.2～14	6
汽轮发电机 75MW 及以下	40～95	70	三芯电缆	0.1～1.1	0.8
变压器 100～360MV・A	17～36	25	同步调相机	34～56	40
变压器 10～90MV・A	10～20	15	同步电动机	9～34	20
电抗器 1000A	15～52	25			

在做粗略计算时，T_a 值可直接选用表 2-5 中推荐的数值。

表 2-5　不同短路点等效时间的推荐值

短路点	T_a	短路点	T_a
汽轮发电机端	80	高压侧母线（主变压器为 10～100MV・A）	35
水轮发电机端	60	远离发电厂的短路点	15
高压侧母线（主变压器在 100MV・A 以上）	40	发电机出线电抗器之后	40

2. 冲击短路电流

如忽略周期分量的衰减，短路冲击电流可按下式计算，即

$$i_{\mathrm{im}} = \sqrt{2}\,K_{\mathrm{im}}I'' \tag{2.37}$$

$$K_{\mathrm{im}} = 1 + \mathrm{e}^{-\frac{0.01\omega}{T_a}}$$

式中，冲击系数 K_{im} 可按表 2-6 选用。

表 2-6　不同短路点的冲击系数

短路点	推荐值	短路点	推荐值
发电机端	1.9	远离发电厂的地点	1.8
发电厂高压侧母线及发电机出线电抗器后	1.85		

3. 短路全电流

短路全电流最大有效值按下式计算，即

$$I_{im} = I'' \sqrt{1 + 2(K_{im} - 1)^2} \tag{2.38}$$

多电源系统用运算曲线计算短路电流

从制定运算曲线所用的典型接线可知，运算曲线是根据一台发电机供电电路制成。当电力系统中有多台发电机并列工作时，由于各个发电机的类型和参数不同，到短路点的电气距离也不完全相同等因素的影响，用运算曲线计算时会有一定误差。

实用计算中根据计算目的和系统的具体情况，当有多电源时有两种计算方法，即同一变化法和个别变化法。

2.7.1 同一变化法

同一变化法是假设各发电机所供短路电流周期分量的变化规律完全相同，忽略各发电机的类型、参数以及到短路点的电气距离对周期分量的影响，将所有电源合并为一个等效发电机，查同一的运算曲线，来决定短路电流周期分量。

具体步骤如下：

1) 作出等值电路图，化简电路，将全部电源合并为一个等效发电机。确定短路回路总电抗 $X_{\Sigma*}$，将 $X_{\Sigma*}$ 归算为计算电抗 X_{c*}，计算电抗的基准功率为全部电源的总额定功率 $S_{n\Sigma}$。

2) 利用计算电抗 X_{c*} 查相应的运算曲线求得 I_{pt*}。如运算曲线中没有所求的时间，可用插补法。

当电力系统所有电源中以火力发电厂为主时，应查汽轮发电机运算曲线；如以水力发电厂为主，应查水轮发电机运算曲线。一般情况下，采用汽轮发电机运算曲线。

3) 周期分量有效值的有名值可按下式确定，即

$$I_{pt} = I_{pt*} \cdot I_{n\Sigma} \tag{2.39}$$

$$I_{n\Sigma} = \frac{S_{n\Sigma}}{\sqrt{3} U_{av}}$$

式中，U_{av}——I_{pt} 所在电压级的平均电压。

其他各短路电流量可根据相应的计算公式求得。

同一变化法使计算简化，认为各发电机与短路点之间的关系处于某一相同的平均状

态下，忽略了各电源的区别，故计算结果误差较大。所以，在做粗略计算或各电源距离短路点都较远或各发电机类型相同且距短路点距离相近时，才采用这种方法。

系统中有无限大电源时，不能用同一变化法计算，必须把无限大容量电源单独分开计算。

2.7.2 个别变化法

同一变化法没有考虑发电机的类型及它们距离短路点远近的区别，计算结果主要取决于大功率电源。例如，当大功率电源距离短路点较远，小功率电源距短路点较近时，大功率电源所供短路电流就小得多。短路电流的实际变化基本上由靠近短路点的电源所决定。现代电力系统容量很大，发电机类型也不尽相同，如按同一变化法计算，将与实际情况有较大误差。

按个别变化法计算时，一般是将系统中所有发电机按类型及距离短路点远近分为几组，一般分为2～3组，每组用一个等效发电机代替，然后对每一等效发电机用相应的运算曲线，分别求出所供短路电流。短路点的短路电流等于各等效发电机所供短路电流之和。

具体步骤如下：

1）根据计算电路作等值电路图。将发电机分组，分组的原则：宜将与短路点直接相连的同类型发电机（汽轮发电机或水轮发电机）并为一组；与短路点距离差别较小的同类型发电机并为一组。如有无限大容量电源时，应单独作为一个电源进行计算。

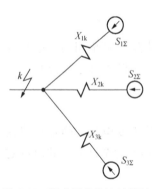

2）按分组情况逐步化简电路，将所有中间节点消去，仅保留电源和短路点的节点。各电源间的连线略去，因为流过这些连线的电流只是电源间的交换电流，与短路电流无关。电路化简结果最后形成一个以短路点为中心的辐射形电路，各电源仅经一电抗与短路点直接相连，如图2-17所示。根据此电路便可计算出每一电源支路所供的短路电流。

3）为利用运算曲线求各电源支路所供的短路电流，必须先求各支路的计算电抗。某支路的计算电抗应以该支路电源的总额定功率为基准功率。

图 2-17 按个别变化法计算时简化后的等值电路

然后，利用各支路的计算电抗，分别查相应的运算曲线，求得各电源支路所供周期分量有效值的标幺值。

短路点总的周期分量有效值为

$$I_p = I_{1p*} I_{1 \cdot n\Sigma} + I_{2p*} I_{2 \cdot n\Sigma} + \cdots + I_{np*} I_{n \cdot n\Sigma} \tag{2.40}$$

式中，$I_{1 \cdot n\Sigma}$，$I_{2 \cdot n\Sigma}$，$\cdots$，$I_{n \cdot n\Sigma}$——各电源支路的总额定电流；

I_{1p*}，I_{2p*}，$\cdots$，I_{np*}——各电源支路周期分量有效值的标幺值。

短路点总的非周期分量（t s 值）可按下式计算，即

$$i_{npt} = -\sqrt{2}\,(I_1'' e^{-\frac{\omega t}{T_{a1}}} + I_2'' e^{-\frac{\omega t}{T_{a2}}} + \cdots + I_n'' e^{-\frac{\omega t}{T_{an}}})$$

式中，I_1''，I_2''，$\cdots$，I_n''——各电源支路次暂态短路电流，kA；

T_{a1}，T_{a2}，$\cdots$，T_{an}——各电源支路衰减时间常数。

如有无限大容量电源支路时，按无限大容量电源的方法计算。

复杂网络在化简电路时，有时会遇到各电源支路经过一公共电抗后与短路点相连的情况，多数情况下可化简为两个电源支路，如图 2-18 (a) 所示。在此情况下，必须将电路变换为各电源支路与短路点直接相连，如图 2-18 (b) 所示，变换后电源与短路点之间的电抗称为转移电抗，如图 2-18 (b) 中的 X_{1k} 和 X_{2k}，根据转移电抗才能计算每一电源所供短路电流。

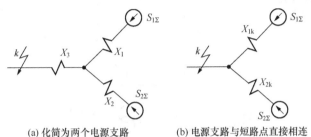

(a) 化简为两个电源支路　　　　　(b) 电源支路与短路点直接相连

图 2-18　有公共电抗时电路的等值变换

当只有两个电源支路经一公共电抗接至短路点时，转移电抗 X_{1k} 和 X_{2k} 可直接用 Y-△ 等效变换公式求得，两电源间的电抗可略去不计。

$$\begin{cases} X_{1k} = X_1 + X_3 + \dfrac{X_1 X_3}{X_2} \\[2mm] X_{2k} = X_2 + X_3 + \dfrac{X_2 X_3}{X_1} \end{cases} \tag{2.41}$$

当有两个以上电源支路时，转移电抗可用分布系数法求得。

按个别变化法计算的最大优点，是计算了各电源支路所供短路电流周期分量不同的变化规律，结果比较精确，但计算过程比较复杂。

如在电抗器后短路，或在小、中容量甚至大容量变电所的变压器二次侧电路短路时，由于这些元件电抗很大，各电源所供短路电流周期分量变化差异不大，故可按同一变化法进行计算。

为了简便起见，在以下各例题中略去电抗标幺值符号中的下角标"*"。

【例 2.5】　分别用同一变化法和个别变化法计算图 2-19 (a) 所示计算电路 k_1、k_2 点三相短路时的 I''、i_{im} 和 $t=4s$ 时的周期分量有效值 $I_{pt=4}$，系统以火电厂为主，发电厂为水电厂，其他计算所需数据已标明在图中。

解　取 $S_b = 100 \text{MV} \cdot \text{A}$，$U_b = U_{av}$。

1) 各元件电抗标幺值计算。

系统：
$$X_1 = 0.5 \times \frac{100}{500} = 0.1$$

发电机：
$$X_2 = X_3 = 0.208 \times \frac{100}{50/0.8} \approx 0.333$$

变压器：
$$X_4 = X_5 = \frac{10.5}{100} \times \frac{100}{120} \approx 0.088$$

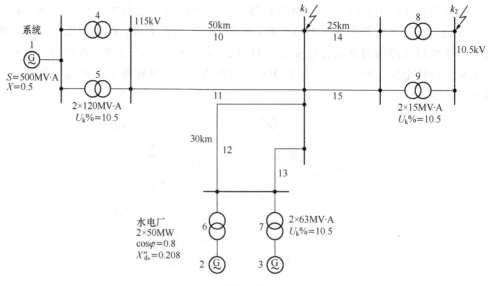

(a) 计算电路图

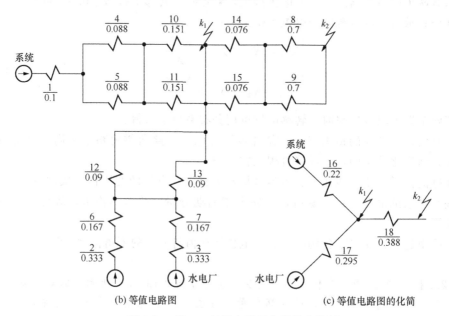

(b) 等值电路图 (c) 等值电路图的化简

图 2-19 例 2.5 计算电路图和等值电路图

$$X_6 = X_7 = \frac{10.5}{100} \times \frac{100}{63} \approx 0.167$$

$$X_8 = X_9 = \frac{10.5}{100} \times \frac{100}{15} = 0.7$$

架空线：

$$X_{10} = X_{11} = 50 \times 0.4 \times \frac{100}{115^2} \approx 0.151$$

$$X_{12} = X_{13} = 30 \times 0.4 \times \frac{100}{115^2} \approx 0.09$$

$$X_{14} = X_{15} = 25 \times 0.4 \times \frac{100}{115^2} \approx 0.076$$

将图 2-19（b）所示等值电路化简为图 2-19（c）所示电路。

$$X_{16} = 0.1 + \frac{0.088}{2} + \frac{0.151}{2} \approx 0.22$$

$$X_{17} = \frac{0.333 + 0.167}{2} + \frac{0.09}{2} = 0.295$$

$$X_{18} = \frac{0.076}{2} + \frac{0.7}{2} = 0.388$$

2）按同一变化法计算。

电源总容量

$$S_{n\Sigma} = 500 + \frac{2 \times 50}{0.8} = 625(\text{MV} \cdot \text{A})$$

① k_1 点短路电流的计算。

计算电抗

$$X_c = \frac{0.22 \times 0.295}{0.22 + 0.295} \times \frac{625}{100} \approx 0.788$$

因系统以火电厂为主，查汽轮发电机运算曲线，由附表 2-1 查得 $t=0$s 时

$$I''_* = 1.33$$

查附表 2-1 得 $t=4$s 时

$$I_{*pt=4} = 1.52$$

所以

$$I'' = 1.33 \times \frac{625}{\sqrt{3} \times 115} \approx 4.17(\text{kA})$$

$$I_{pt=4} = 1.52 \times \frac{625}{\sqrt{3} \times 115} \approx 4.77(\text{kA})$$

查表 2-6，取 $K_{im} = 1.8$，则

$$i_{im} = \sqrt{2} \times 1.8 \times 4.17 \approx 10.61(\text{kA})$$

② k_2 点短路电流的计算。

短路回路总电抗

$$X_{\Sigma \cdot k} = \frac{0.22 \times 0.295}{0.22 + 0.295} + 0.388 \approx 0.514$$

计算电抗

$$X_c = 0.514 \times \frac{625}{100} \approx 3.213 > 3$$

按无限大容量电源计算，则

$$I'' = I_{p2t=4} = \frac{1}{3.213} \times \frac{625}{\sqrt{3} \times 10.5} \approx 10.696(\text{kA})$$

$$i_{im} = \sqrt{2} \times 1.8 \times 10.696 \approx 27.223(\text{kA})$$

3）按个别计算法计算。

① k_1 点短路电流的计算。

a. 系统支路所供短路电流。

计算电抗

$$X_{c \cdot 16} = 0.22 \times \frac{500}{100} = 1.1$$

查汽轮发电机运算曲线，由附表 2-2 得 $t = 0$s 时

$$I''_{*16} = 0.94$$

查附表 2-2 得 $t = 4$s 时

$$I_{*16t=4} = 1.02$$

所以

$$I''_{16} = 0.94 \times \frac{500}{\sqrt{3} \times 115} \approx 2.4(\text{kA})$$

$$I_{16t=4} = 1.02 \times \frac{500}{\sqrt{3} \times 115} \approx 2.56(\text{kA})$$

$$i_{im \cdot 16} = \sqrt{2} \times 1.8 \times 2.4 \approx 6.11(\text{kA})$$

b. 水电厂支路所供短路电流。

计算电抗

$$X_{c \cdot 17} = 0.295 \times \frac{2 \times 50}{0.8 \times 100} \approx 0.369$$

查水轮发电机运算曲线，由附表 2-3 得 $t = 0$s 时

$$I''_{*17} = 3.02$$

查附表 2-3 得 $t = 4$s 时

$$I_{*17t=4} = 2.83$$

$$I''_{17} = 3.02 \times \frac{2 \times 50}{0.8 \times \sqrt{3} \times 115} \approx 1.9(\text{kA})$$

$$I_{17t=4} = 2.83 \times \frac{2 \times 50}{0.8 \times \sqrt{3} \times 115} \approx 1.776(\text{kA})$$

$$i_{im \cdot 17} = \sqrt{2} \times 1.8 \times 1.9 \approx 4.836(\text{kA})$$

k_1 点总短路电流为各电源支路电流之和，故

$$I'' = 2.4 + 1.9 = 4.3(\text{kA})$$

$$I_{pt=4} = 2.56 + 1.776 = 4.336(\text{kA})$$

$$i_{im} = 6.11 + 4.836 = 10.946(kA)$$

② k_2 点短路电流的计算。

a. 系统支路所供短路电流。

转移电抗

$$X_{k16} = 0.22 + 0.388 + \frac{0.22 \times 0.388}{0.295} \approx 0.897$$

计算电抗

$$X_{c16} = 0.897 \times \frac{500}{100} = 4.485 > 3$$

按无限大容量电源计算，则

$$I''_{16} = I_{16t=4} = \frac{1}{4.485} \times \frac{500}{\sqrt{3 \times 10.5}} \approx 6.13(kA)$$

$$i_{im} = \sqrt{2} \times 1.8 \times 6.13 \approx 15.6(kA)$$

b. 水电厂支路所供短路电流。

转移电抗

$$X_{k17} = 0.295 + 0.388 + \frac{0.295 \times 0.388}{0.22} \approx 1.2$$

计算电抗

$$X_{c17} = 1.2 \times \frac{100}{0.8 \times 100} = 1.5$$

查附表 2-4 得 $t = 0s$ 时

$$I''_{*17} = 0.7$$

查附表 2-4 得 $t = 4s$ 时

$$I_{*17t=4} = 0.75$$

所以

$$I''_{17} = 0.7 \times \frac{100}{0.8 \times \sqrt{3} \times 10.5} \approx 4.8(kA)$$

$$I_{17t=4} = 0.75 \times \frac{100}{0.8 \times \sqrt{3} \times 10.5} \approx 5.155(kA)$$

$$i_{im} = \sqrt{2} \times 1.8 \times 4.8 \approx 12.217(kA)$$

k_2 点的总短路电流为各支路电流之和，故

$$I'' = 6.13 + 4.8 = 10.93(kA)$$

$$I_{pt=4} = 6.13 + 5.155 = 11.285(kA)$$

$$i_{im} = 15.6 + 12.217 = 27.817(kA)$$

4）比较两种计算方法的计算结果。

计算结果见表 2-7。

表 2-7　两种计算方法的计算结果比较

短路点		k_1 点短路			k_2 点短路		
短路电流/kA		I''	$I_{pt=4}$	i_{im}	I''	$I_{pt=4}$	i_{im}
计算方法	同一变化法	4.17	4.77	10.61	10.696	10.696	27.223
	个别变化法	4.3	4.336	10.946	10.93	11.285	27.817
	相差百分数	3%	9%	3%	2%	5.7%	2%

由计算结果可以看出，次暂态短路电流和冲击电流相差较小，或基本相同；而 4s 周期分量有效值相差较大，并且随计算电抗的增大而相差减小，故电源支路的计算电抗较大时可按同一变化法计算。

2.8

不对称短路电流计算要点简述

不对称短路的基本类型有两相短路、单相短路和两相接地短路。单相短路和两相接地短路只发生在中性点直接接地系统中。在不对称短路时，三相电路中各相电流的大小不等，相角不相同，各相电压也不对称。直接计算不对称短路的电流和电压是比较复杂的，目前广泛应用的计算方法是将不对称电路变换为对称电路，然后利用计算对称电路的方法进行计算，这种方法称为对称分量法。

2.8.1　对称分量法

不对称短路破坏了系统的三相对称性，因此一定会出现三相不对称电压、电流。而任何一组不对称三相系统的相量都能分解为相序各不相同的三组对称分量（即正序分量、负序分量、零序分量）之和，见图 2-20。

$$\dot F_U = \dot F_{U1} + \dot F_{U2} + \dot F_{U0}$$

$$\dot F_V = \dot F_{V1} + \dot F_{V2} + \dot F_{V0}$$

$$\dot F_W = \dot F_{W1} + \dot F_{W2} + \dot F_{W0}$$

以上各式中，$\dot F_{U1}$、$\dot F_{V1}$、$\dot F_{W1}$ 为正序分量，三相大小相等，方向各差 $120°$，相序成顺时针方向；$\dot F_{U2}$、$\dot F_{V2}$、$\dot F_{W2}$ 为负序分量，三相大小相等，方向各差 $120°$，相序成逆时针方向；而 $\dot F_{U0}$、$\dot F_{V0}$、$\dot F_{W0}$ 为零序分量，三相大小相等，方向相同。

为了表述简单，引入一个复数运算因子，即

$$\alpha = e^{j120°} = -\frac{1}{2} + j\frac{\sqrt3}{2}$$

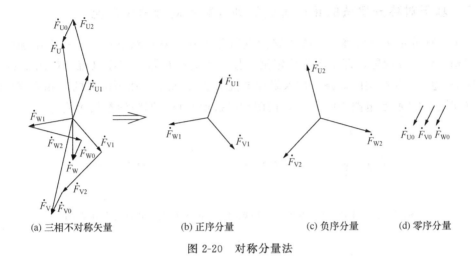

(a) 三相不对称矢量　　　(b) 正序分量　　　(c) 负序分量　　　(d) 零序分量

图 2-20　对称分量法

　　任何一个向量乘以 α，其幅值不变，但被逆时针旋转了 120°；任何一个向量乘以 α^2，其幅值不变，但被顺时针旋转了 120°。

　　如果以 α 相为基准相，则

$$\dot{F}_{V1}=\alpha^2\dot{F}_{U1}, \qquad \dot{F}_{V2}=\alpha\dot{F}_{U2}, \qquad \dot{F}_{V0}=\dot{F}_{U0}$$

$$\dot{F}_{W1}=\alpha\dot{F}_{U1}, \qquad \dot{F}_{W2}=\alpha^2\dot{F}_{U2}, \qquad \dot{F}_{W0}=\dot{F}_{U0}$$

即

$$\dot{F}_{U}=\dot{F}_{U1}+\dot{F}_{U2}+\dot{F}_{U0}$$

$$\dot{F}_{V}=\alpha^2\dot{F}_{U1}+\alpha\dot{F}_{U2}+\dot{F}_{U0}$$

$$\dot{F}_{W}=\alpha\dot{F}_{U1}+\alpha^2\dot{F}_{U2}+\dot{F}_{U0}$$

若已知不对称三相系统矢量，则解上述方程可得

$$\dot{F}_{U1}=\frac{1}{3}(\dot{F}_{U}+\alpha\dot{F}_{V}+\alpha^2\dot{F}_{W})$$

$$\dot{F}_{U2}=\frac{1}{3}(\dot{F}_{U}+\alpha^2\dot{F}_{V}+\alpha\dot{F}_{W})$$

$$\dot{F}_{U0}=\frac{1}{3}(\dot{F}_{U}+\dot{F}_{V}+\dot{F}_{W})$$

正序分量向量和为零

$$\dot{F}_{U1}+\dot{F}_{V1}+\dot{F}_{W1}=\dot{F}_{U1}+\alpha^2\dot{F}_{U1}+\alpha\dot{F}_{U1}=0$$

　　同理，负序分量向量和也为零。而零序分量向量和不为零，因为 $\dot{F}_{U0}+\dot{F}_{V0}+\dot{F}_{W0}=3\dot{F}_{U0}$。由此可见，在 $\dot{F}_{U0}+\dot{F}_{V0}+\dot{F}_{W0}\neq0$ 的不平衡系统中才有零序分量存在。如在中性点不接地或没有中性线的三相电路中，相间电流之和为零，则它不含有零序分量。

2.8.2 基于对称分量法的正序等效定则计算不对称短路电流

基于对称分量法，可将不对称短路问题转化为在实际短路点后加上一个附加电抗之后的三相短路计算问题，即正序等效定则：任何不对称短路的正序电流（如图 2-21 所示电路中的 $I_{k1}^{(n)}$），与在实际短路点加入附加电抗 $X_{\Delta}^{(n)}$ 后发生三相短路时的三相短路电流值相等（如图 2-22 所示电路中的 $i_k^{(3)}$），而附加电抗值与正序网络的参数无关。

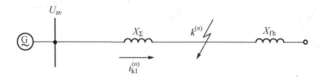

图 2-21　实际网络中发生不对称短路 $k^{(n)}$ 的短路电流正序分量示意图

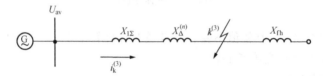

图 2-22　附加 $X_{\Delta}^{(n)}$ 后的新网络中发生三相短路的三相短路电流示意图

计算不对称短路电流时，首先应拟制出 U 相的正序、负序、零序等序网络图，如图 2-23 所示，分别计算出各元件序电抗的标幺值，从而求出各序总电抗 $x_{1\Sigma}$、$x_{2\Sigma}$、$x_{0\Sigma}$；然后根据短路类型查表 2-8 中的计算公式，求得附加电抗 $X_{\Delta}^{(n)}$；在正序网络末端接入附加电抗 $X_{\Delta}^{(n)}$，组成新网络，如图 2-22 所示，计算出在新网附加电抗后发生三相短路的三相短路电流值，此三相短路电流值就是实际网络中发生不对称短路时流过短路点的短路电流正序分量；最后根据短路类型将此正序分量乘以表 2-8 中对应的比例系数 $m^{(n)}$，即得到发生不对称短路时短路点故障相的短路电流。

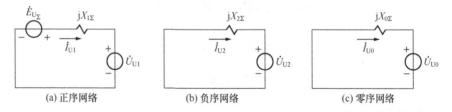

(a) 正序网络　　　　(b) 负序网络　　　　(c) 零序网络

图 2-23　U 相正序、负序和零序网络图

不对称短路时短路点电流的一般计算公式为

$$I_k^{(n)} = m^{(n)} I_{U1}^{(n)} \tag{2.42}$$

式中，$m^{(n)}$——比例系数，其值与短路的类型有关，见表 2-8；

$I_{U1}^{(n)}$——某种类型短路的正序电流绝对值；

(n)——短路类型的代表符号。

表 2-8　各种类型适合的 $X_{\Sigma}^{(n)}$ 和 $m^{(n)}$ 值

短路类型	短路类型代表符号（n）	$X_{\Sigma}^{(n)}$	$m^{(n)}$
三相短路	（3）	0	1
两相短路	（2）	$X_{2\Sigma}$	$\sqrt{3}$
单相短路	（1）	$X_{2\Sigma}+X_{0\Sigma}$	3
两相接地短路	（1.1）	$\dfrac{X_{2\Sigma}X_{0\Sigma}}{X_{2\Sigma}+X_{0\Sigma}}$	$\sqrt{3}\sqrt{1-\dfrac{X_{2\Sigma}X_{0\Sigma}}{(X_{2\Sigma}+X_{0\Sigma})^2}}$

注：$X_{2\Sigma}$ 为负序网络总电抗；$X_{0\Sigma}$ 为零序网络总电抗。

另外，在实际工程中，由于正序网络总电抗与负序网络总电抗数值接近，因此代入上面算式计算时，同一点发生两相短路，其两相短路电流值往往取为 $\dfrac{\sqrt{3}}{2}$ 倍的三相短路电流值，即

$$I_{\mathrm{k}}^{(2)}=\frac{\sqrt{3}}{2}I_{\mathrm{k}}^{(3)} \tag{2.43}$$

2.9　限制短路电流的方法

随着我国电力系统的规模和容量不断发展，短路电流值可能达到很大数值而导致开关、导体等电气设备选择困难，因此很有必要采取措施限制短路电流，以便选择轻型开关电器与较小截面的电缆和母线。

电源容量越大，电源离短路点越近，短路电流就越大，对设备危害越大。在电源确定情况下，要限制短路电流，就要增大电源至短路点的电气距离，即增加短路回路的总电抗，具体措施在下面一一介绍。

2.9.1　合理选择电气主接线形式和运行方式

并联支路越多，回路等效电抗越小；串联支路越多，回路等效电抗越大。所以想法减少并联支路或增多串联支路，可增大回路总电抗，减小短路电流。通过选择适当的主接线形式或选择适当的运行方式均可达到此目的，例如：

1）大容量机组的发电厂常采用发变组单元接线，以减小发电机机端短路和母线短路的短路电流。

2）在降压变电所中，变压器低压侧往往采用单母线分段接线，运行时将两台降压变

压器低压侧的分段断路器分开运行，如图 2-24（a）所示，k_1 点短路时，流过 2QF 的短路电流比 1QF 合闸时要小。为增加供电可靠性，可在 1QF 处装备用电源自投装置；为降低损耗，力争使分开运行的两段母线上的负荷平衡。

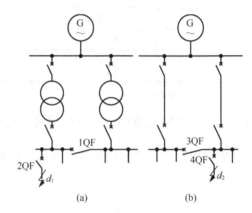

图 2-24　选择接线方式增抗减流

3）环形供电网络穿越功率最小处开环运行。如图 2-24（b）所示，若 3QF 断开运行，则 k_2 点短路，流过 4QF 的短路电流明显小于 3QF 合闸运行时的短路电流。

2.9.2　加装限流电抗器

限流电抗器一般使用在 10kV 及以下的电网中，目的在于使发电机回路及出线回路能使用轻型断路器，从而能减少电气设备投资。限流电抗器是单相空心电感线圈。按中间有无抽头分为普通电抗器和分裂电抗器；按安装地点分为出线电抗器和母线分段电抗器。

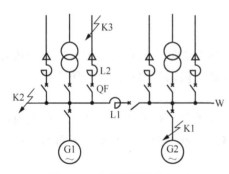

图 2-25　电抗器装设的位置

如图 2-25 所示，当 K_3 点发生短路，线路电抗器限制了接于发电机电压母线上的所有电源提供的短路电流，母线电抗器用来限制从本段母线流向短路母线的电流（图 2-25 中由电源 G2 提供），同时母线电抗器比出线电抗器容量大得多，其有名电抗较小，对出线的限流能力远小于线路电抗器，其作用主要是限制母线短路电流以利于母线设备及连接于该母线的发电机、变压器支路设备的选择。电抗标幺值等于通过额定电流时的压降标幺值。在电抗标幺值相同情况下，电抗器额定电流越大，其电抗基准值越小，因此有名电抗越小。受正常压降的限制，电抗值不能选择过大。如图 2-25 所示，考虑一台发电机停运，母线分段电抗器的额定电流选为母线上最大容量发电机额定电流的 50%～80%，比出线电抗器的额定电流大得多，即母线分段电抗器的电抗基准值较小，故母线分段电抗器可取较大的标幺电抗，一般为 8%～10%，最大不超过 12%（出线电抗器一般为 3%～6%）。而且母线分段处往往是正常工作情况下功率流动最小的地方，在此设电抗器所产生的电压损失和功率损耗较小，所以设计主接线时，一般先考虑在分段断路器回路中装设电抗器，只有经计算对出线限流效果不够时才考虑装设出线电抗器。

母线分段电抗器的正常电压损失虽比出线电抗器小，但其对出线的限流作用也比较小，在变电所中一般不采用。但是用出线电抗器限流，一是投资、年运行费用高；二是正常运行时电压损失较大。为了要解决限制短路电流和限制正常压降的矛盾，也为了维持较高的母线剩余电压，须采用分裂电抗器。

1. 普通限流电抗器的特点

普通限流电抗器是单相、中间无抽头的空心电感线圈。线圈电阻很小，各匝之间彼此绝缘，整个线圈与地绝缘。因为空心，故其电抗 X_L 恒定不变。若有铁心，电抗将随电流变化，当短路电流通过电抗器时，将使铁心饱和而电抗减小。要铁心在饱和状态下能限制短路电流，则在正常负荷时电抗将很大，使电压损失很大，而且铁心产生的磁滞、涡流损耗也使电抗器发热。

普通限流电抗器有水泥电抗器和环氧树脂浸泽的干式限流电抗器。水泥电抗器有 NKL（铝线圈）、NK（铜线圈）型的，额定电压有 6kV 和 10kV 两种。以前我国广泛采用水泥电抗器，因为它结构简单、价格比较便宜、可靠性高。它的主要缺点是外形尺寸大、笨重。图 2-26 为水泥电抗器外形图。绕组用纱包纸绝缘的多芯铜导线或铝导线制成，各绕组用水泥支柱固定，绕组间用支柱绝缘子绝缘，整个电抗器与地间也用支柱绝缘子绝缘。三个绕组可以垂直布置，也可以两相重叠一相水平布置，也可以三相水平布置，如图 2-27 所示。三相垂直布置时中间一相绕组的绕向应与上、下两相绕组的绕向相反，使当通过短路冲击电流时，相邻两相绕组间最大电动力的作用是互相吸引而非排斥，支柱绝缘子受到的最大电动力是压力而非拉力，正适应于支柱绝缘子抗压能力大于抗拉能力的特点。

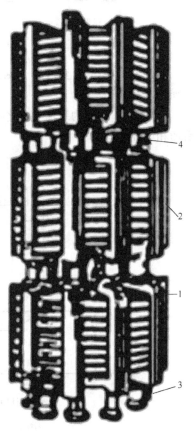

1—绕组；2—水泥支柱；3、4—支柱绝缘子。

图 2-26　水泥电抗器

2. 普通电抗器参数

电抗器的参数有额定电压 U_{nL}、额定电流 I_{nL} 和电抗百分数 $X_L\%$。电抗器的电抗 X_L 计算公式为

$$X_L = \frac{X_L\%}{100} \times \frac{U_{nL}}{\sqrt{3}\,I_{nL}}\ (\Omega) \tag{2.44}$$

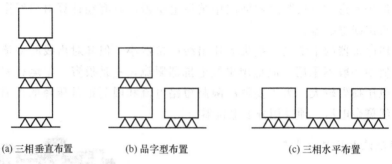

(a) 三相垂直布置　　　(b) 品字型布置　　　(c) 三相水平布置

图 2-27　水泥电抗器三相排列图

电抗器的电抗 X_L 越大，限制短路电流的作用就越大，但当正常负荷电流通过时，电压损失也越大。

如图 2-28 所示为装有电抗器的电路，正常工作时，电抗器的电压损失等于电抗器前后的相电压差，即

$$\Delta U_X = U_{1x} - U_{2x} \tag{2.45}$$

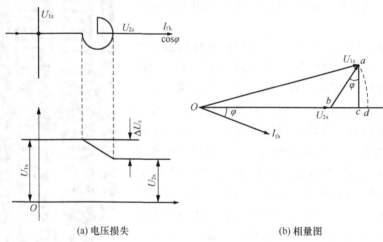

(a) 电压损失　　　　　　　　　　(b) 相量图

图 2-28　装有电抗器的电路正常工作情况

若电抗器的电阻为零，则电压损失应为线段 bd，因为线段 cd 很短，则近似取线段 bc 为电压损失，则

$$\Delta U_X = bc = ab\sin\varphi = I_{fh}X_L\sin\varphi \tag{2.46}$$

$$\Delta U\% = X_L\% \frac{I_{fh}}{I_{nL}}\sin\varphi \tag{2.47}$$

$\Delta U\%$ 为电抗器通过负荷电流 I_{fh} 时的电压损失对额定电压的百分数，一般要求小于 5%。

正常工作时电抗器中的功率损耗通常不大，为通过电抗器功率的 0.15%～0.4%。在电抗器后的电路发生短路时，电抗器能限制短路电流，同时电抗器有较大的电压降，可以维持较高的母线剩余电压，可使未故障用户受到的影响较小。一般要求线路电抗器能

维持母线剩余电压的 $60\%\sim70\%$。

3. 分裂电抗器结构

分裂电抗器又称双臂限流电抗器，其结构与普通电抗器相类似，不同点只是分裂电抗器的绕组有一中间抽头，其符号如图 2-29（a）所示，其一相电路如图 2-29（b）所示。图中 3 为中间抽头端，1 和 2 为分裂电抗器两臂的端头。正常工作时，一般中间抽头 3 接电源，而 1、2 接负荷。

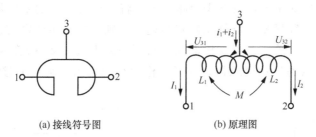

| (a)接线符号图 | (b)原理图 |

图 2-29　分裂电抗器

4. 分裂电抗器的参数及特点

正常工作时，分裂电抗器两臂的额定电流相同，产品目录中给出的额定百分电抗为每臂的自感电抗百分值 $X_L\%$。由于两臂绕组互感的作用，使每支等效电抗与两分支电流方向及比值大小有关：

$$L_1 = L_2 = L$$
$$X_{L1} = X_{L2} = X_L = \omega L \tag{2.48}$$

设两分支互感系数为 f，则互感抗 $X_M = fX_L$，

$$\Delta\dot{U}_{31} = j\,\dot{I}_1 X_L - j\,\dot{I}_2 X_M = j\,\dot{I}_1 X_L\left(1 - f\frac{\dot{I}_2}{\dot{I}_1}\right)$$

$$\Delta\dot{U}_{32} = j\,\dot{I}_2 X_L - j\,\dot{I}_1 X_M = j\,\dot{I}_2 X_L\left(1 - f\frac{\dot{I}_1}{\dot{I}_2}\right) \tag{2.49}$$

因此第一臂的等效电抗为

$$X_1 = \frac{\Delta\dot{U}_{31}}{j\,\dot{I}_1} = X_L\left(1 - f\frac{\dot{I}_2}{\dot{I}_1}\right) \tag{2.50}$$

同理，

$$X_2 = \frac{\Delta\dot{U}_{32}}{j\,\dot{I}_2} = X_L\left(1 - f\frac{\dot{I}_1}{\dot{I}_2}\right) \tag{2.51}$$

正常运行时，有 $\dot{I}_1 = \dot{I}_2$，则

$$X_1 = X_2 = X_L(1 - f) \tag{2.52}$$

短路时，若分支 1 短路，分支 2 流过负荷电流，则 $I_1 \gg I_2$，有

$$X_1 = X_L \tag{2.53}$$

一般取互感系数 $f = 0.5$，则正常运行时 $X_1 = 0.5X_L$，为短路时等效电抗的一半，从而解决了限制短路电流与保证正常压降不超过允许值的矛盾。

应用分裂电抗器的主要困难是在正常负荷变动时，两臂的负荷电流大小不等，以致两臂电压波动较大。一般要求在选择分裂电抗器时，保证一臂为总负荷的 70%，另一臂为 30% 时两臂电压波动不超过 5%。

2.9.3 采用低压侧为分裂绕组的变压器

减少接线中并联支路数可以减少短路电流，将一台大容量的变压器用两台小容量变压器替代，然后将小容量变压器低压侧解列运行，则可降低短路电流，但是变压器台数增多导致投资增加。而采用分裂变压器既能限制短路电流，又不致使投资过大。分裂变压器常用作大型机组的厂用变压器，也可用作中小型机组扩大单元接线中的主变压器。如图 2-30 所示。

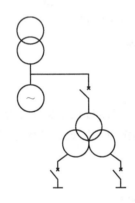
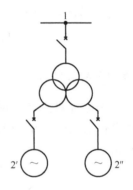

(a)分裂变压器用作厂用变压器　　　　　　(b) 分裂变压器用于扩大单元接线

图 2-30　分裂变压器接线图

1. 分裂变压器的工作原理

图 2-31 为对应图 2-30 所示分裂变压器在各种运行情况下的等值电路。图 2-30 （a）为分裂变压器最常见的使用方法，作为 200MW 及以上容量发电机组的厂用变压器。1 为电源侧，$2'$ 与 $2''$ 接负载，正常工作时，不计励磁电流，设每个低压绕组流过相同的电流为 $\dfrac{I}{2}$，则高压绕组流过电流为 I，$2'$ 与 $2''$ 为等电位点，则其正常工作时的等效阻抗 ［图 2-31 （b）］ 为

$$X_{1-2} = X_1 + \frac{X_2'}{2} \tag{2.54}$$

当某一负荷支路，如 $2'$ 短路时，限制短路电流的阻抗 ［图 2-31 （c）］ 为

$$X_{1-2'} = X_1 + X_2' \tag{2.55}$$

设计分裂变压器的出发点是使其阻抗结构完全等效于两台小容量变压器，即使 $X_1 \approx 0$，这样 $X_{1-2'}/X_{1-2} = 2$，即短路阻抗为正常阻抗的两倍。

图 2-30 （b）为分裂变压器用作扩大单元接线中的主变压器，同样若 $X_1 \approx 0$，$X_2' = X_2''$，

则其等值阻抗为同容量两绕组变压器的两倍，其正常运行阻抗也如图 2-31（b）所示，为 $\dfrac{X'_2}{2}$，即与一台普通变压器相同。

当 2' 短路时，系统 1 端单独提供短路电流的阻抗如图 2-31（c）所示，为普通变压器的 2 倍，另一台发电机 2″ 端提供短路电流的阻抗如图 2-31（d）所示。

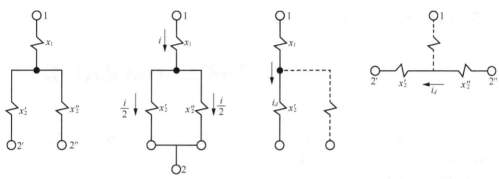

(a) 分裂变压器最常
见的使用方法　　　　(b) 分裂变压器用作扩大单
元接线中的主变压器　　(c) 系统1端单独提供
短路电流的阻抗　　(d) 发电机2″端提供短
路电流的阻抗

图 2-31　分裂变压器在各种运行情况下的等值电路

2. 分裂系数

分裂系数 K_c 为

$$K_c = \frac{X_{2'-2''}}{X_{1-2}} \tag{2.56}$$

在运行中由 K_c 决定使用分裂变压器区别正常阻抗与短路阻抗（使后者增大）的能力。分裂系数越大，分裂变压器限流能力越强。例如：

1）若 $X_1 \gg X_{2'}$，则 $K_c = 0$，$\dfrac{X_{1-2'}}{X_{1-2}} = 1$，等值电抗中略去 X_2 后等同于一台普通变压器；

2）若 $X_1 \ll X_{2'}$，则 $K_c = 4$，$\dfrac{X_{1-2'}}{X_{1-2}} = 2$，分裂变压器完全等效于两台小变压器。

使分裂变压器尽可能等效于两台小变压器是设计分裂变压器的主要思路，使 $X_1 \approx 0$ 是其与一般三绕组变压器的根本区别。

表 2-9 为分裂变压器的主要参数。

表 2-9　分裂变压器的主要参数

型号	额定电压/kV		额定容量 （kVA）	短路电压百分值	
	高压	低压		$U_{k1-2}\%$	$U_{k2'-2''}\%$
SFF-30000/220	220	6	30 000	14	49

除上述方法限制短路电流外，还可通过适当提高发电机额度电压使发电机回路的短

路电流下降；适当提高发电机或变压器的阻抗参数，从而增加短路回路阻抗，以限制短路电流。

实例电站短路电流计算

已知实例电站电气主接线图（附图 1-1），据此拟制初步的等值电路图，见图 2-32。

解 取 $S_b = 100MV \cdot A$，$U_b = U_{av}$。

各元件电抗标幺值计算。

发电机：

$$X_1 = X_2 = 0.2 \times \frac{100}{20/0.8} = 0.8$$

变压器：

$$X_3 = \frac{10.5}{100} \times \frac{100}{63} \approx 0.17$$

架空线：

$$X_4 = 50 \times 0.4 \times \frac{100}{115^2} \approx 0.15$$

系统：

$$X_5 = 0.1$$

① 10.5kV 发电机母线短路电流的计算。

化简此等值电路图得图 2-33。

$$X_6 = \frac{X_1}{2} = 0.4$$

$$X_7 = X_3 + X_4 + X_5 = 0.42$$

a. 本实例电站提供的短路电流计算。

$$X_{c6} = 0.4 \times \frac{2 \times 20/0.8}{100} = 0.2$$

查水轮机运算曲线，得 $t=0s$ 时，$I''_{*17} = 5.53$；$t=0.1s$ 时，$I_{*0.1s} = 4.05$；$t=0.2s$ 时，$I_{*0.2s} = 3.86$；$t=1s$ 时，$I_{*1s} = 3.56$；$t=2s$ 时，$I_{*2s} = 3.38$；$t=4s$ 时，$I_{*4s} = 3.23$。所以

$$I'' = 5.53 \times \frac{2 \times 20}{0.8 \times \sqrt{3} \times 10.5} = 15.21(kA)$$

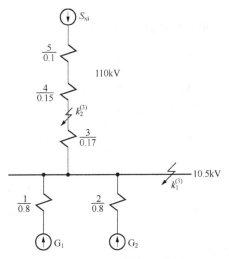

图 2-32　初步的等值电路图

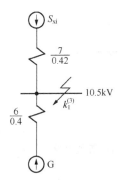

图 2-33　化简后的等值电路图

同理，$I_{0.1s} = 11.14\text{kA}$；　$I_{0.2s} = 10.62\text{kA}$；　$I_{1s} = 9.79\text{kA}$；　$I_{2s} = 9.3\text{kA}$；　$I_{4s} = 8.88\text{kA}$。

$$i_{im} = \sqrt{2} \times 1.9 \times 15.21 \approx 40.86(\text{kA})$$

b. 系统所供短路电流计算。

$$I'' = I_{zt} = \frac{1}{0.42} \times \frac{100}{\sqrt{3} \times 10.5} \approx 13.1(\text{kA})$$

$$i_{im} = \sqrt{2} \times 1.8 \times 13.1 \approx 33.34(\text{kA})$$

10kV 发电机母线总短路电流为各支路电流之和，故

$$I'' = 13.1 + 15.21 = 28.31(\text{kA})$$
$$I_{0.1s} = 11.14 + 13.1 = 24.24(\text{kA})$$
$$I_{0.2s} = 10.62 + 13.1 = 23.72(\text{kA})$$
$$I_{1s} = 9.79 + 13.1 = 22.89(\text{kA})$$
$$I_{2s} = 9.3 + 13.1 = 22.4(\text{kA})$$
$$I_{4s} = 8.88 + 13.1 = 21.98(\text{kA})$$
$$i_{im} = 40.86 + 33.34 = 74.2(\text{kA})$$

10kV 发电机母线短路电流计算结果见表 2-10。

表 2-10　10kV 发电机母线短路电流计算结果

电源名称	短路参数						
	I''/kA	$I_{0.1s}/\text{kA}$	$I_{0.2s}/\text{kA}$	I_{1s}/kA	I_{2s}/kA	I_{4s}/kA	i_{im}/kA
系统	13.1	13.1	13.1	13.1	13.1	13.1	33.34
本站	15.21	11.14	10.62	9.79	9.3	8.88	40.86
合计	28.31	24.24	23.72	22.89	22.4	21.98	74.2

② 主变高压侧 110kV 短路电流的计算。

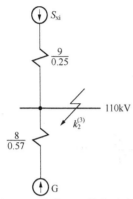

图 2-34　化简后的等值电路图

化简此等值电路图得图 2-34。

$$X_8 = \frac{X_1}{2} + X_3 = 0.57$$

$$X_9 = X_4 + X_5 = 0.25$$

a. 本实例电站提供的短路电流计算。

$$X_{c8} = 0.57 \times \frac{2 \times 20/0.8}{100} = 0.285$$

查水轮机运算曲线，得 $t = 0\text{s}$ 时，$I''_* = 3.99$；$t = 0.1\text{s}$ 时，$I_{*0.1\text{s}} = 3.2$；$t = 0.2\text{s}$ 时，$I_{*0.2\text{s}} = 3.1$；$t = 1\text{s}$ 时，$I_{*1\text{s}} = 3.06$；$t = 2\text{s}$ 时，$I_{*2\text{s}} = 3.05$；$t = 4\text{s}$ 时，$I_{*4\text{s}} = 3.04$。所以

$$I'' = 3.99 \times \frac{2 \times 20}{0.8 \times \sqrt{3} \times 115} \approx 1.00(\text{kA})$$

同理，$I_{0.1\text{s}} = 0.8\text{kA}$；$I_{0.2\text{s}} = 0.78\text{kA}$；$I_{1\text{s}} = 0.77\text{kA}$；$I_{2\text{s}} = 0.76\text{kA}$；$I_{4\text{s}} \approx 0.76$ （kA）。

$$i_{\text{im}} = \sqrt{2} \times 1.85 \times 1.00 \approx 2.62(\text{kA})$$

b. 系统所供短路电流计算。

$$I'' = I_{\text{pt}} = \frac{1}{0.25} \times \frac{100}{\sqrt{3} \times 115} \approx 2.01(\text{kA})$$

$$i_{\text{im}} = \sqrt{2} \times 1.8 \times 2.01 \approx 5.12(\text{kA})$$

主变压器高压侧 110kV 总短路电流为各支路电流之和，故

$$I'' = 1.00 + 2.01 = 3.01(\text{kA})$$

$$I_{0.1\text{s}} = 0.8 + 2.01 = 2.81(\text{kA})$$

$$I_{0.2\text{s}} = 0.78 + 2.01 = 2.79(\text{kA})$$

$$I_{1\text{s}} = 0.77 + 2.01 = 2.78(\text{kA})$$

$$I_{2\text{s}} = 0.76 + 2.01 = 2.77(\text{kA})$$

$$I_{4\text{s}} = 0.76 + 2.01 = 2.77(\text{kA})$$

$$i_{\text{im}} = 2.62 + 5.12 = 7.74(\text{kA})$$

主变压器 110kV 侧短路电流计算结果见表 2-11。

表 2-11　主变压器 110kV 侧短路电流计算结果

电源名称	短路参数						
	I''/kA	$I_{0.1\text{s}}/\text{kA}$	$I_{0.2\text{s}}/\text{kA}$	$I_{1\text{s}}/\text{kA}$	$I_{2\text{s}}/\text{kA}$	$I_{4\text{s}}/\text{kA}$	i_{im}/kA
系统	2.01	2.01	2.01	2.01	2.01	2.01	5.12
本站	1.00	0.8	0.78	0.77	0.76	0.76	2.62
合计	3.01	2.81	2.79	2.78	2.77	2.77	7.74

2-1 短路有哪几种类型？短路的原因和危害是什么？短路后有什么主要现象？

2-2 什么是标幺值？它与有名值和百分值有什么关系？

2-3 短路计算中基准值应根据什么原则选取？为什么取 $U_b=U_{av}$？

2-4 某一输电线路长 80km，$X=0.4\Omega/km$，试根据下列基准条件计算线路电抗的标幺值：

（1）$S_b=100MV\cdot A$，$U_b=115kV$；

（2）$S_b=1000MV\cdot A$，$U_b=230kV$。

2-5 有两台发电机 G_1 和 G_2，如果这两台发电机的电抗标幺值以它们的额定条件为基准条件时相等，在下列情况下两台发电机电抗欧姆值的比值是多少？

（1）两台发电机的额定容量相同，额定电压分别为 6.3kV 和 10.5kV；

（2）两台发电机的额定电压相同，它们的额定容量分别为 S 和 S_n。

2-6 在某一电路内，安装着一台 $X_L\%=5$ 的电抗器，$I_n=150A$，$U_n=6kV$。假设该电抗器用 $I_n=300A$ 的电抗器代替，如果要求电路中电抗值保持不变，问：后一台电抗器的百分电抗是多少？设后一台电抗器的额定电压为：

（1）6kV；

（2）10kV。

2-7 如图 2-35 所示计算电路，画出其等值电路，求出各元件电抗的标幺值。取 $S_b=100MV\cdot A$，$U_b=115kV$。

2-8 如图 2-36 所示计算电路，求 k 点短路时短路回路的总电抗，已知数据如下。

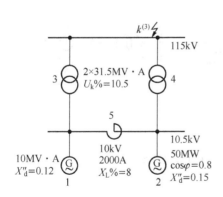

图 2-35　题 2-7 计算电路图

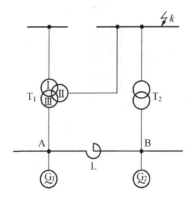

图 2-36　题 2-8 计算电路图

发电机 G_1：$60MV\cdot A$，10.5kV，$X''_d=0.125$。发电机 G_2：$30MV\cdot A$，10.5kV，$X''_d=0.125$。

变压器 T_1：$60MV\cdot A$；121/38.5/10.5kV；$U_{kI-II\%}=0.17$；$U_{kII-III\%}=6$；$U_{kI-III\%}=10.5$。

变压器 T_2：$150MV\cdot A$；38.5/10.5kV；$U_{k\%}=8$。

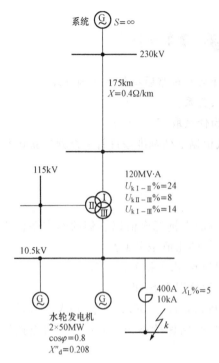

图 2-37 题 2-10 计算电路图

电抗器 L：10kV；1500A；$X_{L\%}=10$。

2-9 何谓无限大容量电源？其所供电路短路时的三相短路电流变化有何特点？

2-10 试计算图 2-37 所示电路中 k 点发生三相短路时的次暂态短路电流和冲击电流。

2-11 如图 2-38 所示计算电路中，分别计算 k_1 点和 k_2 点三相短路时短路点的短路电流周期分量有效值和冲击电流。

2-12 同一点发生不对称短路与三相对称短路，哪种短路电流更大？

2-13 为什么要限制短路电流？限制短路电流的基本措施有哪些？

2-14 普通限流电抗器与分裂电抗器区别是什么？各自适合什么场所？

2-15 设计分裂变压器结构的基本思想是什么？何谓分裂系数？

2-16 课程 DIO 项目之 I 任务，计算自行设计的实例电站电气主接线下 10kV、110kV 侧三相短路的短路电流值，并将结果列成表格形式。

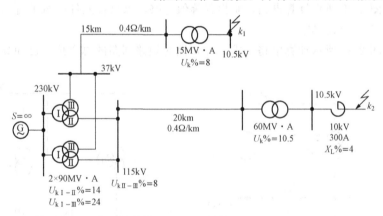

图 2-38 题 2-11 计算电路图

3 单元

发电厂变电所电气一次设备

◎ **学习任务**

　　掌握发电厂变电所常用电气一次设备的作用、特点，为专业典型工作任务之电气一次设备的安装调试、维护、改造和设计打下基础。

◎ **重点知识**

　　1. 电弧的成因，交、直流电弧熄灭条件，开关电器基本熄弧方法。

　　2. 高压断路器、隔离开关、负荷开关和熔断器的作用、种类、原理及技术参数、适用场所、国产型号表达式、图形文字符号。

　　3. 低压断路器、刀开关、接触器、电磁起动器和熔断器的作用、种类、原理及技术参数、适用场所、图形文字符号。

　　4. 电压互感器和电流互感器的作用、种类、工作原理及技术参数、准确度等级及适用场所、常用接线方式、图形文字符号。

　　5. 母线、绝缘子、电缆的作用，母线的着色，电缆的连接。

◎ **难点知识**

　　1. 断路器与隔离开关间的操作顺序，隔离开关地刀与主刀间连锁的目的。

　　2. 低压断路器、刀开关、接触器、电磁起动器、熔断器间的区别及使用上相互间的配合。

　　3. 电压互感器、电流互感器的二次正常工作状态及使用注意事项。

　　4. 支柱绝缘子与套管绝缘子间的区别。

◎ **可持续学习**

　　智能型开关电器。

3.1

开关电器中的电弧

开关电器在发电厂、变电所中承担着非常重要的任务，电网运行的正常操作、自动切断事故电路、电气设备检修时隔离电源均由它们完成，其投资占配电设备总投资的一半以上，因此在电网中地位非常重要。

开关电器在操作时，其动静触头间通常会出现电弧，致使电路不能真正切断，同时电弧温度极高，这都会带来安全隐患，因此有必要对电弧产生的机理进行分析，从而找到熄灭电弧的方法，以确保安全。

3.1.1 电弧简介

1. 电弧的特点与成因

电弧是一种气体自持放电现象。在断路器触头开断较高电网电压、较大电流的情况下，均可能在触头间形成电弧。电弧的特点是只需低电压就可维持稳定燃烧，能量集中，温度很高，具强光，而且其质量很轻，受外力作用很容易变形。开断电路必须切断电弧，如果不能切断电弧，将会引起开关电器烧坏甚至爆炸，严重者会引起人员伤亡等大事故，危及电力系统安全运行。

开关电器开断电路时产生电弧，是由于触头间气体中出现了大量的带电质点，如自由电子、正离子、负离子等，大量的带电质点在电场力作用下定向运动就形成了电弧。

气体中带电质点的形成有下列几种情形。

（1）强电场发射

开关电器动静触头初分瞬间，由于触头间的距离很小，在外施电压作用下，触头间出现很高电场强度，当电场强度超过一定值时，即使阴极表面温度不高，大量的自由电子也将获得逸出功而从阴极表面逸出，称之为强电场发射。随触头继续分离，电场强度相对减小，强电场发射作用也逐渐减弱。

（2）碰撞游离

从触头表面拉出的自由电子在强电场作用下加速向阳极运动，途中不断地碰撞中性质点，使之游离出自由电子、正离子、负离子，进而产生连锁式的碰撞，使间隙中的带电质点数不断增加，此过程称为碰撞游离。在电场作用下，正离子往阴极跑，自由电子、负离子往阳极运动，由此形成电弧。

（3）热发射与热游离

电弧形成后，间隙由初始的不导电状态变为导电状态，间隙间的电压将迅速下降，电场强度随之下降，靠此不能维持电弧稳定燃烧。当被切断电路的电流很大，初始的电弧能量很足，即电源在极短的时间内可向间隙注入大量的能量，导致金属触头和间隙内温度迅速升高，此时金属触头依靠高温发射电子，称为热发射。处于高温间隙中的中性质点产生剧烈的热运动而获得足够的动能，互相不断碰撞游离出大量的自由电子、正离子、负离子，称为热游离。热游离是维持电弧稳定燃烧的主要因素。

2. 熄灭电弧的基本原理

在游离的同时，间隙中存在着自由电子与正离子相结合还原为中性质点的过程，这一现象称为复合。游离时间隙中的带电质点浓度与周围介质相差很大，而且间隙温度也远高于周围介质，所以弧道中的带电质点会逸出弧道，此称为扩散。复合和扩散均为去游离过程，二者为熄灭电弧的基本原理，实际的熄弧措施都源于此。

3.1.2　直流电弧的熄灭

1. 直流电弧的伏安特性

图 3-1（a）为开断一具有电阻 R 和电感 L 的直流电路，电弧电压沿弧长的分布如图 3-2 所示。

$$U_h = U_1 + U_2 + U_3 \tag{3.1}$$

式中，U_h——电弧在全段上的压降；

$\quad\quad U_1$——阴极区压降；

$\quad\quad U_2$——弧柱压降；

$\quad\quad U_3$——阳极区压降。

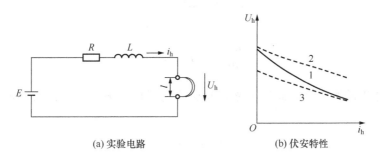

(a) 实验电路　　　　　　　(b) 伏安特性

图 3-1　直流电弧的伏安特性

电弧电压由阴极区压降、弧柱压降和阳极区压降三部分组成，阴极区和阳极区的范围很小，长度约为 10^{-4}cm。阴极附近电子较少，堆积了大量的正离子，电位梯度最高。阴极区电压降几近常数，取决于阴极材料和介质性质，通常为 $10 \sim 20$V，与电弧电流无关。

直流电弧的伏安特性指在弧隙距离确定条件下电弧电压与电弧电流的关系，即 $U_h = f(i_h)$，如图 3-1（b）所示。曲线 1 表示电源电压缓慢变化时电弧电流的变化，曲线中的每个点代表弧道中的复合与游离处动态平衡的情况，故常称之为静特性，其特征为间隙导电能力随热游离的增强而上升，其电弧的电阻随电流的上升而下降。曲线 2 表示迅速升高电源电压的情况，因为快，热游离处于上升阶段而未进入稳定状态，故各点呈现出弧道电阻较高、压降较大的特征。曲线 3 为电源电压迅速下降的情况，因为快，热游离处于下降阶段而尚未进入稳定状态，故各点呈现出弧道电阻较低、电弧压降较小的特征。曲线 2、3 为电弧的动态特性，由于热惯性，温度的变化滞后于电流的变化，使电弧伏安特性与电源电压的变化方向和变化速度有关。弧隙距离越长，电弧伏安特性曲线越往上移，电弧越容易熄灭，如图 3-3 所示。

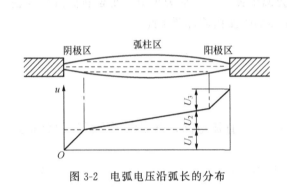

图 3-2　电弧电压沿弧长的分布　　　图 3-3　拉长电弧熄弧

2. 直流电弧的熄灭条件

从图 3-2（a）电路可知

$$E = U_h + U_R + U_L \qquad (3.2)$$

即

$$L\frac{\mathrm{d}i_h}{\mathrm{d}t} + i_h R + U_h = E$$

当触头打开到某一距离固定下来，并保持电弧稳定燃烧，电流大小不变，即 $\frac{\mathrm{d}i_h}{\mathrm{d}t} = 0$，则

$$E = U_h + i_h R \qquad (3.3)$$

式（3.3）为电弧稳定燃烧方程式。

结合图 3-3，当电源加在弧隙上的电压 $E - i_h R < U_h$ 时，电弧将熄灭，即直流电弧的熄灭的条件为

$$E - i_h R < U_h \qquad (3.4)$$

式（3.4）的物理意义：当电源加在弧隙上的电压小于电弧电压时，电弧无法维持稳定燃烧而自行熄灭。

据以上分析，熄灭直流电弧可从两方面着手：一是降低加在弧隙上的电压；二是提高电弧电压。

3. 直流电弧常用的熄弧方法

1）利用金属栅片将长电弧分割成若干个短电弧（每个短电弧均有阴极区、阳极区压降，使总电弧电压提高），加速电弧的熄灭。

2）通过不断增大触头间距离或利用磁场横吹电弧拉长电弧，使电弧电压增加，电弧熄灭。

3）将电弧吹入由石棉或陶土制成的绝缘灭弧栅片间的狭缝中，利于熄弧。

4）开断电路时在电路中逐级串入电阻，使电源降在弧隙上的电压减少，以利于熄灭电弧。

3.1.3 交流电弧的熄灭

1. 交流电弧的特性

交流电弧电流瞬时值 i_h 随时间而变化，呈正弦规律，由于电弧电阻的非线性而使电弧压降为非正弦波形，其波形图如图 3-4 所示。电弧温度也随时间而变化，但由于热惯性的变化滞后于电流峰值点，电流下降段电阻低于上升段电阻，在每半个周期内电压波形呈前高后低、极小值点较电流峰值点后移的不对称马鞍形状，其伏安特性如图 3-5 所示。

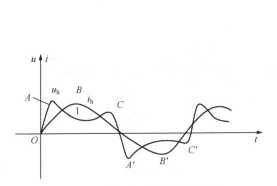

图 3-4 交流电弧电压电流波形

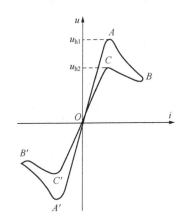

图 3-5 交流电路的电弧及伏安特性

2. 交流电弧熄灭的条件

电弧电流过零时电弧暂时熄灭，开关间隙间出现两个过程：一是弧隙介质电强度 u_{jf} 的恢复，一是加于断口的电压 u_{hf} 的恢复，比较电流过零后 u_{jf}、u_{hf} 的大小，便可判断电弧是否熄灭。若电弧过零后弧隙的介质电强度 u_{jf} 的恢复速度大于恢复电压 u_{hf} 的恢复速度，则电弧即熄灭，如图 3-6（b）所示。故此交流电弧的熄灭条件为：电流自然过零后，弧隙的介质电强度恢复曲线永远高于电压恢复曲线，即

$$u_{jf}(t) > u_{hf}(t) \qquad\qquad (3.5)$$

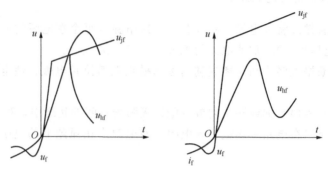

(a) 介质电强度恢复速度小于恢复电压恢复速度　　　(b) $u_{jf}(t) > u_{hf}(t)$

图 3-6　交流电弧熄灭的条件

断开交流电路的难易程度与被断开电路的性质有关。图 3-7 给出了纯电阻电路与纯电感电路电弧自然过零后断口电压的恢复过程。图 3-7（a）为纯电阻电路，$i_h = 0$ 时电源电压 $e_0 = 0$，u_{hf} 平稳地向电源电压过渡，升速缓慢。图 3-7（b）为纯电感电路，$i_h = 0$ 时电源电压 $e_0 = E_{max}$，而且由于无电阻的阻尼作用，u_{hf} 由零向 e_0 振荡过渡，上升迅速，电弧极易重燃。要限制恢复电压的上升速度，首先是要防止恢复电压产生振荡，常用措施为在开关主断口 QF_1 经辅助断口 QF_2 并联小电阻 r，如图 3-8 所示。开断电路时主断口先断开，r 经辅助断口连在电路中起阻尼作用，以防止恢复电压的振荡。

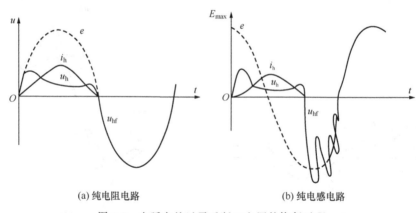

(a) 纯电阻电路　　　　　　　　　　　　(b) 纯电感电路

图 3-7　电弧自然过零后断口电压的恢复过程

在低压短电弧的熄灭过程中近阴极效应起了很重要的作用。近阴极效应指：当电弧电流过零时，电极极性发生变化，弧隙中的自由电子迅速奔向新阳极，而正离子质量大，相对电子基本未动，故在新阴极附近形成正空间电荷，电压主要降落在阴极附近的薄层空间，这种在阴极附近电介质强度突然升高的现象称为近阴极效应。但在高压长电弧中，近阴极介质强度与加在电弧上的高压相比很小，不起太大作用。

3. 开关电器熄弧的主要措施

(1) 吹弧

利用气体或液体介质吹动电弧，使电弧拉长，增大冷却面、提高传热率，以达到熄弧目的。高压开关中常采用吹弧的方法熄弧。按吹弧方向区分，吹弧装置可分为纵吹灭弧室、横吹灭弧室和纵横吹灭弧室，如图 3-9 所示。纵吹主要是使电弧冷却变细，加大介质压强，加强去游离使电弧熄灭。横吹能把电弧拉长，以便带电介质扩散，并使其表面积增大并加强冷却，灭弧效果较好。纵、横相结合，灭弧效果更好。

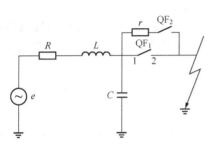

图 3-8　断路器断口并联电阻

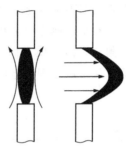

图 3-9　纵吹和横吹

(2) 提高触头的开断速度

迅速拉长电弧或采用多断口灭弧均可提高触头的开断速度。迅速拉长电弧可以使电弧的长度及表面积迅速增大，有利于电弧冷却和带电质点向周围介质中扩散，便于灭弧。采用多断口灭弧，在相同的触头行程下，多断口比单断口的电弧拉长了，从而增大了弧隙电阻，而且电弧被拉长的速度也成倍地增加，加在每个断口上的弧隙电压降低，即弧隙的恢复电压降低，有利于灭弧。同时，长弧分割成短弧，缩短了熄弧时间，并且减少了开关尺寸。

(3) 增大绝缘介质的气体压力

增大绝缘介质的气体压力可使气体密度增加，缩短分子和离子运动的自由行程，增加了复合的概率，降低了热游离的机会，有利于电弧的熄灭。高压断路器中的灭弧室特制成可保持较高压力的半封闭形式，即源于此。

(4) 断口并联电阻

如图 3-8 所示，断路器每相采用两对触头，QF_1 为主触头，QF_2 为辅助触头，电阻 r 并联在主触头上，当断路器分闸时，QF_1 先断开，r 在主触头断开过程中起分流作用，r 值越小分流作用越大，主触头间电弧越容易熄灭。主触头间电弧熄灭后，电源 e_0 与电阻 R、电感 L、辅助触头形成了串联电路，采用较大值的 r 能对电路振荡过程起阻尼作用，从而限制过电压的产生。工程上一般采用并联低值电阻（几欧到几十欧）用于熄弧，并联中值电阻（几百欧到几千欧）用于限制过电压值。

(5) 将触头置于真空密室中

真空中缺乏带电质点，发生碰撞的机会很小，同时弧道中的带电质点极易向周围扩散，因此电弧难以维持，极易熄灭。真空断路器即用此原理制成。

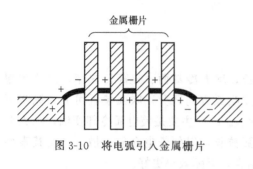

图 3-10 将电弧引入金属栅片

（7）使电弧与耐弧的绝缘材料紧密接触

将电弧吹入石棉、陶土等耐弧绝缘材料制成的狭缝中，使电弧与温度较低的固体介质紧密接触，附在固体介质表面的带电质点强烈地冷却和复合，去游离作用增加，电弧较易熄灭。此方法常用于熄灭直流回路电弧。

（6）将电弧引入金属栅片

如图 3-10 所示，灭弧室内装有很多由钢板冲成的金属灭弧栅片，具铁磁性，它能把电弧吸引到栅片内，将长弧分割为一串短弧。当电弧过零时，每个短弧的阴极附近起始介质电强度立即达 150～250V。若作用于触头间的电压小于各间隙的介质电强度总和时，电弧必将熄灭。低压开关中常用此法灭弧。

3.2 高压开关电器

根据电压范围，开关电器分为高压开关电器和低压开关电器两大类。高压开关电器通断电压通常在 1000V 以上，按功能和作用分为高压断路器、高压隔离开关、高压负荷开关、高压熔断器等。

3.2.1 高压断路器

1. 高压断路器基本知识

（1）高压断路器的作用、表示符号及型号表达式含义

高压断路器俗语称高压开关，它在正常时起控制作用，用来接通和断开电路；故障时起保护作用，在继电保护命令下跳闸，用来切断故障电流，以免故障范围蔓延。

根据国标，其在电路中的文字符号为 QF，图形符号为，型号表达式为

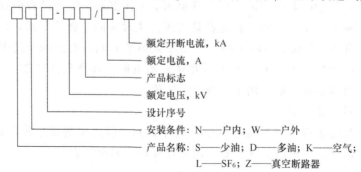

额定开断电流，kA
额定电流，A
产品标志
额定电压，kV
设计序号
安装条件：N——户内；W——户外
产品名称：S——少油；D——多油；K——空气
L——SF$_6$；Z——真空断路器

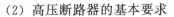

（2）高压断路器的基本要求

1）工作可靠性。在厂家规定的工作条件下能长期可靠地工作。

2）具有足够的断路能力。短路时能可靠地断开动静触头，并将动静触头间的电弧可靠地熄灭，真正将电路断开，具有足够的热稳定和动稳定能力。

3）具有尽可能短的切断时间。当系统发生短路时，要求高压断路器尽可能短时间地将故障切除，减少损害，提高系统运行的稳定性。

4）能实现自动重合闸。为提高供电可靠性，线路保护多采用重合闸，当线路上发生瞬时性短路故障时，继电保护使断路器跳闸，经很短时间后断路器又自动重合闸。

5）结构简单、价格低廉。在满足上述要求同时，还应达到结构简单、尺寸小、质量小、价格低等经济性要求。

（3）高压断路器的种类

高压断路器一般按所使用的灭弧介质的不同可分为下列几种。

1）油断路器：用变压器油作灭弧介质的断路器。油断路器又分少油断路器和多油断路器。少油断路器中的油仅作灭弧介质和断口间的绝缘介质，多油断路器中的油不仅作灭弧介质，还作断口间及对地的绝缘介质。

2）真空断路器：用高真空作灭弧介质的断路器。

3）六氟化硫断路器：利用具有强灭弧性能和绝缘性能的 SF_6 气体作为灭弧和绝缘介质的断路器。

4）空气断路器：利用压缩的空气作为灭弧介质和断口间绝缘介质的断路器。因噪声大，目前已较少使用。

（4）高压断路器的操作机构

每台高压断路器都要配操作机构，因为操作机构是传动断路器触头的辅助设备，通过它才能使断路器分闸、合闸，并维持在分、合闸状态。

断路器能否可靠分、合闸与操作机构有很大关系。操作机构应满足下列要求：

1）合闸。在各种规定的使用条件下均能可靠地关合电路，以及获得所需的关合速度。

2）维持合闸。断路器在合闸完毕后，操作机构应使动触头可靠地维持在合闸位置，在短路电动力及外界振动等原因作用下均不分闸。

3）分闸。接到分闸命令后应快速分闸，且机构分闸时应具较小的脱扣功，使断路器能容易地快速分闸。此外，无论何种操作机构均必须能自由脱扣，即在合闸过程中的任何位置都可以脱扣分闸。

4）复位。分闸完毕后，操作机构各部件应能自动恢复到准备合闸位置。

5）防止跳跃。断路器在关合电路过程中若遇到故障，会在继电保护作用下立即分闸，此时合闸命令未解除，断路器又会再闭合，若此故障为永久性故障，则继电保护又会使断路器分闸，如此来回分、合，会使断路器损坏，这是不允许的，因此要求操作机构有防跳措施，以避免再次或多次分、合故障电路。

操作机构按其合闸动力所用能量的不同分为手动式、电磁式、弹簧式、液压式、气动式等。

不同类型的操作机构所适用的场合不同，各种类型的断路器配置的操作机构也有所不同。表 3-1 为不同类型的操作机构所适用的场合简介。

表 3-1　断路器常用操作机构的类型、特点及适用场合

类型	基本特点	适用场合
手动机构	用人力合闸，用已储能的弹簧分闸；不能遥控合闸操作及自动重合闸；结构简单；需有自由脱扣机构；关合能力取决于操作者，不易保证	可用于电压 10kV、开断电流 6kA 以下的断路器或负荷开关
直流电磁机构	靠直流螺管电磁铁合闸，靠已储能的分闸弹簧分闸，合闸时间长；电源电压的变动对合闸速度影响大，可遥控操作与自动重合闸；结构较简单，制造工艺要求不高；机构输出力特性与本体反力特性配合较好；需大功率直流电源	可用于 110kV 及以下的断路器
弹簧机构	用合闸弹簧（用电动机或人工储能）合闸；靠已储能的分闸弹簧分闸；动作快，能快速自动重合闸；能源功率小；结构较复杂，冲击力大，构件强度要求较高；输出力特性与本体反力特性配合较差	可用于交流或直流操作，适用于 220kV 及以下的断路器，是 35kV 及以下断路器配用的操作机构的主要品种
液压机构	以高压油推动活塞实现合闸与分闸；动作快，能快速自动重合闸；结构较复杂，密封要求高，工艺要求高；操作力大、冲击力小、动作平稳	适用于 110kV 及以上的断路器，是超高压断路器配用的操作机构的主要品种
气动机构	以压缩空气推动活塞，使断路器分、合闸，或仅用压缩空气推动活塞合闸（或者分闸），而以已储能的弹簧分闸（或合闸）；动作快，能快速自动重合闸；合闸力容易调整；制造工艺要求较高；需缩空气源，操作噪声大	适用于有压缩空气源的开关站

（5）断路器的技术参数

1）额定电压：断路器在长期正常工作时具有最大经济效益的正常工作电压。

2）最大工作电压：规定 220kV 及以下断路器最高工作电压为额定电压的 1.15 倍；330kV 及以上，断路器最高工作电压为额定电压的 1.1 倍，如此设置的目的是因为线路首端电压高于额定电压，首端断路器可能在高于额定电压情形下长期运行。

3）额定电流：设计规范规定的标准环境温度下，断路器的发热不超过其绝缘允许所能长期通过的工作电流。

4）额定开断电流：断路器工作在电网额定电压下所能可靠开断的最大短路电流的有效值。

5）额定断流容量：表征断路器的切断能力，为 $\sqrt{3}$ 倍的额定电压与额定开断电流的乘积。

6）动稳固性电流：表征断路器的机械结构在其切断短路电流时所能承受最大电动力冲击的能力，具体指断路器在合闸状态或关合瞬间允许通过的短路电流最大峰值。

7）ts 热稳固电流 I_t：表征断路器通过短路电流时承受短时发热的能力，具体指断路器在某一规定时间 t 内允许通过的最大电流 I_t。

8）分闸时间：发出分闸命令起至断路器开断三相电弧完全熄灭时所经过的时间。其为断路器固有分闸时间和电弧熄灭时间之和，一般为 0.06～0.12s。国标规定分闸时间在 0.06s 以内的为快速断路器，分闸时间为 0.06～0.12s 的为中速断路器，分闸时间在 0.12s 以上的为低速断路器。

9）合闸时间：发出合闸命令起至断路器接通时为止所经过的时间。

2. 油断路器简介

油断路器采用绝缘油作为灭弧介质，具有维护简单、价格低廉、技术成熟的优点。油断路器分为少油断路器和多油断路器。多油断路器中的油除作为灭弧介质及断口间的绝缘介质外，还作为带电部分对地的绝缘，其油箱直接接地，用油量大，现已不用。少油断路器的灭弧室装在绝缘筒或不接地的金属筒中，筒中的变压器油用量少，仅作灭弧介质及断口间的绝缘介质，相间及相对地绝缘靠空气、陶瓷或有机绝缘材料完成。随着国家"八五"期间无油化口号的提出，少油断路器也用得越来越少了，因为其机械寿命和电寿命相对都较短，油又有起火、爆炸危险，而且油断路器维护工作量大。

少油断路器分为户内型和户外型。户内型适合 10～35kV，产品有 SN□-10～35/630～3000 系列；户外型适合 35～220kV，产品有 SW□-35～220/1000～2000 系列。

图 3-11 为 SN_{10}-10I 型断路器的外形安装图及结构原理图，SN_{10}-10 系列断路器通常配用 CD_{10} 型电磁型操作机构和 CS 型手动操作机构，也可配用 CT 型弹簧操作机构。SN_{10}-10I 型断路器由导电系统、绝缘系统、灭弧系统、传动系统等组成，其主触头用黄铜做成，弧触头由耐高温电弧的铜钨合金做成，开断电流时先打开主触头后打开弧触头，触头间产生的高温电弧使油筒中的变压器油蒸发分解成大量气体，当导电杆往下运动依次打开各横吹口和纵吹口时，高压油气混合物强烈吹向电弧，再加上油箱下部新鲜油被挤到上部形成附加油流射向电弧，使电弧熄灭。SN_{10}-10 系列除 I 型外，还有 II、III 型，其额定载流量和开断能力均比 I 型大，如 III 型额定电流有 1250A、2000A、3000A 等类型，每相有主、副两个油筒，副油筒中的断口与主筒中的断口并联，分闸时辅助断口先开断，从而减轻了主断口的负担，因而开断电流显著提高。SN_{10}-10 系列断路器开断大电流电路比开断小电流电路容易，因开断大电流电路时电弧能量足、产气多、吹弧强烈。开断大电流时一般灭弧时间在 0.04s 内，开断小电流灭弧时间稍长，约为 0.05s。

图 3-12 为 SW_6-110 型户外少油断路器仿真图，SW 系列断路器通常配用 CY 型液压操作机构，也有的配用 CT 弹簧型或其他操作机构。SW_6-110 型断路器的每相采用双断口，即每相由两个灭弧室组成 Y 型，三极由一台液压机构操动。每个断口有电容，铝帽和中间机构箱对地有电容，造成开断后各断口的电压分布不均匀，故采用断口并联电容器的方法，以达到降低断口的电压分布均匀系数的目的。其灭弧原理基本同 SN 型断路

器，主要靠吹弧来灭弧。

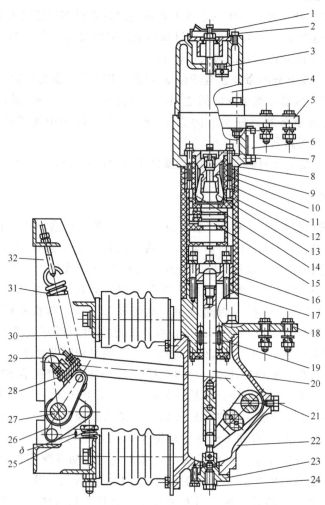

1—帽盖；2—注油螺钉；3—活门；4—上帽；5—上出线座；6—油标；7—静触座；8—逆止阀；
9—弹簧片；10—绝缘套筒；11、16—压圈；12—绝缘环；13—静触指；14—弧触指；
15—灭弧室；17—绝缘筒；18—下出线座；19—滚动触头；20—导电杆；21—螺栓；
22—基座；23—油阻尼器；24—放油螺钉；25—合闸缓冲器；26—轴承座；27—转轴；
28—分闸限位器；29—绝缘拉杆；30—绝缘子；31—分闸弹簧；32—框架。

图 3-11　SN_{10}-10I 型断路器的外形安装图及其结构原理图

3. 真空断路器简介

真空断路器一般采用真空度不低于 6.6×10^{-2} Pa 的高真空作为内绝缘和灭弧介质，其绝缘性能和灭弧性能都很强；触头密封在真空灭弧室中，不氧化，烧损量小，检修间隔时间长，维护工作量小；触头介质绝缘强度恢复快，熄弧快，开距小（灭弧室体积小），开断时间短；真空断路器电气寿命和机械寿命都很高，可达 10 000 次以上，特别适合于需频繁操作的场所，如电气化铁道、电弧炉等。真空断路器价格较贵（一般为同参数少油断路器价格的 4～5 倍）。

真空断路器按安装地点分户内型和户外型，户内型常用于 10～35kV 电压等级，产品有 ZN□-10/630-3150 系列、ZN□-35/630-3150 系列；户外型常用于 10～110kV 电压等级，产品有 ZW□-10、ZW□-55 等。

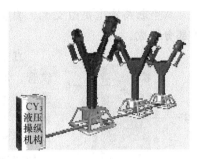

图 3-12　SW$_6$-110 型户外少油断路器仿真图

真空断路器按结构可分为分体式和整体式，整体式真空断路器的本体和操作机构安装在同一个框架上，分体式真空断路器的操作机构与本体分别装于开关柜的不同位置上（适合于少油开关柜的无油化改造）。

真空断路器按相柱绝缘结构分为空气绝缘、复合绝缘、固封绝缘。空气绝缘真空断路器指相间绝缘、对地绝缘、灭弧室外绝缘均为空气介质；复合绝缘真空断路器由一浇注的绝缘框架或管状绝缘体支撑真空灭弧室，提高了相间和对地的绝缘，但灭弧室与外绝缘仍为空气介质；固封极柱断路器则采用 APG 工艺（环氧树脂自动压力凝胶工艺）将一次导电部分包括真空灭弧室、主导电回路（连同上下触臂的连接端头）用环氧树脂固封在绝缘筒内，基本解决了断路器外绝缘受环境影响的问题。

真空断路器配用的操作机构，以前多为电磁式、弹簧式、最近采用的永磁式其实也属于电磁式的一种。

图 3-13 为 ABB 公司生产的 VD$_4$ 型推车式真空断路器实物图，一般安装在中置式开关柜中使用，其灭弧室被整体浇注在环氧树脂中，不受外界影响。图 3-14 为 ZW-12 型真空断路器实物图，为户外空气绝缘型。

1—二次插头；2—真空灭弧室；3—储能指示；4—分闸按钮；
5—合闸按钮；6—分合闸指示牌。

图 3-13　VD$_4$ 型真空断路器

图 3-14　ZW-12 型真空断路器

真空断路器主要由支架、真空灭弧室、导电回路、传动机构、绝缘支撑、操作机构等部分组成。

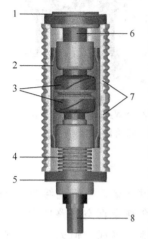

1—静端盖板；2—主屏蔽罩；
3—触头；4—波纹管；5—动端
盖板；6—静导电杆；7—绝缘
外壳；8—动导电杆。

图 3-15　真空灭弧室结构

真空灭弧室是真空断路器的最重要部分，基本由外壳、波纹管、动静触头和屏蔽罩等组成，如图 3-15 所示。真空灭弧室的性能主要取决于触头材料和结构形状，并与屏蔽罩的结构和材料、灭弧室制造工艺等因素有关。现普遍使用铜铬触头材料，可减少触头烧损，提高寿命。波纹管绝大多数采用 0.15mm 厚度的不锈钢油压成型。但若使用环境不当，有害气体、凝露会造成波纹管点状腐蚀，导致波纹管和盖板及封接面的漏气。动静触头分别焊在动静导电杆上，用波纹管实现密封，以保持动触头、动导电杆运动时不破坏真空度。在真空包（即真空灭弧室）内有一层用紫铜片制成的屏蔽层，主要用于防止触头在燃弧过程中生产的大量金属蒸汽和液滴喷溅，污染绝缘外壳的内壁，造成管内绝缘强度下降，同时可借此改善管内电场分布，吸收电弧能量，冷凝电弧生成物，提高真空弧室开断电流能力。

真空灭弧室利用高真空作为绝缘、灭弧介质，靠密封在真空中的一对触头来实现电力电路的通断。当其断开一定数值的电流时，动静触头在分离的瞬间，电流收缩到触头刚分离的一点上，电极间电阻剧烈增大，温度迅速提高，直至发生电极金属的蒸发，同时形成极高的电场强度，导致极强烈的发射和间隙击穿，产生真空电弧（真空电弧依靠触头上蒸发出来的金属蒸汽维持）。当工频电流接近零时，同时也因为触头开距的增大，真空电弧的等离子体很快向四周扩散。电弧电流过零后，触头间隙的介质迅速由导电体变为绝缘体，于是电流被分断。由于触头的特殊构造，燃弧期间触头间隙会产生适当的纵向磁场，这个磁场可使电弧均匀分布在触头表面，维持低的电弧电压，从而使真空灭弧室具有较高弧后介质强度恢复速度、小的电弧能量和小的腐蚀速率，从而提高了真空灭弧室开断电流的能力和使用寿命。

图 3-16 所示 ZN_{28A}-10 型断路器为分体式结构，自身不带操作机构，其主轴、分闸弹簧、油缓冲器等部件安装在机架上。机架左端设有供断路器固定用的安装孔，其右侧水平装设六个绝缘子（上、下各三个）。上绝缘子上固定静触座，下绝缘子上固定动触座，动、静触座的右端兼作出线端子。动静触座之间还装有一根绝缘支撑杆，以提高整体刚度。主轴通过绝缘拉杆、拐臂与真空灭弧室动导电杆相连接。该系列断路器可以配用多种形式的真空灭弧室。

真空断路器开断小电感电流时，由于阴极斑点提供的金属蒸气不够充分和稳定，电弧在过零前就会熄灭。由于电流被突然切断，$\dfrac{\mathrm{d}i}{\mathrm{d}t}$ 变化大，因此会产生高的过电压 $L\dfrac{\mathrm{d}i}{\mathrm{d}t}$。对于电动机，特别是空载或容量较大时，则相当于一个大的电感，开断时更危险。截流过电压的大小与截流值及负载的电感成正比。

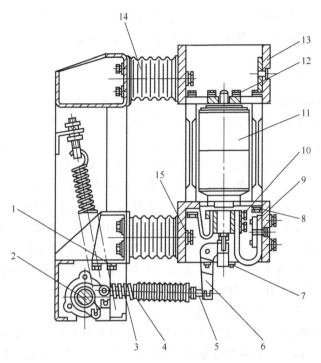

1—开距调整垫；2—主轴；3—触头压力弹簧；4—弹簧座；5—接触行程调整螺栓；6—拐臂；

7—导向板；8—螺钉；9—动触座；10—导电夹紧固螺栓；11—真空灭弧室；

12—紧固螺钉；13—静触座；14—绝缘子；15—绝缘子固定螺钉。

图 3-16　ZN_{28A}-10 型真空断路器

当真空断路器断开容性电流或大的电感电流时，有重燃或出现重击穿过电压的危险。如在投切电力电容器组时，由于真空断路器间隙弧后介质恢复电强度不够稳定和直流耐压水平降低，可能发生击穿，从而出现重击穿过电压。

过电压会破坏系统的安全稳定运行，因此有必要采取措施限制过电压。工程中一般采用下列方法以限制过电压的幅值及波头的陡度。

1）降低截流值以限制过电压的幅值。如在 CuCr 触头材料中添加 Bi、Sb、Ta 等材料，改变材料成分及含量，改变材料的金相及内部结构，以降低截流值；适当减小开距，以降低截流值；适当减弱极间磁场，以降低截流值。

2）安装避雷器保护。并联金属氧化物避雷器，金属氧化物避雷器阻值呈非线性特性，在正常工作电压下避雷器阻值很大，相当于开路，当电压增高至某一值后阻值迅速下降，将开关上的过电压能量经过避雷器引入大地，过电压消失后，避雷器阻值又呈现高阻状态。工程上常用避雷器来保护变压器等负载。

3）采用 RC 保护。把电容 C 和电阻 R 串联，作为保护元件并联在负载上，组成 RC 电压抑制器，利用电容器两端电压不会突变的特点，可以减缓过电压的上升陡度，并可降低截流过电压幅值，同时利用电阻 R 吸收能量，使电弧重燃时高频振荡过程强烈衰减。工程上常用 RC 抑制器来保护电动机等负载。

工程上还常常将真空断路器与变压器或电动机之间用电缆连接，由于电缆具有较大的分布电容，其作用等同于并联电容，抑制过电压效果也很好。

4. 六氟化硫断路器简介

六氟化硫断路器用无色、无臭、无毒、不可燃烧的惰性气体 SF_6 作绝缘和灭弧介质，SF_6 分子具有很强的负电性，能吸附电子形成惰性离子。由于具有这种特性，在 SF_6 气体中很难存在自由电子，因此它是一种绝缘强度高、灭弧性能好的气体介质，其灭弧能力比空气高 100 倍，而且在电弧熄灭后弧隙间绝缘强度的恢复很迅速，具有开断空载长线路和空载变压器不重燃、过电压低等优点；六氟化硫断路器的开断容量大，目前其开断电流已达 $40\sim63kA$；它不仅开断短路性能好，而且其灭弧室断口耐压高，目前已达到单断口 $245kV$、$50kA$ 的水平，因此六氟化硫断路器的结构简单、紧凑、占地面积小；六氟化硫断路器无火灾和爆炸危险（但若其中的 SF_6 气体泄露或含水量超标，与周围介质生成氟化物，则有剧毒，会造成人身安全事故），电器寿命长，修检周期可长达 $10\sim20$ 年。与油断路器、真空断路器相比，六氟化硫断路器的开断性能、绝缘配合、通流容量、噪声、触头损耗、结构尺寸等都具显著的优越性。

六氟化硫断路器按安装地点分户内型和户外型；按结构布置形式分为瓷柱式结构和罐式结构两种，瓷柱式结构与少油断路器类同，如图 3-17 所示，取积木式，系列性强，可用多个相同的单元灭弧室和支柱瓷套组成不同电压等级的断路器；罐式结构与箱式多油断路器相似，如图 3-18 所示，气体被密封在一个金属罐内，灭弧装置装在罐内，导电部分通过绝缘套管引出，套管内可装互感器，结构紧凑，抗地震和防污能力强，但系列性较差。

六氟化硫断路器由本体结构、灭弧室、操作机构三部分组成。

灭弧室是六氟化硫断路器的最重要部分，按灭弧方式不同分为双压式、单压式和旋弧式三种。早期的双压式（断路器中 SF_6 气体的压力系统分为高压和低压两个系统，开断电弧时用压差形成气流吹弧，结构较复杂）已经淘汰；单压式是依靠灭弧室中的压气活塞快速压缩 SF_6 气体形成压差进行吹弧，它只需较低的气压和压差，活塞行程和开距均很小，在国内已形成 $72.5\sim800kV$ 系列产品。单压式断路器的发展趋势是减少断口数量、提高经济效益。目前主流产品 $252kV$ 及以下为单断口，$550kV$ 为双断口。旋弧式是利用磁场驱动电弧在 SF_6 气体中旋转以灭弧，其合闸功小，适合中压断路器。

另外，单压式因需要强大的操作机构，要求采用液压或气动操作机构，而液压与气动机构结构复杂、制造工艺要求高，运行故障率较高，导致断路器可靠性降低。因此，需想办法利用电弧燃烧时产生的高温气体压力进行吹弧，以此缩小压气缸直径，降低操作功，从而可采用弹簧储能机构提高断路器可靠性。自能（热膨胀）式 SF_6 断路器便能满足此要求，它采用压气加热膨胀增压的方法灭弧。

单压式灭弧室又分为定开距和变开距式，定开距式指灭弧室中有两个开距不变的喷嘴触头，动触头和压气缸可以在操作机构的带动下一起沿喷嘴触头移动。当分闸时，操作机构带着动触头和压气缸运动，在固定不动的活塞与压气缸之间的 SF_6 被压缩，产生高气压。当动触头脱离一侧的喷嘴触头后，产生电弧，而且被压缩的 SF_6 气体产生向

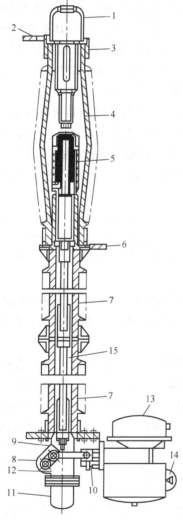

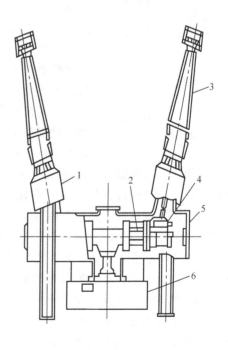

1—帽；2—上接线板；3—密封圈；4—灭弧室；5—动触头；
6—下接线板；7—支柱绝缘套；8—轴；9—操作机构传动杆；
10—辅助开关传动杆；11—吸附剂；12—传动机构箱；
13—液压机构；14—操作拉杆；15—拉杆。

图 3-17 瓷柱式六氟化硫断路器

1—套管式电流互感器；2—灭弧室；3—套管；
4—合闸电阻；5—吸附剂；6—操作机构箱。

图 3-18 罐式六氟化硫断路器

触头内吹弧作用，使电弧熄灭。这种灭弧室在国内外产品中应用也不少。断路器两个喷嘴间的距离固定不变，不随动触头运动而变化；而变开距式灭弧室中的活塞固定不动，分闸时操作机构通过绝缘拉杆使带有动触头和绝缘喷口的工作缸运动，在活塞与压气缸之间产生压力，等到绝缘喷口脱离静触头后，触头间产生电弧。同时，压气缸内气体在压力作用之下吹向电弧，使电弧熄灭。在这种灭弧室结构中，电弧可能在触头运动的过程中熄灭，所以称为变开距式。

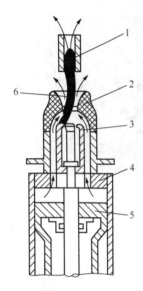

1—静触头；2—绝缘喷嘴；
3—动触头；4—气缸；
5—压气活塞；6—电弧。
图 3-19 六氟化硫
断路器灭弧室

绝大多数 110kV 及以上的六氟化硫断路器灭弧室采用的都是变开距灭弧结构。其灭弧原理有自能式、压气式、自能压气式三种形式。压气式建压快，触头不易磨损，在开断小电流时容易发生截流；自能式利用电弧本身能量使 SF$_6$ 气体膨胀，压力升高，产生压力差，使电弧运动，其建压慢，电弧触头易烧损，开断小电流时可靠性不高；自能压气式将两种方式结合起来，开断大电流用自能原理，开断小电流用吹气原理。

如图 3-19 所示为压气式六氟化硫断路器灭弧室的基本结构，由动触头，绝缘喷嘴和压气活塞连在一起，通过绝缘连杆由操作机构带动。静触头制成管形，动触头是插座式，动、静触头的端部都镶有铜钨合金。绝缘喷嘴用耐高温、耐腐蚀的聚四氟乙烯制成。

开关进行分闸时，动触头、活塞一起向下运动。动、静触头分开后产生电弧，活塞向下迅速移动时气体受压缩，产生的气流通过喷嘴对电弧进行纵吹，使电弧熄灭，此后灭弧室内的气体通过静触头内孔和冷却器排入开关本体内。

开关进行合闸时，操作机构带动动触头、喷嘴和活塞向上运动，使静触头插入动触头座内，使动、静触头有良好的电接触，达到合闸的目的。

自能压气（热膨胀）式 SF$_6$ 断路器灭弧过程见图 3-20。它采用压气加热膨胀增压的灭弧原理，其结构特点是压气活塞直径比传统的压气式要小一些，使用短喷口，并配以相应偏低的速度特性。其灭弧原理是：分闸时，压缩缸 1 包括压缩缸头部的绝缘喷嘴 6、冠状滑动触点 7 在连杆 8 的带动下向下快速运动，主触头先行分开，此时电流就通过引弧触头 5 和瓣状触点 4 导通，但 5 紧跟着与 4 分开，因此电弧就在它们之间被点燃。随着压缩缸的运动，电弧在绝缘喷嘴内部被拉长。由于导电立柱 10 与活塞 9 静止不动，压缩缸内的 SF$_6$ 气体在气缸向下运动时被压缩，一股强劲的 SF$_6$ 气流就吹过绝缘喷嘴 6、引弧触头 5 以及瓣状触点 4 在电流过零时熄灭电弧。同时，由于喷嘴的气体快速吹出，表面的负压也抽吸了主触头周围的 SF$_6$ 冷气体，起到冷却作用。气流继续吹，直到断路器到达分闸位置后压缩缸内气压泄尽，保证灭弧后不会重燃。断路器合闸时，压缩缸 1 向上运动，SF$_6$ 气体则被重新吸入到压缩缸体内。

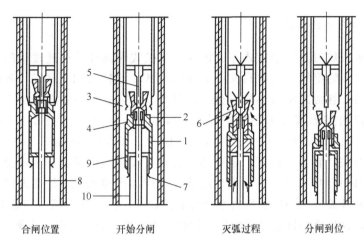

合闸位置　　　　　开始分闸　　　　　灭弧过程　　　　　分闸到位

1—压缩缸；2—主动触头端面；3—主静触头冠状触点；4—动触头瓣状触点；

5—引弧触头；6—绝缘喷嘴；7—压缩缸冠状滑动触点；8—传动连杆；

9—导电柱端部活塞；10—导电立柱。

图 3-20　自能压气（热膨胀）式 SF_6 断路器灭弧过程

3.2.2　高压隔离开关

1. 高压隔离开关的作用、表示符号及型号表达式含义

高压隔离开关（俗称刀闸）能造成明显的空气断开点，但没有专门的灭弧装置，其主要用途是隔离电源，把高压装置中需要检修的部分和其他带电部分隔离开来，以保证检修工作的安全。

高压隔离开关还可以用来：

1）通过隔离开关实现倒闸操作，改变系统运行方式，如双母线倒母线操作。

2）用隔离开关来切合小电流电路，如电压互感器和避雷器回路、无故障母线及直连在母线上的设备的电容电流、励磁电流不超过 2A 的空载变压器和电容电流不超过 5A 的空载线路等。

隔离开关在电路中的文字符号为 QS，其图形符号为 ⌐⌐，其型号表达式为

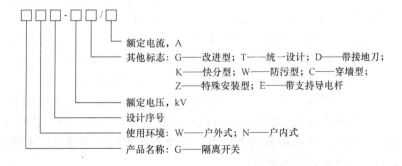

额定电流，A

其他标志：G——改进型；T——统一设计；D——带接地刀；

K——快分型；W——防污型；C——穿墙型；

Z——特殊安装型；E——带支持导电杆

额定电压，kV

设计序号

使用环境：W——户外式；N——户内式

产品名称：G——隔离开关

2. 高压隔离开关的分类

隔离开关按极数可分为单极式和三极式，单极式隔离开关可通过相间连杆实现三相联动操作；按每极的绝缘支柱数目又可分为单柱式、双柱式和三柱式，各电压等级都有可选设备；按动、静触刀构造不同可分为转动式、插入式；按安装场所不同可分为户内型和户外型，户内型隔离开关主要产品为 GN 系列，适用于 10～35kV 电压等级，有 GN_6-10、GN_8-10、$GN_{19}-10$、$GN_{22}-10$、$GN_{24}-10$ 等。图 3-21 为 $GN_8-10/600$ 型和 GN_{19} 系列户内型隔离开关，它为三极式，由底座、转轴、拉杆绝缘子、支柱绝缘子、触刀、静触座等组成，每相刀闸由两片槽形铜片组成，可增加散热面积，提高刀闸的机械强度和动稳定性。隔离开关触头的接触压力靠两端的弹簧维持。每相刀闸中间装有拉杆绝缘子，它与转轴相连，操作机构即通过转轴拉动拉杆绝缘子使隔离开关分、合闸。

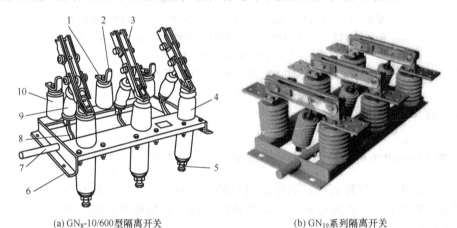

(a) $GN_8-10/600$ 型隔离开关　　　　　　　(b) GN_{19} 系列隔离开关

1—上接线端子；2—静触头；3—刀闸；4—套管绝缘子；5—下接线端子；

6—框架；7—转轴；8—拐臂；9—拉杆绝缘子；10—支柱绝缘子。

图 3-21　$GN_8-10/600$ 型和 GN_{19} 系列户内型隔离开关

$GN_{19}-10/1000$，$GN_{19}-10/1250$，$GN_{19}-10C/1000$，$GN_{19}-10/1250$ 型在刀闸接触处装有磁锁压板，磁锁的作用是使动触刀被锁在静触座中，不致因所受电动力过大而出现带负荷跳闸事故，触头动、热稳定性好。$GN_{19}-10X$ 系列还装有高压带电显示装置，可正确显示回路是否带电及实现带电状态下的强制闭锁，$GN_{19}-10XT$ 为提示性，$GN_{19}-10XQ$ 为强制性。

户外型隔离开关分为单柱式、双柱式、三柱式等。如图 3-22 为 GW_5 型户外带接地刀的隔离开关（地刀作用同安全措施中的接地线），它采用双柱式结构、单极形式，通过连杆三相联动。闸刀做成两段式，两触刀在操作机构带动下水平反向旋转 90° 实现分、合闸。

目前还流行剪刀式结构的隔离开关，如 GW_6 型，其导电折架像一把剪刀，俗称剪刀型隔离开关，主要由动触头、触刀上杆、触刀下杆、传动机构、操作绝缘子、底座和操作机构等组成。其静触头悬挂在母线上，分闸后形成垂直的绝缘断口。其断口清晰可见，便于运行监视；合闸时，导电折架向上合拢，带动动触头向空中延伸，夹住悬挂在母线上的静触头，具有占地面积小的优点。

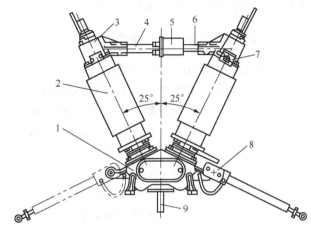

(a) 分闸状态的GW₅型隔离开关　　　　(b) 合闸状态的GW₅型隔离开关

1—底座；2—支柱瓷瓶；3—触头座；4、6—主闸刀；5—触头及防护罩；

7—接地静触头；8—接地闸刀；9—主轴。

图 3-22　GW₅型户外带接地刀的隔离开关

3. 高压隔离开关的操作机构

隔离开关的操作机构可分为手力式和动力式两类。手力式操作机构型号为 CS，又分杠杆式和涡轮式，杠杆式适用于额定电流 3000A 以下的户内或户外隔离开关，涡轮式适用于额定电流大于 3000A 的户内式重型隔离开关。图 3-23（a）为 CS₆ 型手动杠杆式，图 3-23（b）为 GS₁₇-Ⅳ型手动杠杆式。动力式操作机构包括电动式（CJ 系列）、压缩空气式（CQ 系列）和电动液压式（CY 系列），电动式适用于户内重型隔离开关和户外 110kV 以上的

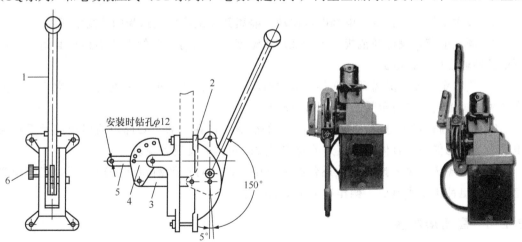

(a) CS₆型(转动角度为150°)　　　　　　(b) GS₁₇-Ⅳ型(转动角度为180°)

1—操作手柄；2—钩板；3—连板；4—扇形板；5—输出臂；6—定位销。

图 3-23　手动杠杆式

隔离开关，压缩空气式和电动液压式适用于户外 110kV 以上的 GW_4 和 GW_7 等系列隔离开关。

4. 高压隔离开关使用注意事项

（1）高压断路器与隔离开关间、隔离开关主刀和接地刀间互相要实现连锁

如图 3-24 所示，检修时，先打开断路器 QF，然后打开负荷侧隔离开关 2QS，再打开电源侧隔离开关 1QS；分别合上接地刀 1QSe、2QSe；检修完毕后，则先打开 2QSe、1QSe（拆除安全措施），然后进行送电操作，先合上电源侧隔离开关 1QS，再合上负荷侧隔离开关 2QS，最后合上断路器 QF。

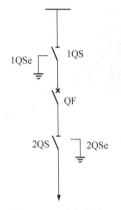

图 3-24　高压隔离开关电路图

（2）隔离开关分合闸注意事项

无论分闸或合闸，均应在不带负荷或负荷在允许范围内才能进行。

合闸刀过程中发现电弧时严禁将隔离开关打开而应果断合到底，开始时应该慢而谨慎，在触头转动过半时应果断用力，但不可用力过猛，以免合过了头及损坏绝缘子，随后检查动触杆位置是否适应；即使合错了也严禁再将刀闸拉开，只有用开关将这一回路断开后才可将误合的隔离开关拉开。

误拉隔离开关时若在刀闸未断开以前应迅速将其合上；已拉开的应迅速拉开，严禁再合上。如果是单极隔离开关，操作一相后发现误拉，对其他两相则不允许继续操作。

5. 隔离开关的技术参数

1）额定电压：隔离开关在长期正常工作时承受的工作电压，与安装点电网额定电压等级对应。

2）最大工作电压：由于电网电压波动，隔离开关绝缘所能承受的最高电压。

3）额定电流：设计规范规定的标准环境温度下，隔离开关的发热不超过其绝缘允许所能长期通过的工作电流。

4）热稳定电流：隔离开关在某一规定时间 t 内允许通过的最大电流 I_t，它表征了隔离开关通过短路电流时承受短时发热的能力。

5）极限通过峰值电流：表征隔离开关的机械结构在其通过短路电流时所能承受最大电动力冲击的能力，具体指隔离开关允许通过的短路电流最大峰值。

此外，隔离开关的技术参数还包括分合闸时间、对地及断口间的额定短时工频耐受电压、雷电冲击耐受电压、操作冲击耐受电压等。

3.2.3　高压熔断器

1. 高压熔断器的作用、表示符号及型号表达式含义

当电路中出现过载或短路时，高压熔断器熔断，起到保护作用，常用于保护配电线路、

电压互感器和电力变压器，其文字符号为 FU，图形符号为 ▯，国产型号表达式为

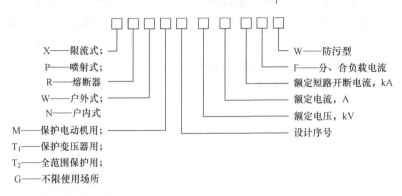

X——限流式；
P——喷射式；
R——熔断器
W——户外式；
N——户内式
M——保护电动机用；
T₁——保护变压器用；
T₂——全范围保护用；
G——不限使用场所

W——防污型
F——分、合负载电流
额定短路开断电流，kA
额定电流，A
额定电压，kV
设计序号

2. 高压熔断器的分类

高压熔断器电压等级有 3kV、6kV、10kV、35kV、110kV；按安装地点不同分为户内式和户外式；按动作性能分固定式和自动跌落式；按工作特性分限流型和非限流型（限流型指短路电流未达到冲击短路电流值以前已经完成汽化、发弧、熄弧，非限流型指当短路电流第一次或第几次过零时才熄弧）。

户内高压熔断器主要产品为 RN 系列，有 RN_1、RN_2、RN_3、RN_5、RN_6、XRN 等，其中 RN_1、RN_3 系列户内高压限流熔断器用于 3～35kV 线路和电气设备的保护；RN_2、RN_5 系列电流为 0.5A 的用于保护 3～35kV 的电压互感器；XRNT 型熔断器为新型产品，用于保护多种电气设备，见图 3-25。图 3-26 为 RN_1、RN_2 型熔断器外型，主要由熔管、静触座、支柱绝缘子和底架等组成，熔管内熔体按额定电流大小采用一根或多根熔丝缠绕在瓷芯上，瓷管内充填石英砂，有利于灭弧。在熔管的一端装有指示器，一旦熔断指示器即弹出。

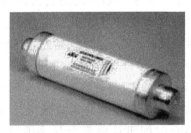

图 3-25　XRNT-12 型熔断器外形

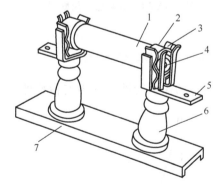

1—磁熔管；2—金属管帽；3—弹性触座；4—熔断
指示器；5—接线端子；6—磁绝缘子；7—底座。

图 3-26　RN_1、RN_2 型熔断器

户外式熔断器主要产品为 RW 系列，有 RW_5、RW_7、RW_9、RW_{10}、RW_{11}、$PRWG_1$、RXWO 型等，其中 RW_{10}-35、RXWO-35 型为限流型，其额定电流为 0.5A 的

用于保护户外电压互感器，见图 3-27。其熔管内有特制的熔体，并充满石英砂，两端用铜帽密封，熔管再装配在两端用橡胶密封的瓷套内，瓷套和棒形支柱绝缘子用抱箍固定。两端接线帽上有接线螺钉，供用户接线使用。图 3-28 为 RW 型跌落式熔断器（俗称鸭嘴型），它无限流作用，所以过电压较低，在开断电流时会排出大量的游离气体，并发出很大的响声，故一般只用于户外。同样，RW_7-10、RW_5-35、RW_9-10、RW_{10}-10、RW_{11}-10、$PRWG_1$-10F（W）等跌落式熔断器也用于户外 10kV、35kV 配电线路及电力变压器的过载和短路保护。

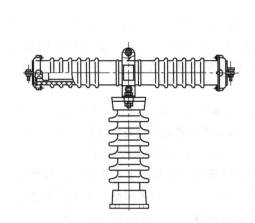

图 3-27　RXWO-35 限流型熔断器

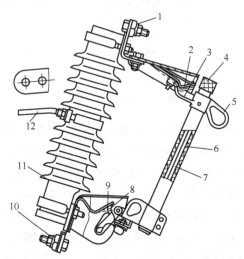

1—上接线端子；2—上静触头；3—弹性触座；4—管帽（带薄膜）；5—操作环；6—熔管；7—铜熔丝；8—下动触头；9—下静触头；10—下接线端子；11—绝缘瓷瓶；12—固定安装板。

图 3-28　RW 型跌落式熔断器

3. 高压熔断器的保护特性

熔断器的保护特性又称为安秒特性，反映熔体熔断电流和熔断时间的关系曲线，见图 3-29。它具有反时限特性，即过载电流小时熔断时间长，过载电流大时熔断时间短。

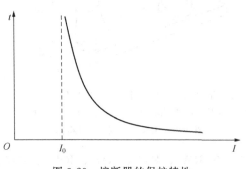

图 3-29　熔断器的保护特性

图 3-29 中，I_0 为最小熔断电流。在理论上，熔体通过 I_0 时，熔断时间为无穷大，即不应熔断。而通过熔体的电流大于 I_0 很多时，熔断时间迅速降低至最小值（0.01s下）。熔断器的保护特性不稳定，在许多情况下需要通过实测确定。

熔断器的保护特性曲线是选择熔断器的主要依据。为保证电路中熔断器能实现选择性熔断，缩小停电范围，上一级熔断器的熔断时间一般取为下一级熔断器的 3 倍左右。

4. 高压熔断器的技术参数

1）额定电压：熔断器能够长期承受的正常工作电压，等于安装点电网额定电压。

2）额定电流：熔断器壳体部分和载流部分允许长期通过的最大工作电流。

3）熔件额定电流：熔件允许长期通过而不熔断的最大工作电流。熔件额定电流应不大于熔断器额定电流。

4）额定开断电流：熔断器所能断开的最大短路电流，它表征了熔断器熄弧能力的大小。当需要开断的电流超过此电流时，可能会由于电弧不能熄灭而导致熔断器损坏。

此外，高压熔断器的技术参数还包括工频干耐受电压、工频湿耐受电压、雷电冲击耐受电压等。

3.2.4　高压负荷开关

1. 高压负荷开关的作用、表示符号及型号表达式含义

高压负荷开关是专门用于接通和断开负荷电流的开关设备；当装有脱扣器时，在过负荷情况下也能自动跳闸。早期的负荷开关仅具有简单的灭弧装置，只能通断负荷电流，不能切断短路电流。目前环网柜中的高压真空负荷开关已能开断 25kA 及以下的短路电流。在大多数情况下，负荷开关与高压熔断器（一般为 RN1 型）串联组合使用，由熔断器切断过载及短路电流，负荷开关接通和断开负荷电流。负荷开关用于 35kV 及以下功率较小和对保护性能要求不高的场所。高压负荷开关的文字符号为 QL，图形符号为 ，国产型号表达式为

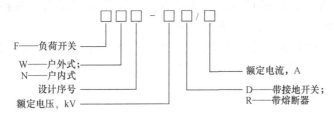

2. 高压负荷开关的分类

高压负荷开关一般按所使用的灭弧方式不同分为下列种类。

1）压气式负荷开关：靠外力熄灭电弧。其灭弧室由导电筒（压气缸）、触头和喷嘴组成。当开关分断时，靠导电筒与固定活塞相对运动而产生压缩气体，并通过特殊设计的喷嘴形成高速气流将电弧熄灭。图 3-30 为 FN$_3$-10 型压气式负荷开关，上端绝缘子兼作气缸，利用分闸时主轴带动活塞压缩空气，使压缩空气从喷嘴高速喷出以吹灭电弧。

2）产气式负荷开关：在隔离开关的基础上，设置电弧触头和狭缝灭弧室，灭弧片由产气的有机材料制成，分闸时电弧产生的高温使产气固体分解出大量气体，沿着喷嘴高速喷出，形成强烈纵吹，使电弧熄灭。图 3-31 为 FN_7-12 型产气式负荷开关。

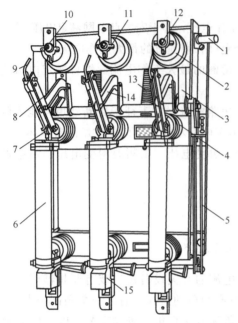

1—主轴；2—上绝缘子兼气缸；3—连杆；4—下绝缘子；
5—框架；6—RN_1 型高压熔断器；7—下触座；8—闸刀；
9—弧动触头；10—绝缘喷嘴；11—主静触头；12—上触
座；13—断路弹簧；14—绝缘拉杆；15—热脱扣器。
图 3-30　FN_3-10 型压气式负荷开关

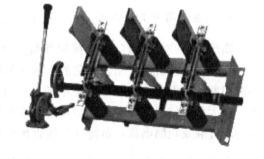

图 3-31　FN_7-12 型产气式负荷开关

3）真空负荷开关：利用真空作为灭弧介质，灭弧原理同真空断路器。图 3-32 为 FZN_{21}-12D/630-20 型户内高压真空负荷开关。

4）六氟化硫负荷开关：利用具有强灭弧性能和绝缘性能的 SF_6 气体作为灭弧和绝缘介质，灭弧原理同 SF_6 断路器。图 3-33 为 FLN_{36}-12 型六氟化硫负荷开关。

3. 高压负荷开关的技术参数

1）额定电压：负荷开关能够长期承受的正常工作电压，等于安装点电网额定电压。

2）额定电流：负荷开关允许长期通过的最大工作电流。

3）额定开断电流：负荷开关所能断开的最大短路电流，它表征了负荷开关熄弧能力的大小。

此外，高压负荷开关的技术参数还包括额定短路关合电流、额定 1min 工频耐受电压、额定雷电冲击耐受电压、机械寿命等。

图 3-32　FZN$_{21}$-12D/630-20 型
真空负荷开关

图 3-33　FLN$_{36}$-12 型六氟化硫负荷开关

3.2.5　其他高压开关电器

除前面所述高压断路器、高压隔离开关、高压熔断器、高压负荷开关外，还有重合器、分段器等。

在配电网自动化中，必须有故障识别与恢复供电功能，因此采用的开关电器必须智能化，重合器和分段器就是具备这种智能功能的开关电器。

重合器是具有多次重合功能和自具功能的断路器。重合器具有的多次重合功能能有效排除临时性故障，大幅度提高供电可靠性。重合器具有自具功能，它自带控制和操作电源，能进行故障电流检测、操作程序控制和执行，其不受外界继电保护控制，而由微处理器控制，微处理器按事先编好的程序指令重合动作。

分段器是一种与电源侧前级开关配合，在失压或无电流情况下自动分闸的开关设备。分段器实质是一种有记忆和识别功能的负荷隔离开关，它串联于重合器或断路器的负荷侧，当发生永久性故障时，在预定的记忆次数或分合操作后闭锁于分闸状态而将故障线路区段隔离，由重合器或断路器恢复对其他无故障部分的供电，将停电范围限制到最小。当发生瞬时性故障或故障已经被其他设备切除，没有达到分段器预定的记忆次数或分合操作时，分段器将保持在合闸状态，保证线路正常供电。一般干线重合器与支线分段器配合使用。

重合器与分段器的灭弧介质一般使用 SF$_6$ 气体或真空介质。绝缘介质有油、SF$_6$ 气体和压缩空气、环氧树脂包封等。图 3-34 为户外使用的高压真空自动重合器，是由真空断路器和重合器控制器配置成的新型重合器，其微机保护功能具有速断、限时速断、过流三段式电流保护功能。

图 3-35 为重合器工作原理框图。线路发生故障时，由电流互感器感知故障电流而送

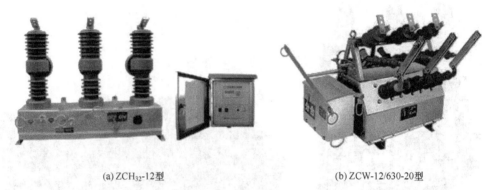

(a) ZCH$_{32}$-12型　　　　　　　　　(b) ZCW-12/630-20型

图 3-34　户外高压真空自动重合器

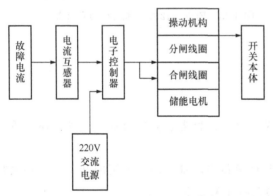

图 3-35　重合器工作原理框图

入电子控制器，控制器对此电流进行处理和识别，大于控制器最小启动电流时控制器启动，命令开关分、合闸。重合后检测故障信号是否依然存在，若消失则为瞬时性故障，控制器不再发分闸命令，开关本体处于合闸位。若为永久性故障，控制器按程序发令，完成设定的动作次数后闭锁，开关最终处于分闸状态。

若手动合闸遇故障电流时，为了保护开关，控制器只发一次分闸命令即闭锁。

重合器与分段器一般装在柱上，简化了传统变电站的接线方式，取消了控制室、高压配电室、继保盘、电源柜、高压开关柜等设备，省去了大量建设投资，节约占地面积 1/3，大大缩短了施工工期。

重合器和分段器实现识别故障与恢复供电功能有多种方式，其中主要有电流–时间方案（简称电流法）和电压–时间方案（简称电压法）。

电流法是利用智能开关的安秒特性曲线，根据重合闸动作判断故障区段，并自动隔离永久故障区段，恢复对非故障区的供电。电压法是检测开关两侧的电压，根据电压信号来决定开关是否投入或闭锁。

重合器和分段器配合使用，才能真正实现配网自动化。图 3-36 为重合器与分段器的配合图，重合器与分段器的配合常用于辐射性树状配电网。根据辐射性树状配电网的结构特点，宜采用"过电流脉冲计数式"分段器配合重合器进行故障的定位、隔离和恢复非故障线路的供电。

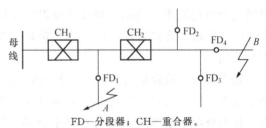

FD—分段器；CH—重合器。

图 3-36　重合器与分段器的配合图

假定永久性故障发生在 A 处，当故障电流大于 FD$_1$ 和 CH$_1$ 的最小启动电流时，CH$_1$

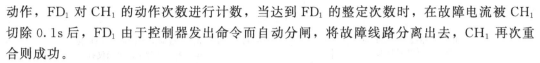

动作，FD_1 对 CH_1 的动作次数进行计数，当达到 FD_1 的整定次数时，在故障电流被 CH_1 切除 0.1s 后，FD_1 由于控制器发出命令而自动分闸，将故障线路分离出去，CH_1 再次重合则成功。

若 FD_1 记忆 CH_1 的动作的次数未达到整定次数时，故障已消除，则 FD_1 在预先整定的复位时间内自动复位，FD_1 仍处于合闸状态。

假定永久性故障发生在 B 点，由于设定 FD_4 的启动值小于 CH_2 的启动电流值，而 CH_2 的启动电流值小于 CH_1 的启动电流值，CH_2 的重合时间间隔小于 CH_1 的重合时间间隔，CH_1 检测到故障电流后整定的动作时间比 CH_2 延迟一些，则 CH_2 动作，由 FD_4 记忆 CH_2 的动作次数，在达到整定次数时，在故障电流被 CH_2 切除 0.1s 后，FD_4 控制器发出分闸命令而自动分闸，将 FD_4 以后的故障线路分离出去。

低压开关电器

低压开关电器通常指通断电压在 500V 以下的交直流电路的开关电器，包括刀开关、接触器、电磁起动器、自动空气开关（低压断路器）、低压熔断器等。

3.3.1　刀开关

1. 刀开关的作用与分类

刀开关是一种最简单的低压开关，它只能手动操作，所以适合于不频繁地通断电路。为了能在短路或过负荷时自动切断电路，刀开关必须与熔断器配合使用。

按极数分，刀开关有单极、双极、三极；按灭弧结构可分为带灭弧罩的和不带灭弧罩的，不带灭弧罩的只能当作隔离器，配合低压断路器使用，相当于高压中的隔离开关；按操作方式可分为直接手柄操作和用杠杆操作；按用途分为单投和双投；按接线方式可分为板前接线和板后接线。不同规格的刀开关采用同一型号的操作机构，操作机构具有明显的分合指示和可靠的定位装置。

实用中，刀开关常常和各种熔断器配合组成各种负荷开关，刀开关起操作作用，熔断器起保护作用。图 3-37 分别为刀开关、铁壳开关、胶盖瓷底开关、熔断器式刀开关。

2. 刀开关的表示符号及型号表达式含义

刀开关的文字符号为 QS，图形符号为 ，国产型号表达式如下：

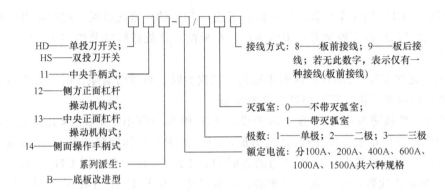

HD——单投刀开关；
HS——双投刀开关
11——中央手柄式；
12——侧方正面杠杆
　　操动机构式；
13——中央正面杠杆
　　操动机构式；
14——侧面操作手柄式
系列派生：
B——底板改进型

接线方式：8——板前接线；9——板后接
　　线；若无此数字，表示仅有一
　　种接线（板前接线）

灭弧室：0——不带灭弧室；
　　　　1——带灭弧室
极数：1——单极；2——二极；3——三极
额定电流：分100A、200A、400A、600A、
　　　　　1000A、1500A共六种规格

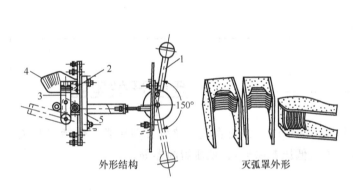

外形结构　　　　　灭弧罩外形

1—操作手柄；2—固定触刀；3—动触刀；
4—灭弧罩；5—底座。

(a) 刀开关

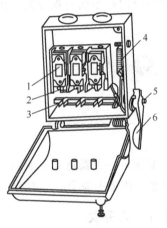

1—熔断器；2—静触座；3—动触刀；
4—弹簧；5—转轴；6—手柄。

(b) 铁壳开关(HH系列)

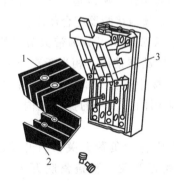

1—上胶木盖；2—下胶木盖；3—闸刀本体。

(c) 胶盖瓷底开关(HK系列)

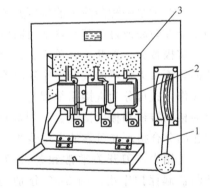

1—操作手柄；2—RTO型熔断器；3—静触头。

(d) 熔断器式刀开关(HR系列)

图 3-37　刀开关、铁壳开关、胶盖瓷底开关、熔断器式刀开关

3.3.2 接触器

1. 接触器的作用、表示符号及型号表达式含义

接触器是用来远距离通断负荷电路的低压开关，广泛用于频繁起动和控制电动机的电路。接触器的文字符号为 KM，图形符号线圈为，常开主触头为，国产型号表达式为

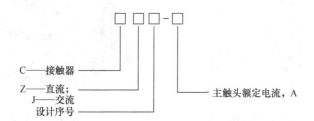

2. 种类、结构及原理

接触器分交流接触器（CJ 系列）和直流接触器（CZ 系列）。在工程中常用交流接触器。

交流接触器主要由四部分组成：

1）电磁系统，包括吸引线圈、动铁心和静铁心。

2）触头系统，包括三副主触头和两个常开、两个常闭辅助触头，它和动铁心是连在一起互相联动的。

3）灭弧装置，一般容量较大的交流接触器（20A 以上）都设有灭弧装置，以便迅速切断电弧，免于烧坏主触头。

4）绝缘外壳及附件，包括各种弹簧、传动机构、短路环、接线柱等。交流接触器的触点由银钨合金制成，具有良好的导电性和耐高温烧蚀性。交流接触器是用按钮控制电磁线圈的，电流很小，控制安全可靠，电磁力动作迅速，可以频繁操作。

图 3-38（a）为接触器简单结构图，图 3-38（b）为交流接触器实物图。接触器简单工作原理：电磁铁线圈通电，衔铁被吸向铁心，触头通断情况发生变化；当线圈失电或电压不够，衔铁释放，触头通断情况恢复到图 3-38（a）所示位置。常用的交流接触器有 CJ_{10}、CJ_{20}、CJ_{20LJ} 系列等，CJ_{20LJ} 是在 CJ_{20} 基础上改进而成的节能型接触器。

常用的直流接触器有 CZ_0 和 CZ_{18} 系列，如 CZ_0-40C、40D（无辅助触头）。CZ_0-40C/22、40D/22（两常开、两常闭辅助触头）型主要供远距离瞬时通断 35kV 及以下高压油断路器和真空断路器电磁操作机构中的直流电磁线圈，还可供线路自动重合闸用。

3. 实用举例

用接触器点动控制电动机，见图 3-39，合上 QS_1，按下起动按钮 SB_1，接触器线圈 KM_1 得电起励，则 KM_1 的三对常开主触点闭合，电动机开始转动。若要使电动机停转，

只要松开 SB_1，使线圈 KM_1 失电，则 KM_1 的三对常开主触点恢复到断开状态，电动机停转。图 3-39 中 FU_2 起短路和过载保护作用。

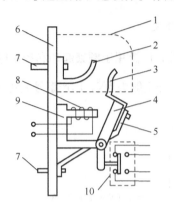

(a) 接触器简单结构示意图　　　　　　(b) 交流接触器实物图

1—灭弧罩；2—静触头；3—动触头；4—衔铁；5—连接导板；6—绝缘底板；

7—接线柱；8—电磁铁线圈；9—铁心；10—辅助接点。

图 3-38　交流接触器

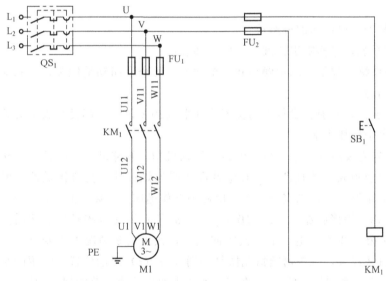

图 3-39　接触器点动控制电动机的电路

3.3.3　电磁起动器

电磁起动器由交流接触器和热继电器组成。电磁起动器除具有接触器的一切特点，还具有热继电器所特有的过载保护功能，因此电磁起动器主要用于远距离控制交流电动机的启停或可逆运转，并兼有失电压和过载保护作用。其型号表达式为

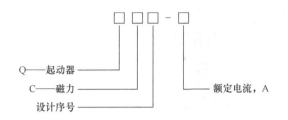

1. 热继电器

电动机长时间过载，绕组超过允许温升时，将会加剧绕组绝缘的老化，缩短电动机的使用年限，严重时会将电动机烧毁。

热继电器是一种具有延时动作的过载保护器件，可保护电动机以防其过载。

热继电器主要由热元件、双金属片和触点组成，热元件由发热电阻丝做成。双金属片由两种热膨胀系数不同的金属粘压而成，当双金属片受热时，会出现弯曲变形。使用时，把热元件串接于电动机的主电路中，常闭触点串接于电动机的控制电路中。当电动机正常运行时，热元件产生的热量虽能使双金属片弯曲，但还不足以使热继电器的触点动作。当电动机过载时，双金属片弯曲位移增大，推动导板使常闭触点断开，从而切断电动机控制电路以起保护作用。热继电器动作后一般不能自动复位，要等双金属片冷却后按下复位按钮复位。热继电器动作电流的调节可以借助旋转凸轮于不同位置来实现。

热继电器的文字符号为 FR，热元件图形符号为 ⌷，热继电器常闭触点图形符号为 ⊢⧸。

热继电器按相数分为单相、两相、三相式，按保护分为不带断相保护、带断相保护两种。我国目前生产的热继电器主要为 JR 系列，图 3-40 为 JR_{36} 系列热继电器实物图。

图 3-40 JR_{36} 热继电器

2. 实用举例

图 3-41 为电磁起动器控制电动机的电路实现。按下起动按钮 SB_2，接触器线圈 KM_1 得电起励，则主回路中 KM_1 的三对常开主触点闭合，电动机旋转。若电动机过载，则串联在主回路中的热继电器金属片 FR 受热膨胀，热继电器常闭触点打开，FR 断开控制回路，使线圈 KM_1 失电，则 KM_1 的三对常开主触点恢复到断开状态，电动机停转。

图 3-41 中 SB_1 为停止按钮，按下 SB_1，使 KM_1 线圈失励，则 KM_1 的三对常开主触点恢复到断开状态，电动机停转。

与 SB_2 并联的接触器常开触点 KM_1 起自保持作用，即一旦 KM_1 线圈起励，其常开触点 KM_1 闭合自保持，使 KM_1 线圈始终起励，只有按下 SB_2，才会使 KM_1 线圈失励，常开触点 KM_1 返回。

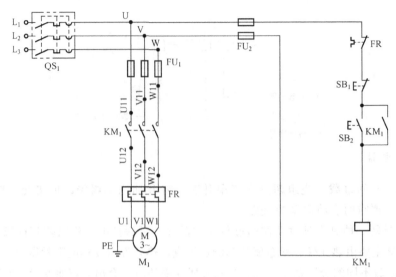

图 3-41　电磁起动器控制电动机的电路

3.3.4　低压断路器

1. 低压断路器的作用、表示符号及型号表达式含义

低压断路器又称自动空气开关或自动开关，它适用于不频繁地通断电路或启停电动机，并能起过载、短路和失压保护作用，是低压交直流电路中性能最完善的低压开关电器。低压断路器的文字符号为 QF，图形符号为 ，国产型号表达式为

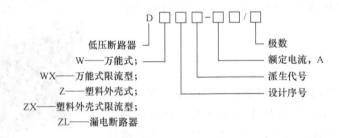

2. 低压断路器结构、种类及保护特性

低压电路器由脱扣器、触头系统、灭弧装置、传动机构、基架和外壳等部分组成。

脱扣器一般有过电流脱扣器、失压脱扣器、分励脱扣器、过负载延时热脱扣器、复合脱扣器（由过电流瞬时脱扣器和过负载延时热脱扣器组成），它用来感受电路中不正常现象。图 3-42 为低压断路器的脱扣器。如以失压脱扣器为例，当 BC 相间失压，失压脱扣电磁铁与失压脱扣器衔铁脱扣，在反作用弹簧 13 作用下，通过传递元件 18 将力传递给自由脱扣电磁铁 3，使之脱扣，主触头 2 在左边弹簧作用下弹回，电路切断。

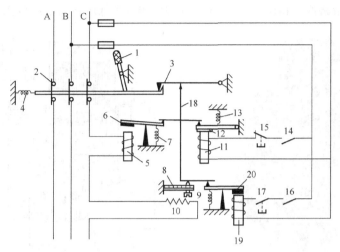

1—操作手柄；2—主触头；3—自由脱扣电磁铁；4—分闸弹簧；5—过流脱扣电磁铁；
6—过流脱扣器衔铁；7—反作用弹簧；8—热脱扣器双金属片；9—热脱扣器电流
整定螺钉；10—加热元件；11—失压脱扣电磁铁；12—失压脱扣器衔铁；
13—反作用弹簧；14、16—断路器辅助触头；15、17—分闸按钮；
18—传递元件；19—分励脱扣电磁铁；20—分励脱扣器衔铁。

图 3-42　低压断路器的脱扣器

　　传动机构承担力的传递、变换，它包括自由脱扣机构、主轴和脱扣轴等。触头系统用于通断电路，低压断路器的主触头在正常情况下可以接通分断负荷电流，在故障情况下还必须可靠分断故障电流。

　　主触头有单断口指式触头、双断口桥式触头、插入式触头等几种形式。主触头的动、静触点的接触处焊有银基合金触点，其接触电阻小，可以长时间通过较大的负荷电流。在容量较大的低压断路器中，还常将指式触头做成两挡或三挡，形成主触头、副触头和弧触头并联的形式。

　　灭弧系统用于迅速灭弧。低压断路器中的灭弧装置一般为栅片式灭弧罩，灭弧室的绝缘壁一般用钢板纸压制或用陶土烧制。

　　低压断路器投入运行时，操作手柄已经使主触头闭合，自由脱扣机构将主触头锁定在闭合位置，各类脱扣器进入运行状态。分励脱扣器用于远距离操作低压断路器分闸控制，它的电磁线圈并联在低压断路器的电源侧；电磁脱扣器与被保护电路串联，起短路保护作用；热脱扣器与被保护电路串联，起过载保护作用；失压脱扣器并联在断路器的电源测，可起到欠压及零压保护的作用。

　　低压断路器按结构形式不同分为万能式和塑料外壳式两类。DZ 系列塑料外壳式断路器额定电流较小且等级较少，DW 系列万能式断路器额定电流大且等级较多。

　　图 3-43 为 DZ 型塑料外壳式断路器实物图，图 3-44 （a）

图 3-43　DZ 型塑料外壳式断路器

为 DW$_{15}$ 型低压断路器实物图，图 3-44（b）为 DW$_{15}$ 型低压断路器结构图。

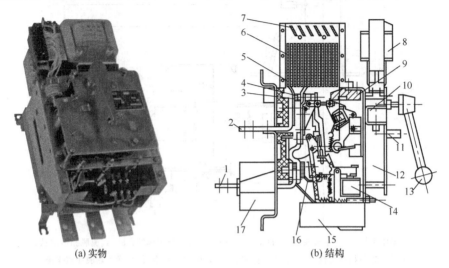

(a) 实物 　　　　　　　　　　　　(b) 结构

1—下母线；2—上母线；3—动触点；4—静触点；5—触头弹簧；6—灭弧室，7—灭弧栅；8—合闸线圈；

9—缓冲块；10—分励脱扣器；11—脱扣按钮；12—自由脱扣机构；13—操作手柄；

14—失压脱扣器；15—半导体脱扣器；16—过电流脱扣器；17—互感器。

图 3-44　DW$_{15}$ 型低压断路器

低压断路器的保护特性是由它们所装的脱扣器形式决定的。热脱扣器具有反时限保护特性，即断路器动作时间与过电流值的大小成反比。电磁脱扣器具有瞬时动作的保护特性，即只要过电流达到一定数值，断路器将瞬时动作；同时装有以上两种脱扣器的断路器一般配置过载长延时和短路瞬时动作的特性；还有些低压断路器具有三段保护特性，即过载长延时、短路短延时、特大短路瞬时动作，这样可以充分利用电气设备的允许过载能力，尽可能地缩小故障停电的范围。

3. 低压断路器的主要技术参数

低压断路器的主要技术参数有额定电压（对多相电路是指相间的电压值）、额定绝缘电压（断路器的最大额定工作电压）、额定电流（壳架等级额定电流用尺寸和结构相同的框架或塑料外壳中能装入的最大脱扣器额定电流表示）、额定短路电流分断能力（断路器在规定条件下所能分断的最大短路电流值）。

3.3.5　低压熔断器

1. 低压熔断器的作用、表示符号及型号表达式含义

低压熔断器广泛用于配电系统和控制系统，起过载和短路保护作用。其图形、文字符号及技术参数均同高压熔断器。低压熔断器的型号表达式为

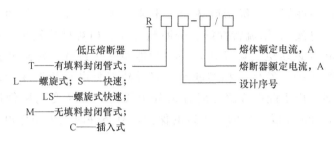

低压熔断器 R

T——有填料封闭管式；

L——螺旋式；S——快速；

LS——螺旋式快速；

M——无填料封闭管式；

C——插入式

熔体额定电流，A

熔断器额定电流，A

设计序号

2. 低压熔断器的结构、特点及适用场所

低压熔断器由熔管、熔体和底座组成。熔断器中的主要组成部分是金属熔件，由铅、锡、锑、锌、铜等金属制成，熔件制成金属丝状的称为熔丝，俗称保险丝；熔件制成片状的叫熔片。有填料的熔断器开断能力强、限流性能好，因为它用石英砂作填料，石英砂能冷却电弧、加速电弧的熄灭。RT 型、RL 型熔断器一旦熔断有显示。图 3-45（a）～（d）分别为 RM 型、RT_0 型、RL_1 型、RC_{1A} 型熔断器。此外还有引进德国技术生产的 NT、NGT 系列有填料的熔断器产品，其中 NGT 型可用于半导体器件及其成套装置的保护。

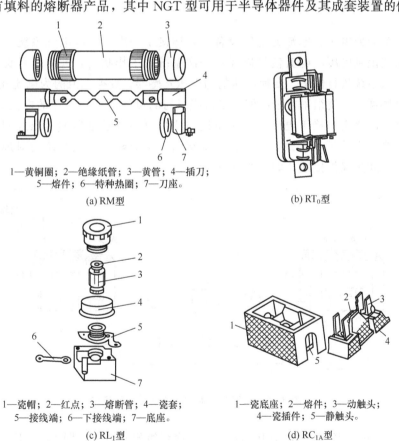

1—黄铜圈；2—绝缘纸管；3—黄管；4—插刀；
5—熔件；6—特种热圈；7—刀座。

(a) RM型

(b) RT_0型

1—瓷帽；2—红点；3—熔断管；4—瓷套；
5—接线端；6—下接线端；7—底座。

(c) RL_1型

1—瓷底座；2—熔件；3—动触头；
4—瓷插件；5—静触头。

(d) RC_{1A}型

图 3-45　RM、RT_0、RL_1、RC_{1A}型熔断器

　　熔断器具有选择性好（上级熔断体额定电流不小于下级的该值的 1.6 倍，就能有选择性地切断故障电流）、限流特性好、分断能力高、相对尺寸较小、价格较便宜等优点；但熔断器熔断后必须更换熔断体，保护功能单一，过载、短路和接地故障均采用过电流反时限特性防护；发生一相熔断时，将导致三相电动机缺相运转；不能实现遥控。因此，熔断器常用于配电线路中间各级分干线的保护及变电所低压配电屏引出的电流容量较小（如 300A 以下）的主干线的保护，有条件时也可用作电动机末端回路的保护。

3.4 互 感 器

　　互感器是变换电压、电流的电气设备，它连接了一次、二次电气系统，其主要功能是向二次系统提供电压、电流信号以反映一次系统的工作状况，并将信号提供给继电保护装置对一次系统进行保护。变换电压的为电压互感器，变换电流的为电流互感器。

　　电流互感器一次绕组串于电网，二次绕组与测量仪表或继电器的电流线圈相串联。电压互感器一次绕组并接于电网，二次绕组与测量仪表或继电器的电压线圈相并联。互感器的二次绕组必须可靠接地，当一、二次绕组击穿时降低二次系统的对地电压，以保证人身安全，此为保护接地，如图 3-46 所示。

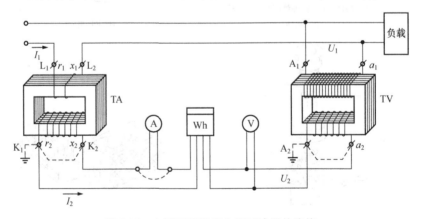

图 3-46　电压互感器和电流互感器的连接

　　L_1、L_2 与 K_1、K_2 表示电流互感器一、二次绕组的同名端，即 L_1 与 K_1 同名，L_2 与 K_2 同名，接功率型测量仪表和继电器及自动调节励磁装置时要正确接入同名端。

3.4.1　电流互感器

1. 电流互感器的作用及工作特性

（1）作用

1）供电给测量仪表和继电器等，正确反映一次电气系统的各种运行情况。

2）对低电压的二次系统与高电压的一次系统实施电气隔离，保证工作人员和设备的安全。

3）将一次电气系统的大电流变换成统一标准的 5A 或 1A 的小电流，使测量仪表和继电器小型化、标准化、结构简单、价格便宜。

（2）工作特性

电流互感器串接于电网中，但其工作原理与单相变压器相似，$K_N \ll 1$，一次绕组匝数很少，且二次侧负载阻抗很小，其归算于一次侧的阻抗远小于电网负载阻抗，因此一次电流不因二次负载的变化而变化，电流互感器正常工作状态二次侧相当于短路运行。

电流互感器二次侧决不允许开路运行，因为一旦开路，无二次侧电流去磁，一次电流全部用来励磁，铁心饱和，磁通平顶边缘部分出现很高的冲击波，如图 3-47 所示，冲击波设备绝缘、运行人员的安全。同时，磁通密度使铁损剧增而造成电流互感器严重过热，振动也相应增加。

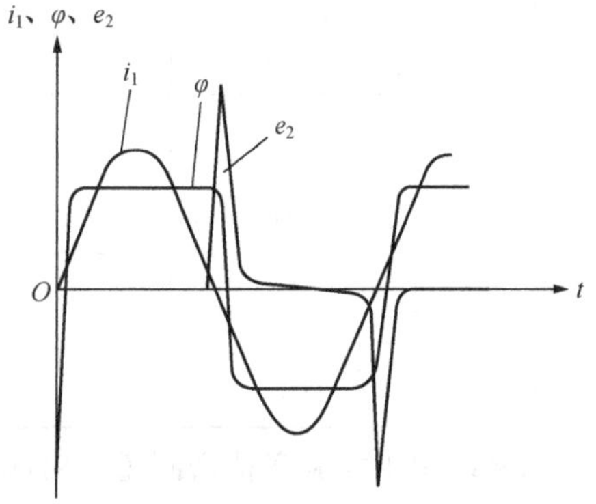

2. 电流互感器误差及准确度等级

（1）误差

电流互感器的实际变比与其铭牌上所标的额定变比之间有差别，此差别带来的电流互感器在测量电流时产生的计算值与实际值间的差值称为互感器的误差，它分为幅值误差和角误差。

图 3-47　电流互感器二次侧开路

电流互感器的幅值误差指互感器二次侧测出值按额定变比折算为一次测出值后与实际一次值之差对实际一次值的比值的百分数，即

$$f_i = \frac{K_i I_2 - I_1}{I_1} \times 100\% \tag{3.6}$$

$$K_i = \frac{I_{n1}}{I_{n2}} \tag{3.7}$$

式中，K_i——互感器额定变比。

互感器的角误差是指旋转 $180°$ 的二次侧电流相量 $\dot{I}_2'$ 与一次侧电流相量 $\dot{I}_1$ 的相角之差，以分（′）为单位，并规定二次侧相量超前一次侧相量时为正误差，反之为负误差。

例如：$\dot{K}_i = K_i \angle 0°$ ——互感器额定变比复数形式；

$\dot{K}_i' = K_i' \angle \delta_i°$ ——互感器实际变比复数形式；

则角误差为 $\delta_i°$。

通常可从制造和使用两方面考虑减少电流互感器的误差。

制造上通过提高并稳定励磁阻抗，减少漏抗。如采用高导磁率的冷轧硅钢片、增大铁心截面、缩短磁路长度和减少气隙等方法提高励磁阻抗；通过减少线圈电阻、选用合理的线圈结构与减少漏磁等减少内阻抗；按额定变比正确选择匝比。使用上则应使电流互感器的一次电流、二次负荷及功率因数在规定的范围内运行。即正确地选择互感器，使之运行在标准工况附近，以保证互感器的精度达到设计制造规范的最高等级。

（2）准确度等级

按照幅值误差百分数的大小来定义电流互感器准确度等级，如表 3-2 所示。

表 3-2 电流互感器的误差极限及对应的运行工况

准确度级次	运行条件		误差极限值	
	一次电流百分数	二次负载 $cos\varphi=0.8$，电阻变化范围	电流误差/%	角误差/(')
0.2	10	$(0.25\sim1)\ Z_{2n}$	±0.50	±20
	20		±0.35	±15
	100～120		±0.20	±10
0.5	10	$(0.25\sim1)\ Z_{2n}$	±1.0	±60
	20		±0.75	±45
	100～120		±0.5	±30
1	10	$(0.25\sim1)\ Z_{2n}$	±2.0	±120
	20		±1.5	±90
	100～120		±1.0	±60
3	50～120	$(0.5\sim1)\ Z_{2n}$	+3.0	不规定
5P	50～120	$(0.5\sim1)\ Z_{2n}$	+5.0	不规定
10P	50～120	$(0.5\sim1)\ Z_{2n}$	+10	不规定

0.2 级用于实验室精密测量（对测量精度要求较高的大容量发电机、变压器、系统干线和 500kV 宜用 0.2 级），0.5 级用于电度计量，1 级用于仪表指示，3 级用于继电保护。旧型号中的 D 级专用于差动保护，因为 D 级电流互感器一次侧通过一定数值的短路电流时可保证误差不超过 10%，满足差动保护需要。目前新型号的电流互感器将保护级分为静态保护级（P）和暂态保护级（TP），对于带有时限而且时限较长的继电保护，由于短路电流已达到稳态，只要满足稳态下的误差即可，这类保护使用静态保护级（P）的电流互感器，如 5P 和 10P 级。高压和超高压系统短路电流的时间常数大，加上快速保护的应用，要求在暂态过程中有足够的准确级，一般选择暂态保护级（TP）的电流互感器。

3. 电流互感器的分类与参数

（1）分类

电流互感器按安装地点分为户内型和户外型，按安装方式可分为穿墙式、支持式和装入式，按绝缘方式可分为油浸式、干式、浇注式，按一次绕组匝数可分为单匝式、多匝式。电流互感器的文字符号为 TA，图形符号为 ，国产型号表达式如下，型号字母的含义见表 3-3。

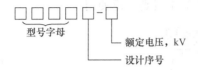

型号字母　｜　额定电压，kV　｜　设计序号

表 3-3　电流互感器的型号含义

| 第一个字母 | | 第二个字母 | | 第三个字母 | | 第四个字母 | |
字母	含义	字母	含义	字母	含义	字母	含义
L	电流互感器	A	穿墙式	C	瓷绝缘	B	保护级
		B	支持式	G	改进的	D	差动保护
		C	瓷箱式	J	树脂浇注	J	加大容量
		D	单匝式	K	塑料外壳	Q	加强型
		F	复匝式	L	电容式绝缘	Z	浇注绝缘
		J	接地保护	M	母线式		
		M	母线式	P	中频的		
		Q	线圈式	S	速饱和的		
		R	装入式	W	户外式		
		Y	低压的	Z	浇注绝缘		
		Z	支柱式				

电流互感器常用类型如图 3-48 所示。

(a) LZZJ-10　　(b) LA-10Q　　(c) LFC-10　　(d) LCWD-10　　(e) LZZBJ-10　　(f) LVQB-220

图 3-48　常用的电流互感器类型

一般 20kV 及以下电压等级制成户内式，35kV 及以上多制成户外式。穿墙式装在墙壁或金属结构的孔中，可节约穿墙套管；支持式安装在平面或支柱上；装入式是套在 35kV 及以下等级变压器或多油断路器的套管内的，其精度不高。干式用绝缘胶浸渍，适合低压户内的电流互感器；浇注式用环氧树脂浇注成型，如图 3-49 所示，35kV 及以下用得较多；油浸式多为户外型。单匝式又分为贯穿型和母线型，贯穿型自身用单根铜管或铜杆作为一次绕组，而母线型本身无一次绕组，如图 3-50 所示，其用互感器安装处的母线作为其一次绕组，通常装入式电流互感器就为母线型。一次电流较小时单匝式互感器

误差较大，所以为减小误差，额定电流在 400A 以下的均制成多匝式。多匝式按绕组结构分为"8"字形和"U"字形，"8"字形线圈电场不均匀，一般只适用于 35～110kV，"U"字形在 110kV 及以上等级中得到广泛使用。

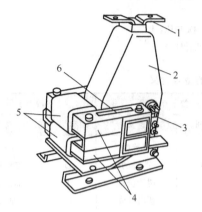

1——一次接线端子；2——一次绕组（树脂浇注）；
3——二次接线端子；4——铁心；
5——二次绕组；6——警告牌。

图 3-49　LQJ-10 型电流互感器

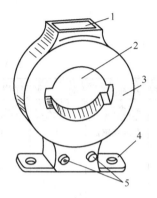

1——铭牌；2——一次母线穿孔；3——铁心
（外绕二次绕组，树脂浇注）；
4——安装板；5——二次接线端子。

图 3-50　LMZJ$_1$-0.5 型电流互感器

（2）电流互感器的参数

1）额定电压。电流互感器的额定电压 U_n 指一次绕组主绝缘所能长期承受的工作电压等级。高压电流互感器最低电压为 10kV。

2）额定电流比，即标称变比。

3）二次负荷与二次容量。同一台电流互感器对应于不同的准确度等级有不同的容量。二次容量是指对应某一准确级下，当一次电流为额定值时的二次侧额定容量 S_{2n}，即 $S_{2n}=I_{2n}^2 Z_{2n}$。由于电流互感器的二次电流为标准值（1A 或 5A），额定容量给出的往往是对应准确级下的二次负载阻抗额定值，即接入电流互感器二次负载的阻抗小于阻抗额定值时，才能达到相应的准确级。

4）级次组合。电流互感器的准确级是指在规定二次负荷范围内，一次电流为额定值时二次侧的最大电流误差百分数。每个电流互感器的二次侧设有两个或者两个以上的准确级，不同的准确级就构成电流互感器的级次组合，用户根据用途不同选择所需的级次。在电流互感器的参数中，表示级次的是一个分数，分子为第一个准确度级次，分母为第二个准确度级次等。一般两个准确级的电流互感器由测量级和保护级组成。

5）10％倍数。电流互感器的保护级用于继电保护，它反映短路状态下的二次电流，其电流误差一般不应大于 10％，也用 10％倍数表示，即在短路情况下电流互感器能满足最大的幅值误差不超过 10％时所允许的一次电流对额定一次电流的倍数。传统型号中的保护级有 B、C、D 级，D 级电流互感器在额定二次负载下所应保证的 10％倍数称为额定10％倍数。10％倍数越大，互感器过电流性能越好。保护用互感器必须有足够大的 10％

倍数才能保证继电保护不误动。图 3-51 为 10% 倍数曲线，它指的是在 $f_i\% = -10\%$ 时一次电流倍数 $n(=I_1/I_{1n})$ 与二次负载 Z_{2f} 的关系。

6）1s 热稳定倍数 K_t，代表 1s 热稳固性电流 I_t 对一次额定电流 I_{1n}（有效值）的倍数，即

$$I_t(1s) = K_t I_{1n}$$

7）动稳固性倍数 k_{es}，指动稳固性电流 i_{es} 与一次额定电流峰值之比，即

$$i_{es} = k_{es}(\sqrt{2} I_{1n})$$

电流互感器的技术参数详见附表 2-16。

4. 电流互感器的接线形式

电流互感器的常见接线方式有：

1）一台电流互感器测相电流，如图 3-52（a）所示，适合于三相负荷对称系统。

2）三台电流互感器接成 Y 形接线，如图 3-52（b）所示，用于相负荷不平衡度大的三相电流测量，监视负荷不对称情况。

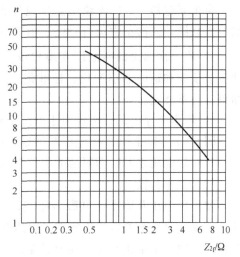

图 3-51　10% 倍数曲线

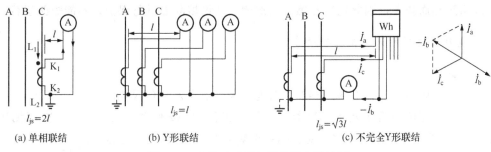

(a) 单相联结　　(b) Y形联结　　(c) 不完全Y形联结

图 3-52　电流互感器与测量仪表联结图

3）两台电流互感器接成不完全 Y 形接线，如图 3-52（c）所示，仍能测三相电流，适合于小电流接地系统。由于 $\dot{I}_a + \dot{I}_b + \dot{I}_c = 0$，则 $\dot{I}_b = -(\dot{I}_a + \dot{I}_c)$，图 3-52（c）中公共导线上的电流表所流电流即为 B 相电流。

电流互感器接线时要注意极性，其一、二次绕组的极性通常是一次侧用 L_1、L_2 标出，二次侧用 K_1、K_2 标出，用减极性原则，即当一次电流从 L_1 流向 L_2 时，二次电流从 K_1 流回到 K_2。

3.4.2　电压互感器

1. 电压互感器的作用及工作状态

（1）作用

1）供电给测量仪表和继电器等，正确反映一次电气系统的各种运行情况。

2）对低电压的二次系统与高电压的一次系统实施电气隔离，保证工作人员和设备的安全。

由于互感器一、二次绕组除接地外无电路上的联系，二次系统的工作状态不影响一次电气系统，二次正常运行时处于小于 100V 的低压下，便于维护、检修、调试。

3）将一次回路的高电压变换成统一标准的低电压值（100V、$100/\sqrt{3}$ V、100/3V），使测量仪表和继电器小型化、标准化。二次设备的绝缘水平可按低电压设计，从而结构简单，价格便宜。

4）取得零序电压，以反映小电流接地系统的单相接地故障。

图 3-57（d，f，g）中电压互感器的辅助二次绕组接成开口三角形，其两端所测电压为三相对地电压之和，即对地的零序电压。

（2）工作特性

常用的电压互感器为电磁感应式，其工作原理与电力变压器相同，容量只有几十到几百伏安，且负荷通常是恒定的。电压互感器一次侧并接于电网，$K_N \gg 1$，且二次负载阻抗很大，因而正常工作时电压互感器二次侧接近于空载状态，一次电气系统电压不受二次侧负荷的影响。

电压互感器二次绕组匝数很少，阻抗很小，运行中一旦二次侧发生短路，短路电流将使绕组过热而烧毁，因此电压互感器二次侧要装设熔断器进行保护，不能短路运行。

2. 电压互感器的误差及准确度等级

（1）误差

与电流互感器相同，电压互感器误差也分为幅值误差和角误差。

电压互感器的幅值误差指互感器二次侧测出值 U_2 按额定变比折算为一次侧测出值 $K_u U_2$ 后与实际一次侧值 U_1 之差对实际一次侧值 U_1 的比值的百分数，即

$$f_u = \frac{K_u U_2 - U_1}{U_1} \times 100\% \tag{3.8}$$

$$K_u = \frac{U_{1n}}{U_{2n}} \approx \frac{N_1}{N_2} = K_N \tag{3.9}$$

式中，K_u——电压互感器额定变比。

互感器的角误差是指旋转 180° 的二次电压相量 $-\dot{U}_2'$ 与一次电压相量 $\dot{U}_1$ 的相角之差，以分（'）为单位，并规定 $-\dot{U}_2'$ 超前 $\dot{U}_1$ 时为正误差，反之为负误差。

例如：$\dot{K}_u = K_u \angle 0°$——互感器额定变比复数形式；

$K_u' \angle \delta°$——互感器实际变比复数形式；

则此互感器的角误差为 $\delta°$。其中，K_u' 为互感器实际变比。

减少互感器的误差，通常可从制造和使用两方面考虑，方法同电流互感器。

（2）准确度等级

与电流互感器相同，电压互感器的准确度等级也按幅值误差的百分数定，见表 3-4。

表 3-4　电压互感器的误差极限及对应的运行工况

准确级次	运行条件		误差极限	
	一次电压变化范围	二次负载变化范围 $\cos\varphi = 0.8$	电压误差/%	角误差/(')
0.2	$(0.85 \sim 1.15)U_{1n}$	$(0.25 \sim 1)S_{1n}$	± 0.2	± 10
0.5	同上	同上	± 0.5	± 20
1	同上	同上	± 1	± 40
3	同上	同上	± 3	不规定

0.2 级电压互感器用于实验室精密测量，0.5 级用于电度计量，1 级用于配电屏仪表指示，3 级用于继电保护和精度要求不高的自动装置。

3. 电压互感器的分类与参数

(1) 分类

电压互感器按安装地点分为户内型和户外型，按相数可分为单相式、三相式，按每相的绕组数可分为双绕组、三绕组，按绝缘方式可分为油浸式、干式、浇注式和充气式等形式，按结构性能分为普通电磁式、串级式、电容分压式等种类。电压互感器的文字符号为 TV，图形符号为 ⊗⊢ 或 ⊝，其型号表达式同电流互感器，字母含义具体见表 3-5。常用电磁式电压互感器的类型见图 3-53。

表 3-5　电压互感器型号含义

第一个字母		第二个字母		第三个字母		第四个字母		第五个字母	
字母	含义	字母	含义	字母	含义	字母	含义	字母	含义
J Y	电压互感器	C D S	"串"级式 单相 三相	C G J R Z	"瓷"箱式 干式 油浸绝缘 电容分压式 浇注绝缘	J J	接地保护 油浸绝缘	W	户外式

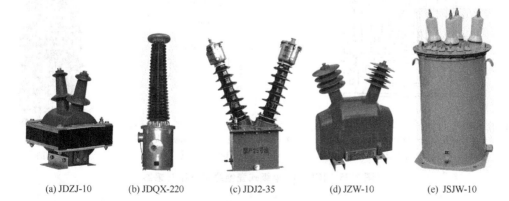

(a) JDZJ-10　　(b) JDQX-220　　(c) JDJ2-35　　(d) JZW-10　　(e) JSJW-10

图 3-53　常用的电磁式电压互感器类型

普通电磁式的电压互感器结构基本与变压器相同，一般用于 35kV 及以下电压等级，其中 6kV、10kV 可做成三相式，但铁心必须做成五柱式，边柱为零序磁通通道，可提高电压互感器的零序阻抗，限制零序电流。三相五柱式电压互感器可以反映电网单相接地故障。干式电压互感器仅用于 3～6kV 较低电压等级；浇注式电压互感器如图 3-54 所示，广泛用于 35kV 及以下户内；油浸式用于 10kV 以上户外；充气式用于 SF_6 全封闭组合电器。

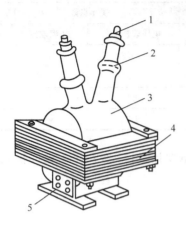

1、5——一、二次侧接线端子；2—套管；
3—树脂浇注；4—铁心。
图 3-54　JDZJ-10 型电压互感器

串级式瓷绝缘子电压互感器，如图 3-55 所示，其为油浸式电压互感器的一种，同普通油浸式电压互感器相比具有绝缘材料省、价低的优点，一般用于 110kV 及以上电压等级。其特点一为铁心分段，每段上均绕一次绕组，各段一次绕组串联于电网相、芯分级及各级地之间，二次绕组和辅助绕组一般绕在下级下段上；二为每级铁心的中点与线圈中点相连接，以降低线圈对铁心的电位差，并增设平衡绕组来保证末级下段分压系数的稳定，不使其因二次负载变化引起分压系数变化，同时可维持各段线圈电压分配的均匀性。

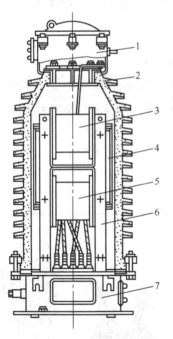

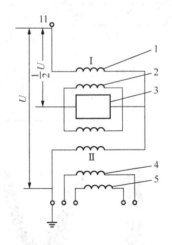

1—储油柜；2—瓷外壳；3—上柱绕组；4—铁心；　1—一次绕组；2—平衡绕组；3—铁心；
5—下柱绕组；6—支撑电木板；7—底座。　　　4—基本二次绕组；5—辅助二次绕组。

(a) 结构图　　　　　　　　　　(b) 原理接线　　　　　　(c) 实物图

图 3-55　JCC-110 串级式瓷绝缘子电压互感器

图 3-56 为电容式电压互感器，其中 L 用来稳定阻抗和分压系数，保证精度；r_d 起阻尼作用，抑制 L 饱和引起的 L、C 谐振，同时在 C_2 两端装设保护间隙 P_1 进行保护。

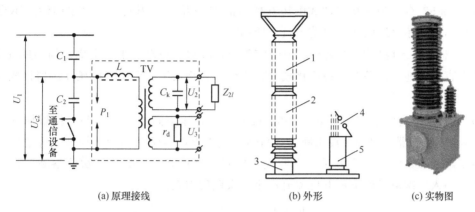

(a) 原理接线	(b) 外形	(c) 实物图

1、2—主电容；3—分压电容；4—放电间隙；5—中间变压器。

图 3-56　电容式电压互感器

电容分压式电压互感器绝缘冲击耐压强度高，体积小，价格比同电压等级的电磁式电压互感器低，故广泛用于 220kV 及以上电压等级。它由电容分压器和一个较低电压的中间电磁式电压互感器组成，除作为电压互感器外，还可兼作耦合电容器，与电力系统载波机相联，作高频载波通信用。

（2）参数

1）额定电压。电压互感器的额定电压 U_n 指一次绕组主绝缘所能长期承受的工作电压级，此外还有一次绕组额定电压 U_{1n} 和二次绕组额定电压 U_{2n}。对于单相式电压互感器可制成任意电压等级，额定值用相电压表示；三相式电压互感器只制成 10kV 及以下电压等级，额定值用线电压表示。

2）额定容量、最大容量。同一台电压互感器对应于不同的准确度等级有不同的容量。额定容量是指对应于最高准确级的容量。最大容量是按电压互感器在最高工作电压下长期工作容许的发热条件规定的。

4. 电压互感器的接线形式

电压互感器的接线方式有很多种。较常见的有如下几种：

1）用一台单相电压互感器测线电压，接线如图 3-57（a）所示，测相电压时的接线如图 3-57（b）所示。

2）两台单相电压互感器接成 V-V 接线，如图 3-57（c）所示，能测线电压和相对中性点电压。

3）三台单相电压互感器接成 $Y_0/Y_0/\triangle$ 接线，如图 3-57（d）所示。这种单相电压互感器有两个二次绕组，主二次绕组接成 Y 形，额定电压为 $100/\sqrt{3}$ V，可测相电压、线电压、相对中性点电压；辅助二次绕组接成开口三角形，可测零序电压。辅助二次绕组额定电压为 100/3V，用于小电流接地系统，当发生单相接地故障时开口三角形引出端的电压约为 100V。

4）图 3-57（e）为三相三柱式电压互感器的 Y 形接线，因其一次绕组中性点不允许接地，故不能测相对地电压，目前已较少使用。

5）三相五柱式电压互感器接线如图 3-57（f）所示，一次及主二次绕组均接成 Y 形，且中性点直接接地，辅助二次绕组接成开口三角形，相当于三台单相电压互感器接成 Y_0/Y_0/△接线。

6）电容式电压互感器接线如图 3-57（g）所示，作用同图 3-57（d），仅增加电容分压器。35kV 互感器一次侧装设熔断器，110kV 及以上电压熔断器制造较难且价格贵，故通常不设熔断器，仅设隔离开关。电容式电压互感器检修时需拔掉二次侧熔断器，以免其他低压串入二次侧后经电压互感器升压至一次侧后伤人。

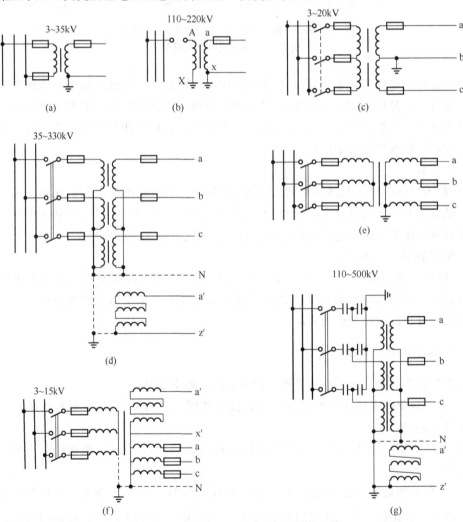

图 3-57　电压互感器接线方式

3.4.3　光电式电流互感器

随着电力系统电压等级的不断升高和传输容量的不断增大，传统电磁式电流互感器的缺点越来越明显，如绝缘结构复杂，动态测量范围小、频带窄、易受电磁干扰、故障电流下铁心易饱和及存在磁滞现象等。因此，日本、德国、美国等科技发达国家率先将注意力集中在光学传感技术上，应用光电子学的方法来解决电磁式互感器上述的弱点，推出光电式互感器，本节简要介绍光电式电流互感器（optical current transformer，OCT）。

光电式电流互感器是指采用光学原理器件做被测电流传感器的电子式电流互感器。一束偏振光在磁场作用下产生偏振角，该偏振角的大小与磁场强度成正比，而磁场是由电流产生的，所以电流与偏振角成线性关系，通过偏振角可以测量电流值。光电式电流互感器种类很多，有磁光玻璃光电互感器、全光纤光电互感器、混合型光电互感器（有源式光电互感器）等，分别利用光强、偏振态、波长等的变化来测量电流。

磁光玻璃光电互感器的一次传感器为磁光玻璃，不需电源供电。传感头一般用法拉第磁光效应原理制成，根据光波行进中，在由一次电流形成的磁场中引起的光偏转，由底部的电子装置检测原光信号和偏转后的光信号差异，计算出一次电流值。无源结构的优点是结构简单，且完全不采用传统的电磁感应元件，无饱和问题，充分发挥了光电式电流互感器的特点。其高压侧无源电子器件，无温度稳定问题，互感器运行寿命容易保证。其缺点是光学器件制造难度大，磁光玻璃尺寸受限，导致测量灵敏度不高，且长期稳定性不高。

全光纤光电互感器实际上也是无源型，其传感头用全光纤代替了磁光玻璃，结构简单，采用高灵敏度不受干扰的萨格纳克效应（Sagnac 干涉原理），可靠性好，灵敏度高，应用灵活，稳定性高，缺点是这种互感器的光纤是保偏光纤，比普通光纤品质高，要制造出高稳定性的光纤很难，工艺要求高，且造价昂贵。

混合型光电互感器（有源型光电互感器）虽然在高压部分需要有源的电子线路，但不需特殊的功能性光纤和其他光学元件，再加上电子技术的发展使集成电子元件的精度和温度稳定性都有了很大提高，对电源容量要求大幅度下降，而且体积小、寿命长、价格低，使混合型光电互感器实用性大大增强。混合型光电互感器在高压侧采用特制罗氏线圈采样，将被测母线电流转换成电压信号，该电压信号为模拟量，经过 A/D 转换成数字信号，用电光转换电路（E/O）将此数字信号转变为光信号，然后通过光纤传递到低压侧，再由低压侧的光电转换器件（O/E）和数模转换器件（D/A）将其转换成电信号后放大输出。混合型光电互感器高压侧电子装置电源一般由锂电池供给，或底部送强光束，由光电池产生电源，也有由高压电、磁场激励感应供电。其优点是结构简单，稳定性好，可靠性高；缺点是取样信号顶部结构复杂。

与传统的电磁感应式电流互感器相比，光电式电流互感器具有以下一系列优点。

（1）绝缘性能优良，造价低

电磁感应式电流互感器高压侧与二次侧之间通过铁心磁耦合。它们之间的绝缘结构复杂，其造价随电压等级呈指数关系上升。而在 OCT 中，高压侧信息是通过由绝缘材料做成的玻璃光纤而传输到低压侧的，其绝缘结构简单，造价一般随电压等级升高呈线性增加。

（2）消除了磁饱和现象

传统电磁式电流互感器在系统短路特别是非周期分量尚未衰减时开关跳闸，或大型变压器空载合闸后，互感器铁心将保留较大剩磁，铁心严重饱和使互感器暂态性能恶化，二次电流不能正确反映一次电流从而导致保护拒动或误动；但光电式电流互感器一般不用铁心做磁耦合，因此消除了磁饱和及铁磁谐振现象而使互感器运行暂态响应好、稳定性好，保证了系统运行的高可靠性。

（3）抗电磁干扰性能好，低压侧无开路高压危险。

电磁感应式电流互感器二次回路不能开路，低压侧存在开路高电压危险。而光电式电流互感器的高压与低压之间只存在光纤联系，光纤具有良好的绝缘性能，因此可保证高压回路与二次回路在电气上完全隔离，低压侧没有因开路而产生高压的危险，同时因没有磁耦合，消除了电磁干扰对互感器性能的影响。

（4）暂态响应范围大，测量精度高

电网正常运行时，电流互感器流过的电流并不大，但短路时电流很大。电磁感应式电流互感器因存在磁饱和问题，难以实现大范围测量，并在一个通道同时满足高精度计量和继电保护的需要。光电式电流互感器有很宽的动态范围，一个测量通道额定电流可测几十安培至几千安培，过电流范围可达几万安培。因此既可同时满足计量和继电保护的需要，又可免除电磁感应式电流互感器多个测量通道的复杂结构。

（5）频率响应范围宽

光电式电流互感器传感头部分的频率响应取决于光纤在传感头上的渡越时间，实际能测量的频率范围主要取决于电子线路部分，频率响应范围很宽，可以测出高压电力线路上的谐波，还可进行暂态电流、高频大电流与直流电流的测量。而电磁式电流互感器是难以进行这诸多方面工作的。

（6）体积与质量小，便运输安装

光电式电流互感器的传感头本身质量一般小于 1kg。据美国西屋公司公布的 345kV 的 OCT，其高度为 2.7m，质量为 109kg（而同电压等级的油浸式电流互感器高为 5.3m，质量达 2300kg）。

（7）适应电力计量与保护数字化、微机化和自动化发展的潮流

光电式电流互感器能够直接提供数字信号给计量、保护装置，有助于二次设备的系统集成，加速整个变电站数字化和信息化建设进程，引发电力系统自动装置和保护的重大变革。

当然，目前光电式电流互感器还存在加工要求高、对温度和振动比较敏感等问题需要克服。但随着产业化发展，光电式电流互感器凭借其自身优点，必将在电力系统中发挥越来越重要的作用，技术不断完善，以适应日趋广泛采用的微机保护、电力计量数字化及自动化发展的潮流。

载流导体与绝缘子

3.5.1　载流导体

在发电厂、变电所中连接电器设备的载流导体各种各样，如母线和电缆。

1. 母线

在发电厂变电所各级电压配电装置中，将发电机、变压器与各种电器连接起来的裸导体称为母线。母线也称汇流排，起汇集、分配和传送电能的作用。

母线有软、硬之分。软母线一般用于 35kV 以上屋外配电装置中。软母线常用种类为多股铜绞线或钢芯铝绞线；硬母线多用于 20kV 及以下屋内外配电装置中。硬母线按材料可分为硬铜母线、硬铝母线、铝合金母线等，按截面形状分为矩形母线、圆管形母线及槽形母线。

（1）母线的材料

母线的材料有铜、铝、钢三种。

铜的电阻率低、强度大、抗腐蚀性强，是很好的导电材料，但我国铜储量不多，且铜价高，所以硬铜母线仅用在持续工作电流大或有腐蚀的环境。

铝的电阻率为铜的 1.7～2 倍，密度只有铜的 30%，性能比铜差，但其储量丰富，价廉，所以一般常采用硬铝母线或铝合金母线。

钢的机械强度高，但其电阻率比铜大 7 倍，用于交流电路中易产生磁滞涡流损耗，易生锈，只适用于高压小容量电路或电流在 200A 以下的低压及直流电路中，一般用它作接地装置中的接地线。

（2）母线的截面形状

矩形导体散热条件较好，便于固定和连接，但集肤效应较大。为避免集肤效应系数过大，单条矩形截面最大不超过 1250mm²。当工作电流超过最大截面单条导体允许载流量时，可将 2～4 条矩形导体并列使用，但多条导体并列的允许电流并不成比例增加，故一般避免采用 4 条矩形导体并列使用。矩形导体一般只用于 35kV 及以下、电流在 4000A 及以下的配电装置中。槽形导体机械强度高，载流量大，集肤效应系数较小，一般用于 4000～8000A 的配电装置中。圆管形导体集肤效应系数小、机械强度高，管内可以通风、通水冷却，因此可用于 8000A 以上的大电流配电装置中；同时，圆管形导体表面光滑，电晕放电电压高，故可用于 110kV 及以上的配电装置中。

（3）母线的型号表达式

小型水电站中常用矩形母线，其型号表达式为

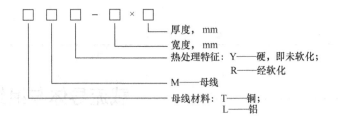

厚度，mm
宽度，mm
热处理特征：Y——硬，即未软化；
　　　　　　R——经软化
M——母线
母线材料：T——铜；
　　　　　　L——铝

（4）母线的布置与固结

图 3-58 为矩形导体常见的三种布置方式。图 3-58（a）矩形竖放，散热较好，载流量大，但机械强度低；图 3-58（b）平放，散热差，载流量小，但机械强度高；图 3-58（c）为三相母线垂直布置，其虽比图 3-58（a）、（b）易观察，但配电装置的高度有所增加。对于手车式高压开关柜，为了减小柜体尺寸，母线还采用三角形布置。总之，母线的布置方式应根据载流量的大小、短路电流水平和配电装置的具体情况而定。

矩形母线是用母线金具固定在支柱绝缘子上的，为避免母线热胀冷缩对支柱绝缘子产生较大的附加作用力，当矩形母线长度在 20～30m 时母线间应加装伸缩补偿器，以消除温度变化引起的危险应力。补偿器由厚度为 0.2～0.5mm 的薄片叠成，叠成后的截面应尽量不小于所连母线截面的 1.25 倍，材料与母线相同。当母线厚度小于 8mm 时，可直接利用母线本身弯曲的办法使其得以伸缩。

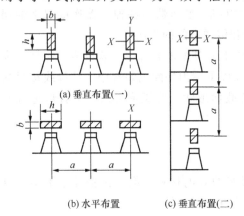

(a) 垂直布置(一)

(b) 水平布置　　(c) 垂直布置(二)

图 3-58　矩形导体的布置方式

（5）母线的着色

硬母线安装完后要刷漆，其目的是便于识别交流相序和直流极性。着色后还可增加母线热辐射能力，提高其载流量，并能防止氧化腐蚀。

一般母线着色标志：交流 A 相漆成黄色，B 相漆成绿色，C 相漆成红色。直流正极漆成红色，直流负极漆成蓝色。不接地的中性线漆成白色，接地的中性线漆成紫色。

软母线不需着色。

（6）封闭母线

封闭母线指用非磁性金属材料（一般用铝合金）制成外壳，将母线封闭起来。在敞露式母线运行不可靠时使用。

封闭母线由载流导体、壳体和绝缘材料组成，按结构上的不同分为不隔相、隔相式共箱封闭母线和分相封闭母线，如图 3-59 所示。

共箱封闭母线主要用于单机容量为 200MW 及以上机组的发电厂的厂用回路和励磁回路。共箱封闭母线外壳宜采用多点接地，以降低外壳感应电压。

分相封闭母线沿母线全长度方向的外壳在同一相内（包括分支），在封闭母线各终端通过短路板将各相外壳连成通路，起屏蔽作用。分相封闭可减少接地故障，避免相间短路；外

(a) 不隔相共箱封闭母线　　(b) 隔相式共箱隔闭母线　　(c) 分相封闭母线

图 3-59　封闭母线

壳屏蔽既可以解决钢构感应发热问题，也可使外部短路时母线间的电动力大大降低。分相封闭母线主要用作从发电机出线端子开始到主变压器低压侧引出端子的主回路母线和自主回路母线引出至厂用高压变压器和电压互感器、避雷器等设备柜的各分支线。

分相封闭母线的主要缺点：由于环流和涡流的存在，外壳将产生损耗；有色金属消耗量大；母线散热条件差。

2. 电力电缆

电力电缆是传送和分配电能的一种非裸露的特殊导线，具有防腐、防潮、防损伤、不易故障、布置紧凑等优点，但其具散热差、载流量小、有色金属利用率低、价格贵、故障查找和修复较困难等缺点。电力电缆多用于水电站、变电所中厂用电设备和直流设备的连接，单机容量较小的水电站中发电机、变压器与配电装置间的连接，城市的地下电网、工矿企业内部的供电以及过江、过海峡的水下输电线。电缆头的文字符号为 X，图形符号为 ⊸。

（1）电缆的型号表达式

电缆的型号表达式为

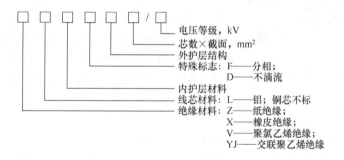

电压等级，kV
芯数×截面，mm^2
外护层结构
特殊标志：F——分相；
　　　　　D——不滴流
内护层材料
线芯材料：L——铝；铜芯不标
绝缘材料：Z——纸绝缘；
　　　　　X——橡皮绝缘；
　　　　　V——聚氯乙烯绝缘；
　　　　　YJ——交联聚乙烯绝缘

（2）电缆的结构、类型

电缆由导线、绝缘层和保护层三部分组成，如图 3-60 所示。导线材料可用铝或铜，一般用铝，由经过退火处理的多股细单线绞合而成；绝缘层用来保证各线芯之间及线芯与地面间的绝缘，绝缘材料有油纸、橡胶、塑料等；保护层分为内护层和外护层，内护层保护绝缘层不与空气、水分和其他物体接触，有铅包、铝包和聚氯乙烯包三种。外护层用来保护内护层不受外界机械损伤和化学腐蚀，一般由防腐层、内衬垫层、铠装层和外被层组成。

电力电缆的品种繁多，按芯数分为单芯、双芯、三芯和四芯几种，三相交流系统用

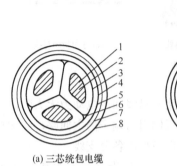
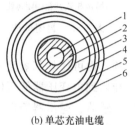
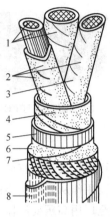

(a) 三芯统包电缆　　　　　(b) 单芯充油电缆　　　　　(c) 三芯钢带铠装电缆

1—导体；2—芯绝缘；3—黄麻填料；4—带绝缘；5—包皮；6—纸带；7—黄麻保护层；8—钢铠。

图 3-60　电缆结构

三芯，单相交流系统或直流系统用双芯，380/220V 系统采用四芯。中低压型（一般指 35kV 及以下）有黏性浸渍纸绝缘电缆、不滴流电缆、聚氯乙烯电缆、聚乙烯电缆、交联聚乙烯电缆、天然橡皮绝缘电缆、丁基橡皮电缆、乙丙橡皮电缆等；高压型（一般指 110kV 及以上）有自容式充油电缆、钢管充油电缆、聚乙烯电缆和交联聚乙烯电缆等。现在常用的是交联聚乙烯电缆。

（3）电缆的连接

为防潮气侵入电缆端部，造成绝缘下降，电缆线路中必须配置各种中间连接盒和终端接头盒（又称电缆头），如图 3-61 所示。中间连接盒用于两段电缆互连，电缆头用于电缆与设备连接。在实际工程中，电缆头由于电场分布复杂，而且需要在现场施工，工艺条件差，成为电缆线路中薄弱环节，所以必须在设计、制造、安装施工和使用维护中充分重视。

图 3-61　电缆头

3.5.2　绝缘子

绝缘子被广泛用于发电厂和变电所的户内外配电装置、变压器、开关电器及输配电线路中，用来固定和支持裸导体，保证裸导体的对地绝缘及其在短路电流通过时的动稳固性，因此要求绝缘子有足够的绝缘强度和机械强度，并能在高温、潮湿、污秽等恶劣环境下安全运行。

绝缘子通常是以电瓷作为绝缘体，故又称为瓷瓶。为提高绝缘子的绝缘强度，常在瓷表面涂一层釉；瓷表面做成高低凹凸的裙边，以增长沿面放电距离；或做成一层层伞形，以阻断雨水。绝缘子的机械强度通常是靠增大有效直径来实现的。

绝缘子按装设地点分为户内式和户外式，按用途分为电站绝缘子、电器绝缘子和线

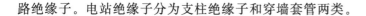

路绝缘子。电站绝缘子分为支柱绝缘子和穿墙套管两类。

1. 支柱绝缘子

支柱绝缘子按安装地点又有户内、户外之分。户内支柱绝缘子主要由瓷件、铸铁底座和铸铁帽用水泥胶合剂胶装组成。户内支柱绝缘子按照金属附件对磁件的胶装方式分为外胶装、内胶装和联合胶装三种，外胶装是指上下金属附件胶装在空心磁件外面，安装方便但金属耗量大，已较少采用；内胶装是指上下金属附件胶装在空心磁件磁孔内，金属耗量少但安装不便；联合胶装是指上金属附件胶装在空心磁件磁孔内，下金属附件胶装在空心磁件外面，性能介于前两者之间，使用较广，如图 3-62 所示。

户外支柱绝缘子分为针式和棒式两种，现多采用棒式结构。图 3-63 所示为户外实心棒式绝缘子，其磁件为实心结构，上下金属附件均为外胶装，具有质量小、尺寸小、不易老化、不易击穿、维护工作量小的特点，并可多件叠装用于更高电压等级。

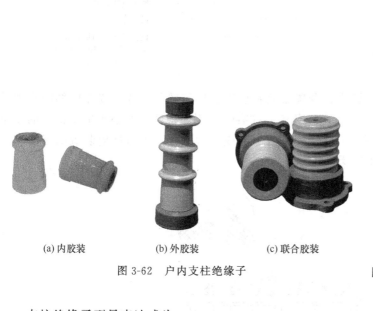

(a) 内胶装　　(b) 外胶装　　(c) 联合胶装

图 3-62　户内支柱绝缘子

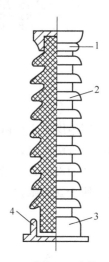

1—上附件；2—瓷件；
3—下附件；4—胶合剂。

图 3-63　户外实心棒式绝缘子

支柱绝缘子型号表达式为

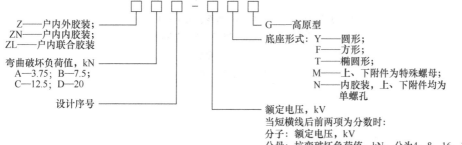

Z——户内外胶装；
ZN——户内内胶装；
ZL——户内联合胶装

弯曲破坏负荷值，kN
A—3.75；B—7.5；
C—12.5；D—20

设计序号

G——高原型
底座形式：Y——圆形；
F——方形；
T——椭圆形；
M——上、下附件为特殊螺母；
N——内胶装，上、下附件均为单螺孔

额定电压，kV
当短横线前后两项为分数时：
分子：额定电压，kV
分母：抗弯破坏负荷值，kN，分为 4、8、16、30

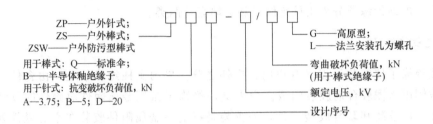

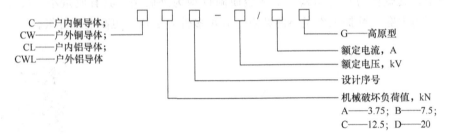

2. 套管绝缘子

套管绝缘子又称穿墙套管，用于高压配电装置带电导体穿过与其电位不同的隔板或墙壁处，起绝缘与支撑作用，其型号表达式为

套管绝缘子主要由空心瓷壳、金属法兰和载流芯柱三部分组成，瓷壳中部用水泥胶合剂固定着法兰盘，如图 3-64 所示。载流芯柱有铜、铝两种，还有小水电不常用的不带载流芯柱的母线式套管。铜、铝载流芯柱为圆形或矩形截面，可与配电装置的母线直接相连，便于安装维护，使用广泛。

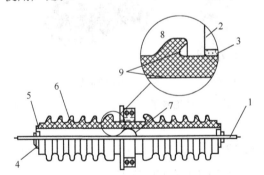

1—载流导体；2—法兰；3—水泥胶合剂；4—端帽；
5—固定开口销；6—瓷套；7—弹簧片；
8—大裙；9—导电层。

图 3-64　套管绝缘子

实例电站电气一次设备应用分析

结合附录 1 的附图 1-1 实例电站电气主接线图与附图 1-2 实例电站 10kV 高压开关柜订货图一起分析。

3.6.1 开关设备应用分析

发电机回路所选开关为富士电机公司 HS 型中压真空断路器,体积小、质量小,开断性能稳定,电机弹簧操作方式在确保稳定的电气机械特性的同时可减小合闸操作电流,使用方便且安全可靠。其型号表达式含义为

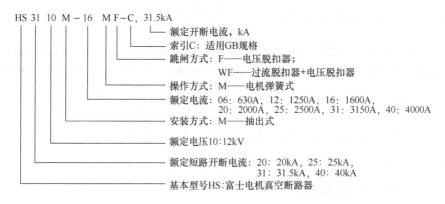

主变压器 110kV 侧则选用了 LW_{36}-126/T3150A-40kA 型六氟化硫断路器,型号表达式含义参看第 3.2 节中国产断路器型号说明。该断路器为三相磁柱式单断口结构,灭弧室采用热膨胀加辅助压气自能灭弧技术,配新型弹簧操作机构,额定短路开断电流达40kA,累计开断次数可达 20 次,产品具有开断性能好、电寿命长,操作功小、噪声低、可靠性高、价格适中,结构紧凑、轻巧,现场安装调试方便的优点。

励磁回路选用国产隔离开关 GN_{19}-10/1250,GN_{19} 系列用于在有电压无负荷的情况下合、分电路,其适用于户内 12kV 三相交流 50Hz 的电力系统中,额定电流分别有 400A、630A、1000A、1250A 等规格。主变压器低压侧也选用国产隔离开关,型号为 GN_{22}-10/4000-50,它属于大电流隔离开关系列产品,额定电流达到 4000A。110kV 线路侧采用 GW_4-110D/630 型带接地刀户外使用的隔离开关,使用方便可靠。

发电机出口电压互感器回路和发电机母线电压互感器避雷器回路熔断器选用专门保护户内电压互感器,电流为 0.5A 的 RN_2-10 型;1 号厂用变压器回路熔断器选用专门保护变压器的 SDLJ 型熔断器,额定电压为 12kV,熔断器额定电流 63A,熔体额定电流31.5A。2 号厂变从 10kV 线路引接,其高压侧选用专用于户外跌落式 RW_{10}-10F/100,

25A 型熔断器，熔断器额定电流为 100A，熔体额定电流达到 25A。

3.6.2 互感器应用分析

发电机中性点侧电流互感器选用 AS12/185h/2，10P20/10P20，2000/5A 型。发电机出口电流互感器选用 AS12/185h/2，0.5/10P20/10P20，2000/5A 型。AS 型为引进德国技术的新型电流互感器，其性能与国产 LZZB 型环氧树脂浇注绝缘全封闭支柱结构电流互感器相当，适用于中置式开关柜或其他型式开关柜中，在额定频率为 50Hz、额定电压为 10kV 及以下的电力系统中作电流、电能测量及继电保护用。

主变压器低压侧回路电流互感器选用母线式浇注绝缘保护用电流互感器 LMZB$_6$-10，10P20/10P20，4000/5A 型，主变压器高压侧套管中选用装入式改进型电流互感器 LRG-110，200～400/5A 和 LRGB-110，200～400/5A 型；110kV 线路侧电流互感器选用 LB$_6$-110，10P15/10P15/0.5/0.2S，2×400/5A 型，主变压器中性点侧采用 LJW$_1$-100/5A 型电流互感器，为油浸式户外流互，价格便宜。

发电机出口电压互感器选用 REL-10，$\frac{10}{\sqrt{3}}/\frac{0.1}{\sqrt{3}}/\frac{0.1}{3}$ kV 和 RZL-10，10/0.1kV 型。REL-10 型相当于国产 JDZX-10 型，RZL-10 型相当于国产 JDZ-10 型，均为单相环氧树脂浇注绝缘全封闭结构，尺寸小、质量小，适用于任何位置、任意方向安装，分别供测量、同期、保护使用；110kV 线路侧压互采用 TYD110/$\sqrt{3}$-0.01H，$\frac{110}{\sqrt{3}}/\frac{0.1}{\sqrt{3}}/\frac{0.1}{\sqrt{3}}/0.1$ kV 型，其为叠装式结构，电容分压器与电磁单元为独立体，具有瞬变响应速度快并能可靠地阻尼铁磁谐振等优点。

3.6.3 其他电气设备应用分析

发电机回路采用 GFM-10/2000 全封闭共箱母线连接；发电机 10.5kV 汇流主母线采用两根截面为 $100×10mm^2$ 的矩形硬铜母线并联，主变压器低压侧采用 GFM-10/4000 全封闭共箱母线连接；发电机励磁回路采用 YJV$_{22}$-10-3×120 型电缆连接，其为 10kV 带铠装交联聚乙烯三芯电缆，每芯截面面积为 $120mm^2$。

10.5kV 母线和主变压器低压侧采用 JPB-HY5CZ1-12.7/41×29 型三相组合式过电压保护电器保护，其核心元件是 HY5CZ1 型氧化锌避雷器。

110kV 侧避雷器采用 Y10W1-108/281 型，其为无间隙氧化锌避雷器，冲击放电电流为 10kA，额定电压为 108kV，雷电冲击残压为 281kV。

主变压器中性点采用 MT-ZJB-110 型变压器中性点间隙接地保护装置，当系统出现过电压（大气过电压、操作过电压、谐振过电压等）时，间隙被击穿时由零序保护动作（通过零序电流互感器 LRGB-35，100～300/5A），间隙未被击穿时由过电压保护动作（通过避雷器 Y1.5W-72/176），切除变压器。

主变压器低压侧回路还用了 EK6，10kV 型接地开关，作为 10kV 高压设备检修时接地保护。

思考与练习

3-1 电弧是怎样产生的？对开关电器会有何不良后果？

3-2 开关设备的灭弧方法主要有哪些？试一一举例。

3-3 高压断路器的作用是什么？它分为哪几种类型？

3-4 油断路器的主要优缺点是什么？其应用前景如何？

3-5 真空断路器的主要优缺点是什么？它适合在哪些场所使用？

3-6 六氟化硫断路器的主要优缺点是什么？它适合在哪些场所使用？

3-7 试调查并回答现今水电站中高压开关常用类型有哪些？有何原因？

3-8 试说出型号表达式 ZN_{28A}-10/31.5-40 中各符号的含义。

3-9 断路器的操作机构的作用是什么？有哪几种类型？

3-10 试调查并回答现金水电站中各种高压开关常配用哪些操作机构？为什么？

3-11 高压隔离开关的作用是什么？它和断路器有何本质区别？

3-12 试说出型号表达式 GN_{19}-10C/1250 中各符号的含义。

3-13 熔断器的作用是什么？常用的高压熔断器有哪些？常用的低压熔断器有哪些？

3-14 常用的低压开关有哪些？它们各自的作用是什么？

3-15 断路器各项参数的含义是什么？

3-16 你家里用了哪些低压开关？你知道自动空气开关与漏电保安器的区别吗？

3-17 智能开关还可以如何发展？

3-18 电流互感器和电压互感器的作用是什么？二者在一次电路中如何连接？

3-19 电流互感器和电压互感器的基本工作原理与电力变压器有何异同？

3-20 为什么电流互感器的二次电路在运行中不允许开路，电压互感器的二次电路在运行中不允许短路？

3-21 为什么互感器会有测量误差？有哪几种测量误差？

3-22 什么叫电流互感器的额定二次阻抗？什么叫电压互感器的额定容量和最大容量？运行中应注意什么？

3-23 什么叫电流互感器的 10％倍数及其 10％倍数曲线？这个指标有何用处？

3-24 110kV 及以上的电磁式电压互感器为何做成瓷套串级式？串级式有何优点？电流互感器是否也可采用串级式结构？

3-25 电压互感器一次绕组中性点不接地时，为何不能测量相对地电压？电压互感器二次绕组能否用某相接地来代替二次绕组中性点接地？该接地点应设在熔断器前面还是后面？

3-26 在三相五柱式电压互感器的接线中，一次侧和二次侧中性点为什么都需要接地？不接地可以吗？

3-27 为什么三绕组电压互感器的辅助绕组的额定电压有 100/3V 与 100V 两种？

3-28 哪些场合用电流互感器的不完全 Y 形接线？为什么？

3-29 互感器准确度等级表示什么意思？有哪几种级别？适用范围如何？

3-30 硬母线与电缆有何区别？各适用何种场合？

3-31 试述绝缘子参数 A、B、C、D 的含义。

3-32 支柱绝缘子与套管绝缘子有何本质区别？

3-33 本书水电站实例所用的一次设备各有何特点？

4 单元

发电厂变电所电气一次接线

>>>>>

◎ **学习任务**

掌握发电厂变电所电气一次接线的常用形式、特点，为专业典型工作任务之电气一次系统安装调试、维护、改造与设计和电气运行分析及调度打基础。

◎ **重点知识**

1. 电气主接线定义、基本要求、类型。

2. 单母线接线特点、适用场所。

3. 双母线接线特点、适用场所。

4. 桥形接线和角形接线的特点、适用场所。

5. 单元接线的特点、适用场所。

6. 自用电定义、自用电率、自用电引接原则。

7. 自用电接线常用形式。

◎ **难点知识**

1. 单母线接线与扩大单元接线的区别。

2. 双母线接线工作母线检修的倒闸操作的主要步骤。

3. 内桥接线与外桥接线的不同特点。

4. 厂用变压器明备用与暗备用的区别。

◎ **可持续学习**

主接线形式可以如何变化以适应电力生产发展。

发电厂变电所电气一次接线包括电气主接线和自用电（厂用电）接线两部分。

电气主接线概述

4.1.1　电气主接线的定义及应用

如附录1的附图1-1实例电站电气主接线图所示，电气主接线指的是发电厂、变电所中生产、传输、分配电能的电路，也称为一次接线。电气主接线图就是将发电机、变压器、母线、开关电器、输电线路等有关电气一次设备，按其作用和生产顺序连接起来，并用国家统一的图形文字符号表示生产、输送、分配电能的电路图。

因为电气设备每相结构一般都相同，所以电气主接线一般以单线图表示，即只表示电气设备一相的连接情况，局部三相配置不同的地方画成三线图（如实例主接线图上电流互感器的配置）；在电气主接线图上还应标出设备的型号和主要技术参数。

通常将整个电气装置的实际运行情况作成模拟主接线图，称为操作图，老电站一般贴在中控室墙上，在操作图上仅表示主接线中的主要电气设备，图中的开关电器对应的是实际运行的通断位置。当改变运行方式时，运行值班人员应根据操作电路图准确地进行倒闸操作，操作后在操作图上及时更改开关位置。当设备检修需挂接地线时，也应在操作图上按实际挂接地线的位置放上接地线标志。目前实行计算机监控的电站，则在上位机屏幕上显示模拟主接线图。

4.1.2　对电气主接线的基本要求

电气主接线是整个发电厂、变电所电气部分的主体。电气主接线方案关系到发电厂、变电所电气设备的选择、配电装置的布置、继电保护和自动装置的确定，直接影响电气部分投资的大小，直接关系电力系统的安全、稳定、灵活、经济运行。电气主接线图还是电气运行人员进行各种操作和事故处理的重要依据。因此，在拟定主接线时，必须结合具体情况，考虑综合因素，在满足国家经济政策前提下，力争使其技术先进、安全可靠、经济合理。对电气主接线的基本要求：满足系统和用户对供电可靠性和电能质量的要求；具有一定的运行灵活性，能适应正常工作、事故、检修等运行方式的要求；力求简单清晰，操作方便；节省基建投资与年运行费，经济性好；能适应发展扩建的要求。

1. 根据系统和用户的要求，保证电能质量和必要的供电可靠性

电压的大小、频率偏移、电压波形的畸变率等均为衡量电能质量的基本指标，主接线应在各种情况下都能满足这方面的要求，即其偏移量和畸变率均应在允许的变动范围

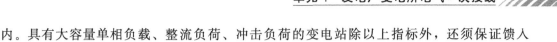

内。具有大容量单相负载、整流负荷、冲击负荷的变电站除以上指标外，还须保证馈入电网的负序分量、谐波分量要满足国家要求。

停电不仅是发电厂的损失，给国民经济带来的损失更甚，严重的会导致人员伤亡、设备损坏、产品报废、生活混乱。但在考虑主接线的供电可靠性时，也并不是可靠性越高越好。对于不同的系统和用户，其可靠性要求也不同。确定主接线可靠性时应有针对性，即满足对象自身对可靠性的要求。因此，分析主接线可靠性时，要考虑发电厂或变电所在电力系统中的地位和作用、供电负荷的性质、设备的可靠性等。

衡量主接线的可靠性的客观标准是运行实践，它既包括实践经验也包括定性、定量分析，即分析发电厂、变电站全部停运的可能性，母线故障或检修时停电范围的大小和停电时间的长短，断路器检修时停电回路数的多少和停电时间的长短。而且随新技术、新设备的使用，原来不可靠的接线可能会变为可靠的接线，所以要以发展的眼光看待主接线的可靠性。

2. 接线简单、操作简便、运行灵活、维护方便

设计任务书时，在满足可靠性的前提下，主接线应尽可能简化，尽量减少电压等级和出线回路数，力求设备切换所需的操作步骤最少，以减少误操作的可能性。同时，电气设备的数目也不能过多，过多也常引起事故的增多，并给维护工作带来不便。灵活性是指接线应具有适应一定运行情况的灵活性，能满足系统所要求的各种运行方式的需要，而且接线中的一部分元件检修时也不应扩大停电范围，并应保证检修工作的安全。

3. 技术先进、经济合理

设计主接线时，应尽量采用已成熟的先进技术和新型电气设备。在满足必要的供电可靠性、电能质量和运行灵活性等要求的前提下要做到经济合理，主要表现在：

节约投资，如主接线简单清晰，节省一次电气设备，相应的控制、保护不能太复杂，节省二次设备与控制电缆等；能限制短路电流，以便于选择轻型电器等。

占地面积小，如尽量采用三相变压器而不用或少用三台单相变压器组，主接线方案便于节约配电装置占地等。

年运行费用少，年运行费用包括电能损耗费、折旧费及大修费、日常小修的维护费等。电能损耗主要由变压器引起，因此要合理选择主变压器的形式、容量、台数及避免两次变压而增加损耗。

4. 具备将来发展和扩建的可能性

随着国民经济不断发展，已投产的发电厂和变电站经过一段时间后往往需要扩建，所以在设计主接线时应适当留有余地，为将来的发展创造条件，如采用过渡接线、预留位置等。

电气主接线的基本形式

发电厂、变电站的主接线连接的主体是进线（电源）和出线（负荷或称为用户），二者的连接构成传输、分配电能的电路。当主接线中同一个电压等级的进出线数目比较多时（一般超过四回），需要设置母线作为中间环节。母线也称为汇流母线，在有母线的接线形式中母线起着汇集和分配电能的作用。若进出线数目少，而且是不会再扩建发展的电气主接线，可以不设置母线。根据是否有母线电气主接线的形式可以分为有母线和无母线两大类型。有母线的接线方式有单母线、双母线接线、3/2 接线等，无母线的接线方式有桥形接线、角形接线、单元接线等。

4.2.1 有母线的基本接线形式

1. 单母线接线

（1）不分段的单母线接线

图 4-1 为不分段的单母线接线，其汇流主母线 W 只有一条，在各支路中都装有断路器和隔离开关。断路器用来接通和切断正常电路，故障时切除故障部分，保证非故障部分正常运行。隔离开关的作用是在停电检修时隔离带电部分和检修部分，形成明显的断开点，保证检修工作的安全。

隔离开关无专门灭弧装置，不能作为操作电器。隔离开关和断路器在正常运行操作时必须严格遵守操作顺序，隔离开关必须"先合后开"或在等电位状态下进行操作。如 L1 线路停电检修时，操作步骤如下。

1）先打开断路器 QF_2 并确定其确实处在断开位置。

2）打开负荷侧隔离开关 QS_3。

3）打开母线侧隔离开关 QS_2。

4）做好安全措施，如在有可能来电的各侧挂上接地线（110kV 及以上电网常用带接地刀的隔离开关，则只要合上接地刀 QE）。检修完后给线路送电的操作步骤是：

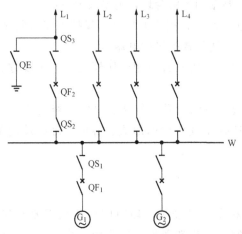

图 4-1　不分段的单母线接线

1）先拆除安全措施（即打开 QE）并检查该支路断路器 QF_2 确实处在断开位置。

2）合母线侧隔离开关 QS_2。

3) 合线路侧隔离开关 QS_3。

4) 合上断路器 QF_2。

单母线接线的优点是结构简单、操作简便、不易误操作，投资省、占地小，易于扩建。

单母线接线的缺点是一旦汇流主母线 W 故障，将使全部支路停运，且停电时间很长，一般只适合于发电机容量较小、台数较多而负荷较近的小型电厂和 $6\sim10kV$ 出线回路数不大于 5 回的变电站。

（2）分段的单母线接线

1) 用隔离开关分段的单母线接线。为避免单母线接线可能造成全厂停电的缺点，可用隔离开关分段，如图 4-2 所示。电源和引出线在母线各段上分配时应尽量使各分段的功率平衡。用隔离开关分段后运行的灵活性增加了，即正常时可选择分段 QS_1 打开运行，也可选择分段 QS_1 合上运行。若选择 QS_1 合上运行，则 Ⅰ 段母线发生故障，整个装置短时停电后，等分段隔离开关 QS_1 打开后接在未发生故障的母线 Ⅱ 段上的电源、负荷均可恢复运行；若正常时选择分段 QS_1 打开运行，则一段母线故障时将不影响另一段母线的运行，均比不分段的单母线接线供电可靠性高。

2) 用断路器分段的单母线接线。为进一步提高可靠性和灵活性，可用断路器代替隔离开关将母线进行分段，如图 4-2 所示。分段断路器 QF_1 装有继电保护装置，当某一分段母线发生故障，分段断路器在继电保护作

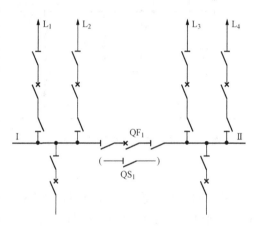

图 4-2　分段的单母线接线

用下自动跳开，非故障母线的正常供电不会受影响。母线检修也可分段进行，避免了全部停电。因为两段母线同时故障的概率几乎为零，则一类重要负荷可从不同分段上引接，保证对其供电的可靠性。

用断路器分段的单母线接线广泛用于中小容量发电厂的 $6\sim10kV$ 接线和 $6\sim110kV$ 的变电所中。为保证供电的可靠性，用于 $6\sim10kV$ 时每段容量不宜超过 $25MW$，用于 $35\sim60kV$ 时出线回路数一般为 $4\sim8$ 回，用于 $110\sim220kV$ 时回路数以 $3\sim4$ 回为宜。

分段的单母线接线虽比不分段的单母线接线可靠性、灵活性高，但任一回路的断路器检修时该回路仍必须停电。为了检修断路器时不中断该回路的供电，可加装旁路断路器和旁路母线。

（3）加装旁路母线和旁路断路器

分段的和不分段的单母线接线均可加装旁路母线和旁路断路器，图 4-3 为加装专用旁路断路器的带旁路母线的单母线分段接线。以检修出线断路器如 1QF 为例，说明其操作程序。首先合上旁路断路器 $1QF_p$ 两侧的隔离开关，然后合上旁路断路器 $1QF_p$，向旁路

母线 WB_p 充电，检查旁路母线完好后再接通旁路隔离开关 $1QS_p$，最后断开 $1QF$ 及两侧的隔离开关 $1QS_1$、$1QS_2$，这样旁路断路器 $1QF_p$ 就替代 $1QF$ 工作，出线 WL1 并不中断供电；用 $2QF_p$ 可代替 II 段母线上的出线断路器工作，旁路母线延伸到进线，也可以代替进线断路器工作。加装旁路母线和旁路断路器会增加投资，为减少投资，可采用分段断路器兼作旁路断路器的接线，如图 4-4 所示。

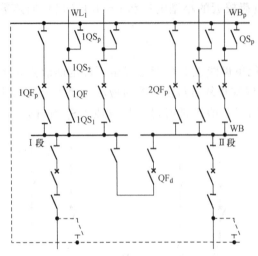

图 4-3　带旁路母线的单母线分段接线

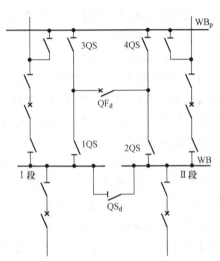

图 4-4　分段断路器兼作旁路断路器的
单母线分段接线

　　带旁路母线的接线普遍应用在 35kV 及以上的电气主接线中，一般用在电压 35kV 而出线 8 回以上、110kV 出线 6 回以上、220kV 出线 4 回及以上的电压配电装置中。若采用 SF_6 断路器、手车式开关柜或较易取得备用电源，则主接线中可以不加设旁路系统。

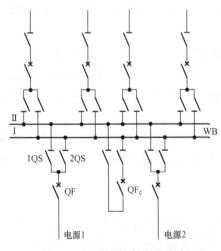

图 4-5　双母线单断路器接线

2. 双母线接线

（1）双母线单断路器接线

图 4-5 所示为双母线单断路器接线，此接线具两组母线，两组母线间通过母联断路器 QF_c 连接，每一电源和出线都通过一台断路器、两组隔离开关分别接在两组母线上，所以每回路都可以切换到任一组母线运行，使得可靠性大大提高。这种双母线单断路器接线可以有两种运行方式：一种方式是固定连接分段运行方式，即一些电源和出线固定连接在一组母线上，另一些电源和出线固定连接在另一组母线上，母联断路器 QF_c 合上，相当于单母线分段运行；另一种方式为一组母线工作，一组母线备用，全部电源和出线接于

工作母线上，母联断路器断开，相当于单母线运行。双母线正常运行时一般都按前一种运行方式即单母线分段的方式运行，可靠性较高，克服了母线故障整个装置停电的缺点，缺点是母线保护较复杂。后一种运行方式一般在检修母线或某些设备时应用。

采用双母线后运行的可靠性和灵活性都大大提高了，表现在：可以轮流检修母线而不需中断对用户的供电；个别回路需要独立工作或进行试验时可将该回路分出单独接到一组母线上。双母线接线在变更运行方式时，是利用各回路隔离开关倒闸操作来完成的，操作步骤较复杂，易误操作造成事故，且设备多，配电装置复杂、经济性差。双母线接线广泛应用于对可靠性要求高、出线回路多的 6～220kV 配电装置中。

为进一步缩小母线停运的影响，可采用双母线分段的接线，如图 4-6 所示。为了检修出线断路器时避免该回路短时停电，则可装设旁路母线，如图 4-7 所示。

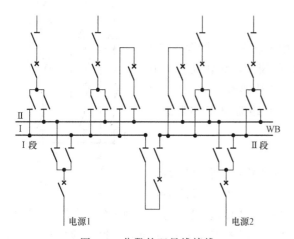

图 4-6　分段的双母线接线

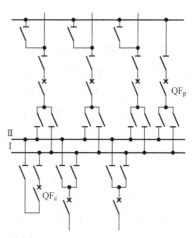

图 4-7　带旁路母线的双母线接线

（2）3/2 断路器的双母线接线

图 4-8 所示为两回路 3 个断路器组成的 3/2 断路器的双母线接线，两组母线间接有若干串断路器，每一串的三台断路器之间接入两个回路，处于每串中间部位的断路器称为联络断路器。由于平均每个回路装设一台半（3/2 台）断路器，故又称为一个半断路器接线。

这种接线的主要优点是运行灵活性好。正常运行时，两条母线和全部断路器都同时工作，形成多环路供电方式，运行调度十分灵活，工作可靠性高。每回路虽只平均装设一台半断路器，但却可经过两台断路器供电，任一断路器检修时所有回路都不会停止工作。当一组母线故障或检修时，所有回路仍可通过另一组母线继续运行。即使是在某一台联络断路器故障、两侧断路器跳闸，以及检修与事故相重叠等严苛情况下，停电的回路数也不会超过两回，而没有全部停电的危险，操作、检修方便。隔离开关只用作检修时隔离电压，免除了更改运行方式时复杂的倒闸操作。检修任一母线或任一断路器时，各个进出线回路都不需切换操作。

这种接线的主要缺点是：所用的断路器、电流互感器等设备较多，投资较高；因为每个回路接至两台断路器，联络断路器连接两个回路，故使继电保护及二次回路的设计、调整、检修等比较复杂。

由于一个半断路器接线在一次回路方面的突出优点，使其在大容量、超高压配电装置中得到了广泛应用，受到了运行单位的普遍欢迎。为了避免两台主变压器回路或同一系统的双回线路同时停电的可能，进一步提高该接线的可靠性，应注意将两回路分别布置在不同的串中，并尽量将特别重要的两回路在不同串中进行交叉换位，如图 4-8 中右边的两串。

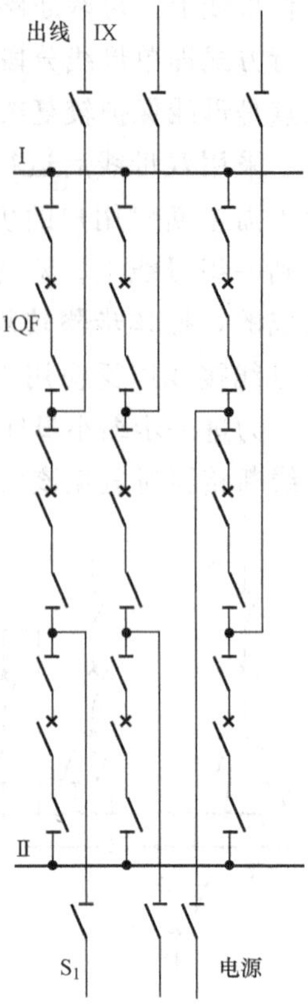

4.2.2 无母线的基本接线形式

1. 桥形接线

当只有两台变压器和两条线路时可采用桥形接线。该接线在 4 条电路中使用 3 个断路器，所用断路器数量较少，故较经济。根据桥的位置，桥形接线可分为内桥接线和外桥接线。图 4-9（a）为内桥接线，图 4-9（b）为外桥接线，其中断路器 3QF 称为桥连断路器，也称为联络断路器。

（1）内桥接线

内桥接线的特点是每条线路上都有一台断路器，联络断路器 3QF 设在线路断路器的内侧（即靠近变压器侧），便于线路的正常投切操作及切除其短路故障，而投切变压器时则需要操作两台断路器及相应的隔离开关。这种接线适用于变压器不需要经常切换、输电线路较长、故障断开机会较多、穿越功率较少的场合。

图 4-8　3/2 断路器接线

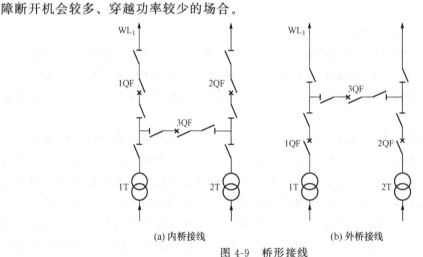

(a) 内桥接线　　　　　(b) 外桥接线

图 4-9　桥形接线

（2）外桥接线

外桥接线的特点是联络断路器 3QF 设在主变压器断路器外侧（即靠近线路侧），变压器故障时仅停变压器，不影响其他回路工作；而当线路 WL₁ 故障时，1QF、3QF 都要跳开，影响变压器的工作。外桥接线投切变压器容易，而投切线路较为复杂。这种接线适用于线路较短、故障率较低、主变压器须按经济运行要求经常投切以及电力系统有较大的穿越功率通过连桥回路的场合。此时，若采用内桥接线时，穿越功率将通过其中的三台断路器，任一台断路器的检修或故障都将中断穿越功率的传输，影响系统的运行。

桥形接线造价低，而且容易发展成单母线分段的接线，因此为了节省投资，负荷较小、出线回路数目不多的小变电站可采用桥形接线作为过渡接线。

2. 角形接线

角形接线结构是将各支路断路器连成一个环，然后将各支路接于环的顶点上，如图 4-10 所示。常用的角形接线有三角形接线和四角形接线。角形接线中断路器数目与回路数相同，比单母线分段和双母线接线均少用一个断路器，故较经济。任一断路器检修，支路不中断供电，任一回路故障仅该回路断开，其余回路不受影响，其可靠性较高。但是任一台断路器检修的同时某一元件又发生故障，则可能出现非故障回路停电，系统在此处被解开，严重时会导致系统瓦解，而且它存在开环和闭环两种工况，两种工况下流过设备的电流不同，给设备选择带来困难。角形接线闭合成环，其配电装置难以扩建发展。我国使用经验表明，在 110kV 及以上配电装置中，当出线回数不多，且发展规模比较明确时，可以采用多角形接线，一般以采用三角或四角形为宜，最多不超过六角形。

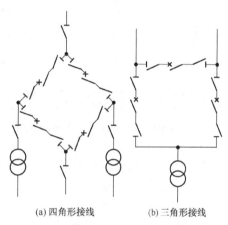

(a) 四角形接线   (b) 三角形接线

图 4-10   角形接线

3. 单元接线

单元接线是发电机、变压器、线路各元件间只有纵向联系而无任何横向联系的接线方式。单元接线也叫组式接线，包括发变组、变线组、发变线组。

（1）发电机-变压器单元接线

如图 4-11 所示为发电机-变压器单元接线，图 4-11（a）为发电机与双绕组变压器组成的单元接线，这种接线发电机和变压器不可能单独工作，所以两者之间不装断路器。为便于检修或对发电机进行单独试验，一般在发电机、变压器间装一组隔离开关，但20 万kW 以上机组若采用分相封闭母线，为简化结构，这组隔离开关可省去。图 4-11（b）、(c) 分别为发电机与自耦变压器、发电机与三绕组变压器组成的单元接线，因一侧支路停运时另两侧支路还可以继续保持运行，因此在变压器三侧设置断路器。此种接线普遍应用于大型发电厂及不带近区负荷的中型发电厂的机组。

（2）扩大单元接线

变压器的故障概率远小于发电机的故障概率，在系统备用能力足够的情况下小容量的发电机组可采用两台或三台机组共用一台变压器的扩大单元接线形式，如图 4-12（a）所示，每台发电机出口均装设一组断路器，以便各机组独立开、停。由于变压器制造容量的限制，大型机组无法采用扩大单元接线时，也可把两个发电机-变压器单元在高压侧组合为图 4-12（b）所示的发电机-变压器联合单元接线，以便减少昂贵的变压器高压侧断路，减少高压配电装置间隔。

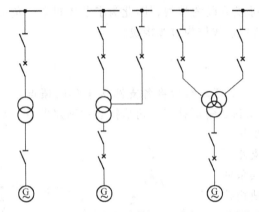

(a) 发电机与双绕组变压
器组成的单元接线　(b) 发电机与自耦变压
器组成的单元接线　(c) 发电机与三绕组变压
器组成的单元接线

图 4-11　发电机-变压器单元接线

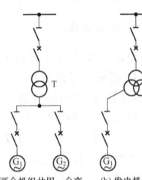

(a) 两台机组共用一台变
压器的扩大单元接线　(b) 发电机-变压器
联合单元接线

图 4-12　扩大单元接线

扩大单元接线可以减少变压器台数和断路器数目、节省投资、减少占地。

（3）变压器-线路组单元接线

当发电厂只有一台变压器和一条线路，线路又较短时，变压器和线路可直接相连共用一台断路器，构成变压器-线路组单元接线，如图 4-13 所示。其接线简化、布置紧凑、占地面积小。

（4）发电机-变压器-线路组单元接线

图 4-14 所示为发电机-变压器-线路组单元接线，一台发电机对应一台变压器、一条线路。此种接线线路很短时适用，不需在发电厂内设置升高电压配电装置，可减少投资和占地，同时除去了发电厂内各高压支路的并联，可减少短路电流。但是若线路很长，则线路故障的概率远高于发电机、变压器，就不适宜采用此接线形式。

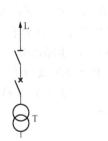

图 4-13　变压器-线路组单元接线

图 4-14　发电机-变压器-线路组单元接线

主变压器的台数、容量及形式的选择

确定主变压器的台数、容量及形式，对电厂的运行、设备投资及配电装置的接线形式影响很大，故它的选择是选择电气主接线时极为重要的一个环节。

主变压器的选择与发电厂、变电站的性质及其在系统中的地位、作用等多方面因素有关。

4.3.1　主变压器台数的确定

确定主变压器台数的影响因素很多，主要考虑该电厂在系统中的重要性，并结合发电厂本身的装机台数。

变压器本身的可靠性高，偶然性的故障也多发生于箱体外部，易于排除，因此一般不考虑变压器的明备用。

变压器的单台容量可以做得很大，而单位容量的造价随单台容量的增加下降，因此提高单台变压器容量、减少变压器的台数可降低投资。并且，随台数的减少，与之配套的配电设备也减少，使结构简化、布置清晰、占地小。

除大型发电厂和无近区负荷的中型发电厂因考虑其地位重要性而采用发电机-变压器单元接线外，为减少主变压器台数，可考虑采用扩大单元接线。

一般装机 1～3 台的小型非骨干发电厂以确定一台主变压器为宜，装机四台及以上的小型电厂可考虑确定两台主变压器，以满足运行的可靠性和灵活性。总之，主变压器台数的确定应根据实际情况、综合各种因素而定，并无定规。如无调节水库的径流电站，若只采用一台主变压器，可能在汛期时因主变压器故障而造成大量弃水；运输困难的偏僻山区的电站可采用两台小容量的变压器并列运行。

4.3.2　主变压器容量的确定

主变压器的容量应按下列原则确定：

1）发电机-变压器单元接线中的主变压器的容量应按发电机额定容量扣除本机组厂用电后留有 10% 的裕度来确定。

2）高、中压电网的联络变压器应按两级电网正常与检修状态下可能出现的最大功率交换确定容量，它依赖于两级电网的合理调度。其容量一般不应低于接在两种电压母线上最大一台机组的容量。

当联络变压器为两台时，考虑一台突然切除后另一台应短时承担全部负荷，因此选择每台容量为总容量的 50%～75%。采用 50% 时，未故障变压器的过载倍数为 2，允许运行 7.5min；采用 75% 时，未故障变压器的过载倍数为 1.3，允许运行 2h，电网调度应在上述时间内妥善调整系统潮流、降低联络点的穿越功率。

3）小型发电厂机端电压母线上的升压变压器的容量选择条件。

① 接于该母线上的发电机处于全开满载状态，而母线负荷（包括厂用电）在最小时能将全部剩余功率送出。

② 发电机开机容量最小、母线负荷最大时，经主变压器倒送的功率亦能满足发电机电压母线上的最大负荷和厂用电的需要。

③ 两台变压器并列运行互为备用时，其原则与前述联络变压器相同。

由于变压器的检修周期长，而且它可与该母线上的发电机检修相配合，因此不需因检修增加容量。

4.3.3 变压器型式的选择

1. 单相变压器的使用条件

三相变压器与同容量的单相变压器相比较，其材料消耗节省 20％～50％，运行损耗减少 12％～15％，占地少，因此一般条件下规定使用三相变压器。但容量过大导致外形尺寸、质量过大，给运输带来不便时应考虑用单相变压器，单相变压器一般应用于 500kV 及以上的发电厂、变电站中。

2. 三绕组普通变压器和三绕组自耦变压器的使用条件

当发电厂有两级升高电压时往往使用三绕组变压器，因为它比使用两台双绕组的变压器经济。它的主要作用是实现高、中压的联络。

自耦变压器也能实现高、中压的联络，而且自耦变消耗的铜线、钢片及绝缘材料均比同容量的普通变压器少，运行损耗也少，因此在 500kV 的发电厂、变电站中自耦变压器广泛取代普通三绕组变压器。但是自耦变压器只能用于高、中压中性点都有效接地的电网，故其只能用于 220kV 及以上的发电厂和变电站，而且自耦变压器的阻抗较小，可能使短路电流增加，故应经计算确定短路电流。

3. 有载调压变压器的使用条件

有载调压变压器的调压开关可在运行中带负荷操作，而且其调压范围大，可达 20％。无载调压变压器的调压开关只能在停电的状态下进行切换，其调压范围较小，只有 ±5％。因此，在电压变化范围大且变化频繁的情况下需使用有载调压变压器。

在能满足电压正常波动情况下一般采用无载调压方式。对于接于出力变化大的发电厂的主变压器，特别是潮流方向不固定，且要求变压器的二次电压维持在一定的水平时，应该采用有载调压方式。若不是上述原因，发电厂的电压可以通过发电机的励磁调节，其主变压器一般选择无载调压方式。对于大型枢纽变电所，为保证系统的电压质量，一般变压器都选用有载调压方式。近年来，随着用户对电压质量的要求的提高和有载调压变压器质量的提高，作为大企业和城市变电站也有不少选择有载调压方式。

电气主接线的技术经济比较

设计发电厂、变电站的电气主接线时，首先应按技术要求确定可能选用的方案，当有多个方案在技术上相当时则需进行经济比较。

4.4.1　技术方案的选择

设计发电厂、变电站的主接线时，在技术上应考虑的主要问题有：

1) 能保证全系统运行的稳定性，不会因本厂、本站的故障造成系统的瓦解。
2) 保证负荷特别是重要负荷的供电可靠性及电能质量。
3) 各设备特别是高、中压联络变压器的过载能力在允许范围内。

技术上要可行，必须认真地分析系统及负荷资料，然后根据发电厂、变电站在系统中的作用、地位，电压高低、容量大小，系统在本厂、本站的穿越功率的大小、负荷的性质，遵照国家所颁布的有关规定确定其在技术上的等级。此外，技术上的可行性还必须符合各地的特定情况，例如占地面积、交通运输、设备制造情况和实际运行效果、安装调试水平等。

设计主接线首先还需确定各级电压的进出线情况，包括直接接入各级电压的电源容量，高中压联络变压器的形式、台数、容量，厂用备用电源的引接点等问题。一般小电厂可以将全部发电机接入机端母线对近区负荷供电，然后用1~2台变压器与系统连接；而大电厂在单机容量很大的情况下应尽可能减小一次故障切除多台发电机的概率，即排除了大机组在机端并联的可行性。

4.4.2　方案的经济比较

经济比较主要是对各方案的综合投资和年运行费用进行比较。经济比较时可只比较各方案的不同部分，因而不必计算出各方案的全部费用。

1. 综合投资 Z

主接线经济比较中所指的投资一般采用综合投资，综合投资一般包括变压器、配电装置等主体设备的综合投资及不可预见的附加费用。变压器的综合投资，除了其本体价格外，还包括运费、安装费及架构、基础、电缆、母线、控制设备等附加费用。配电装置的综合投资中包括配电装置间隔中的设备价格及设备的建筑安装费用等。综合投资 Z 可按下式计算，即

$$Z = Z_0\left(1 + \frac{\partial}{100}\right) \tag{4.1}$$

式中，Z_0——主体设备的投资，包括主体设备，如变压器、开关、配电装置等的投资及明显的增修桥梁、公路、拆迁等费用，万元；

∂——不明显的附加费用比例系数，包括设备基础施工、电缆沟道开挖等费用，一般 220kV 取 70，110kV 取 90，35kV 取 100。

2. 年运行费 U

年运行费主要包括一年中变压器的电能损耗费及检修、维护、折旧费等，可按下式计算，即

$$U = \alpha \Delta A + U_1 + U_2 \tag{4.2}$$

式中，U_1——检修维护费，一般取 $(0.022 \sim 0.042)Z$；

U_2——折旧费，一般取 $(0.05 \sim 0.058)Z$；

α——电价，根据各省市的实际电价定；

ΔA——变压器一年的电能损失。

ΔA 随变压器形式不同而异，分别计算如下。

1）n 台同容量双绕组变压器并列运行时

$$\Delta A = \sum\left[n(\Delta p_0 + k\Delta Q_0) + \frac{1}{n}(\Delta p + k\Delta Q) \times \left(\frac{S}{S_n}\right)^2\right]t \tag{4.3}$$

式中，n——变压器台数；

S_n——每台变压器的额定容量，$kV \cdot A$；

S——n 台变压器担负的总负荷，$kV \cdot A$；

t——对应负荷 S 运行的小时数，h；

Δp_0、ΔQ_0——每台变压器的空载有功损耗（kW）和无功损耗（kvar）；

Δp、ΔQ——每台变压器的短路有功损耗（kW）和无功损耗（kvar）；

k——无功经济当量，一般发电机母线上的变压器取 0.02，系统中的变压器取 0.1～0.15。

2）三绕组变压器。

① 当容量比为 100/100/100、100/100/66.6、100/100/50 时

$$\Delta A = \sum\left[n(\Delta p_0 + k\Delta Q_0) + \frac{1}{2n}(\Delta p + k\Delta Q)\left(\frac{S_1^2}{S_n^2} + \frac{S_2^2}{S_n^2} + \frac{S_3^2}{S_n S_{n3}}\right)\right]t \tag{4.4}$$

② 当容量比为 100/50/50 时

$$\Delta A = \sum\left[n(\Delta p_0 + k\Delta Q_0) + \frac{1}{2n}(\Delta p + k\Delta Q)\left(\frac{S_1^2}{S_n^2} + \frac{S_2^2}{S_n S_{n2}} + \frac{S_3^2}{S_n S_{n3}}\right)\right]t \tag{4.5}$$

③ 当容量比为 100/66.6/66.6 时

$$\Delta A = \sum\left[n(\Delta p_0 + k\Delta Q_0) + \frac{1}{1.83n}(\Delta p + k\Delta Q)\left(\frac{S_1^2}{S_n^2} + \frac{S_2^2}{S_n S_{n2}} + \frac{S_3^2}{S_n S_{n3}}\right)\right]t \tag{4.6}$$

式中，S_1，S_2，S_3——n 台变压器第一、二、三侧所承担的总负荷，$kV \cdot A$；

S_{n1}，S_{n2}，S_{n3}——变压器第一、二、三绕组的额定容量，kV·A。

4.4.3 方案的确定

计算各技术上可行方案的投资和年运行费用，若有一个方案的投资和年运行费均比其他方案低，则应优先选用此方案。若在两个方案中甲方案的投资高而年运行费低，乙方案的投资低而年运行费高，则应进一步进行经济比较，通常有静态比较和动态比较两种。动态比较法主要在经济分析中使用，它考虑货币的经济价值随时间变化，比较复杂，这里仅介绍静态比较法。

静态比较法又分为抵偿年限法和计算费用最小法。

1. 抵偿年限法

此法在我国长期沿用至今，它不考虑投资时间对经济效果的影响，以设备、材料、人工等经济价值不变为前提，用抵偿年限 T 来确定最佳经济方案。

$$T = \frac{Z_1 - Z_2}{U_2 - U_1} \quad （年）\tag{4.7}$$

标准年限 T 取 5～8 年，若 $T > 5～8$ 年，则取投资高、年运行费低的方案；$T < 5～8$ 年，则取投资低、年运行费高的方案；$T = 5～8$ 年，则两个方案同等价值，均可。

2. 计算费用最小法

若在技术上相当的方案多于两个时，为便于比较，常采用计算费用最小法。设 C_i 为第 i 个方案的计算费用，则

$$C_i = \frac{Z_i}{T} + U_i \qquad i = 1，2，3，\cdots\tag{4.8}$$

式中，T——标准抵偿年限取 5～8 年。

C 值表明了在规定的标准抵偿年限 T 下每个方案的年平均投资额与年运行费之和。

显然，应选取计算费用最小者作为最佳方案。

4.5
典型主接线分析

4.5.1 火力发电厂的主接线

火力发电厂分为地方性发电厂和区域性发电厂。

1. 地方性电厂

地方性电厂一般位于负荷中心，容量较小，生产的电能大部分都用 6～35kV 电压馈

送给近区负荷，所剩电能升压后送入 110kV 系统。机组检修时还可通过主变倒送功率供给地方负荷。地方性电厂均设有发电机电压母线。一般采用单母线分段、双母线或双母线分段接线。当母线短路电流较大时可在母线分段间以及出线侧加装电抗器以限制短路电流。在升高电压侧可根据具体情况选择单母线分段、双母线、桥形、角形接线等。

图 4-15 为一地方热电厂主接线。该电厂有 2 台 25MW 机组和 1 台 50MW 的机组，110kV 出线有 4 回，35kV 出线 2 回，10kV 机端负荷 20 回。

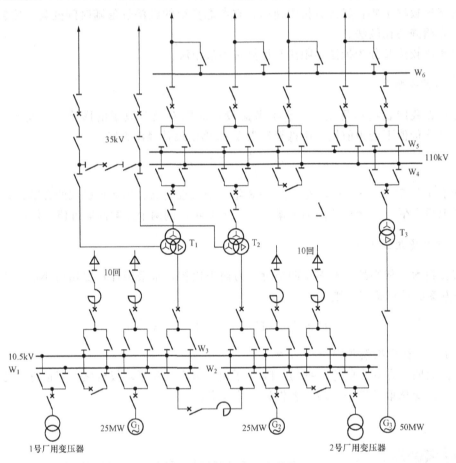

图 4-15　地方热电厂主接线

该电厂近区负荷较大，因此生产的电能大部分通过 10kV 馈线供给发电厂附近用户。规程规定，当容量大于或等于 20kW 时应采用双母线接线。该电厂 10kV 出线很多，为保证运行灵活性和重要负荷的供电可靠性，发电机母线采用了分段的双母线接线。正常运行时发电机除发电供给附近地方负荷外，还通过两台三绕组变压器 T_1、T_2 向 35kV 中距离负荷供电，然后将剩余功率送入 110kV 电网。T_3 机直接接入 110kV 侧。110kV 侧采用带旁路母线的双母线接线，双母线可按固定连接方式运行。35kV 侧采用内桥接线。为使出线能选用轻型断路器，在母线分段处和出线上加装电抗器以限制短路电流。1 号厂用变压器、2 号厂用变压器分别引自 10kV 母线 W_1、W_2 分段上，互为备用，提高了供电可靠性。

2. 区域性电厂主接线

区域性电厂总容量（1000MW 及以上）和单机容量（200MW 及以上）都较大，生产的电能主要送入系统区域变电站或枢纽变电站。此类电厂在系统中的地位很重要，对它们的供电可靠性要求高，设备利用小时数高和升高电压等级较高，常采用发电机-变压器组单元接线，高压侧大都采用双母线、3/2 断路器等可靠性较高的接线。

图 4-16 为一大区域火力发电厂的主接线。该厂地处煤矿附近，水源充足，没有近区负荷，在供电系统中的地位十分重要。两台 300MW 大型凝汽式汽轮发电机组以发电机-变压器单元接线形式接入双母线带旁路母线接线的 220kV 高压配电装置，两台 600MW 大型凝汽式汽轮发电机组以发电机-变压器单元接线形式接入一个半断路器接线的 500kV 高压配电装置。500kV 与 220kV 配电装置之间经过一台自耦变压器 LT 互相联络，联络变压器的第三绕组上接有厂用高压起动/备用变压器，220kV 母线上接有一台分裂变压器作为厂用备用变压器。联系省际电网的 500kV 超高压远距离输电线路上装有并联电抗器，以吸收线路的充电功率。

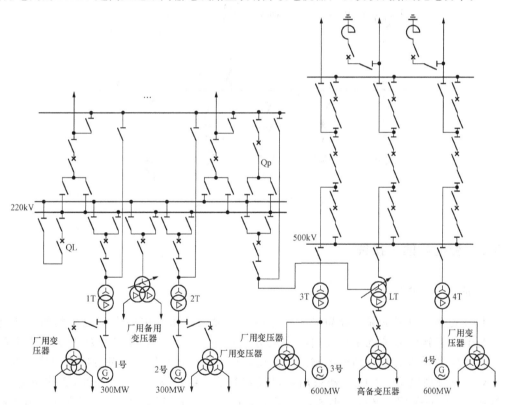

图 4-16　大区域火力发电厂的主接线

4.5.2　水力发电厂的主接线

水力发电厂大都建在水力资源丰富的江河上，离负荷中心较远，机端负荷很小。水轮发电机启、停快，常起调峰作用，故要求其接线简单，以利自动化和减少误操作。

图 4-17 为一小型水力发电厂主接线图。该发电厂有四台机，总装机容量为 $4 \times 1600kW$，所发电能主要通过 2T 升压至 10kV，供给近区负荷使用，剩余电能通过 1T 升压至 35kV，送入 35kV 地区变电所。发电机电压配电装置采用单母线接线，接线简单，易布置，且任意一台变压器故障时不影响另一台工作；10kV 侧也采用单母线接线；35kV 侧采用变压器-线路单元接线，配电装置布置紧凑，占积小；两台厂用变压器分别从 10kV 母线和 6.3kV 母线上引接，互为备用，可靠性高。

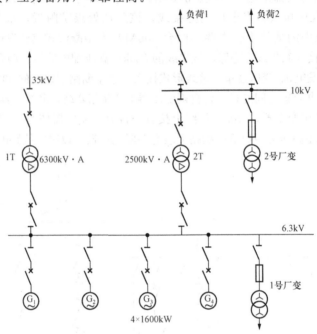

图 4-17　小型水电厂主接线

4.5.3　变电站的主接线

1. 枢纽变电站

枢纽变电站为该系统的最高电压变电站，一般电力系统中的大型电厂均与之相连。枢纽变电站实施电力系统主要发电功率的分配，并作为与其他远方电力系统的联络站。

图 4-18 为某大容量枢纽变电站的主接线，它采用两台三绕组自耦变压器连接 220kV、500kV 两种升高电压。220kV 侧采用双母线带旁路母线的接线形式，500kV 侧采用一个半断路器接线且采用交叉接线形式，比不交叉的多用一个间隔，但供电可靠性明显提高。35kV 低压侧用于连接静止补偿装置。

2. 区域变电站

区域变电站承担大面积的区域供电，其电压等级仅次于枢纽变电站。

图 4-19 为某地区主要变电站主接线。该变电站有 110kV、35kV、10kV 三种电压等

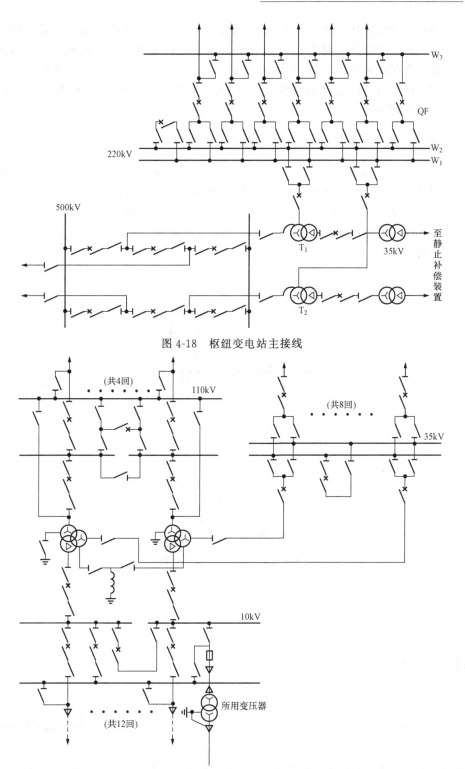

图 4-18　枢纽变电站主接线

图 4-19　某地区主要变电站主接线

级，采用两台三绕组变压器连接三种电压等级，110kV 侧采用单母线分段带旁路母线接线，分段断路器兼作旁路断路器，各 110kV 线路断路器及主变高压侧断路器均可接入旁路母线，以提高供电可靠性。35kV 侧采用双母线接线。10kV 配电装置采用单母线分段带旁路母线接线，有专用旁路断路器，一台 10/0.4kV 的所用变压器可换接于两段 10kV 主母线上，供电可靠。

3. 配电变电站主接线

配电变电站在区域下承担一个小区的供电，多为终端变电站和分支变电站，降压供给附近用户或企业。一般低压侧采用单母线或分段的单母线接线。

图 4-20 为一配电变电站的主接线。110kV 高压侧采用单母线分段接线，10kV 侧也为单母线分段接线，正常时选择分列运行，可限制短路电流。为使出线能选择轻型断路器，出线加装电抗器。

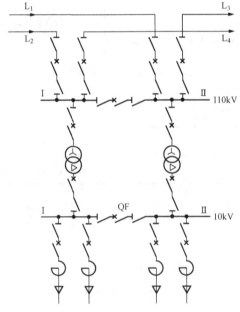

图 4-20　配电变电站的主接线

4.6

自用电概述

为保证发电厂或变电站的主体设备（如锅炉、汽轮机、水轮机、发电机、主变压器）正常工作的辅助机械的用电称为自用电。自用电量占发电厂全部发电量的百分数称为自用电率。自用电率是一项重要经济指标，降低自用电率可以降低发电成本，并相应增加了发电量。

4.6.1　发电厂自用电系统的工作机械设备

自用机械大多由电动机拖动，个别由蒸汽机拖动。即使是同类型的发电厂，其自用机械也不完全相同。

根据在生产过程中的作用及突然停电对人身、设备、生产的影响，自用机械可分为四类。第Ⅰ类是指短时停电会造成设备损坏、危及人身安全，使机组停运及大量影响出力的自用机械；第Ⅱ类是指允许停电几秒到几分钟的自用机械；第Ⅲ类是指允许较长时间停电的自用机械；第Ⅳ类是指事故保安负荷，在 200MW 及以上机组的大容量电厂，自动化程度较高，事故停机或停机后的一段时间内仍应保证供电，否则可能引起自动失灵、损坏设备、危及人身安全。Ⅰ类负荷必须由两个独立电源供电，特别重要的Ⅰ类负荷还应有第三电源；Ⅱ类负荷也应有两个电源供电，但可采用手动切换电源；Ⅲ类负荷一般由一个电源供电；Ⅳ类负荷中的直流保安负荷由蓄电池供电，交流保安负荷平时由交流自用电源供电，失去自用电源时由快速起动的柴油发电机供电。

火电厂的自用机械主要有保障锅炉给水的水泵，保障锅炉燃烧的排粉风机、送风机、引风机，保证汽轮机冷凝设备正常运行的循环水泵、凝结水泵；保障发电机变压器冷却的空冷机、油泵、水泵、通风机，运煤系统的扒煤机、推煤机、抓煤起重机，备制煤粉的球磨机、输煤机、给煤机等，还有进行化学净水处理及除灰的机械。

水电厂的自用机械主要可分为机组自用机械和全厂公用辅助机械以及厂外坝区和水利枢纽的机械。如机组调速和润滑系统中的油泵、发电机冷却系统和机组润滑系统中的水泵等均为机组自用电；而集水井排水泵、技术供水泵、消防、生活水泵，厂房通风、电热、照明，蓄电池浮充电设备，试验室、机修场的用电均为全厂公用电。

原子能电厂的自用机械包括反应堆控制与保护系统的用电设备，反应堆监视与测量系统的用电设备，放射性剂量监视系统，事故关闭反应堆并实施冷却的控制系统，汽轮机调节与润滑系统的事故油泵等Ⅰ类负荷；循环系统的泵、风机、事故关闭反应堆并实施冷却的电动机、专用通风、事故照明、事故给水泵、技术水泵等Ⅱ类负荷，及用于普通热电站的Ⅲ类负荷。

4.6.2　自用电率

自用电的电量大都由发电厂本身供给，且为重要负荷之一。其耗电量与发电厂的类型、机械化和自动化的程度等有关。自用电耗电量占全部发电量的百分数称为自用电率。

$$k_{\mathrm{P}} = \frac{S_{\mathrm{C}} \cos\varphi_{\mathrm{av}}}{P_{\mathrm{n}}} \times 100\% \tag{4.9}$$

式中，k_{P}——自用电率；

S_{C}——自用计算负荷；

$\cos\varphi_{\mathrm{av}}$——平均功率因数，一般取 0.8；

P_{n}——发电机的额定功率。

自用电率是发电厂主要运行经济指标之一。火电厂中的热力化电厂的自用电率一般为 8％～12％，凝汽式电厂的自用电率一般为 6％～8％，水电厂的自用电率一般为 0.5％～3％。

4.6.3 自用电电压的确定与自用电源引接方式

1. 自用电电压的确定

自用电系统短路时短路电流很大，因为它离电源近，各电源提供的短路电流全部流过短路支路，再加上自用电动机的反馈电流，所以必须限制短路电流，而正确选择自用电压是限制短路电流的极为重要的措施。由于厂用变压器（简称厂变）的容量与发电机容量成正比，因此只有使厂用电压随发电机容量的增大而提高，才能有效限制短路电流。发电厂和变电所中一般供电网络的电压：低压供电网络为 0.4kV(0.38/0.22kV)，高压供电网络为 3kV、6kV、10kV 等。为了简化厂用接线，电压等级不宜过多。

热电厂自用电动机容量由几千瓦到几兆瓦，变化范围很大，一般发电机总容量在 60kW 以下、发电机电压为 10.5kV 时可采用 3kV 厂用高压电压；容量在 100～300kW 时宜选用 6kV 作为厂用高压电压；容量在 300kW 以上，若经济合理，可采用 3kV、10kV 两种高压电压，热电厂低压采用 0.4kV；对于水电厂，由于水轮发电机组辅助设备的电动机单台容量均不大，通常只设 0.4kV 一种自用电压等级，动力和照明均由此三相四线制系统供电。但坝区和水利枢纽一般离厂区较远，可能有大型机械，如闸门启闭装置、航运使用的船闸或升船机和鱼道、阀道等设施用电，需另设专用坝区变压器以 6kV 或 10kV 供电。原子能电厂为了安全，所要求的自用电可靠性很高，厂用负荷很多，种类很多，其自用 I 类负荷采用 380～660V 三相交流电源和 220V 直流电源，其 II、III 类负荷采用 380～660V 及 6～10kV 交流电源供电。

2. 自用电源引接方式

（1）工作电源

发电厂或变电站的自用工作电源是保证正常运行的基本电源，其不仅要求电源供电可靠而且应满足各级厂用电压负荷容量的要求。通常工作电源不应少于两个。中小型水电厂单机容量在 1000kW 及以下的机组可只设一个。现代发电厂一般都投入系统并列运行，因此从发电机回路通过自用高压变压器或电抗器取得自用高压工作电源已足够可靠，即使全部发电机停运，仍可从电力系统倒送电。自用高压工作电源从发电机回路的引接方式与主接线形式有密切关系。当有发电机电压母线时自用电高压工作电源从发电机电压母线各分段上引接；当发电机与变压器采用单元接线时，高压工作电源一般由主变压器低压侧引接，供给本机自用负荷；当采用扩大单元接线时则应从发电机出口或主变压器低压侧引接，如图 4-21 所示。

厂用分支上一般都应设断路器。该断路器应按发电机机端发生短路进行校验，其开断电流可能比发电机出口短路还要大。对选不到合适断路器的大容量机组，可加装电抗器或选低压分裂绕组变压器以限制短路电流。若仍选不到，对 125MW 及以下的机组一般可按额定电流装设断路器、隔离开关或连接片，发生故障立即停机。对 200MW 及以上机组通常都采用分相封闭母线，故障率较小，可不装断路器和隔离开关，但应有可拆连接点，以便检修、调试，但这时在厂用变压器低压侧必须装设断路器。

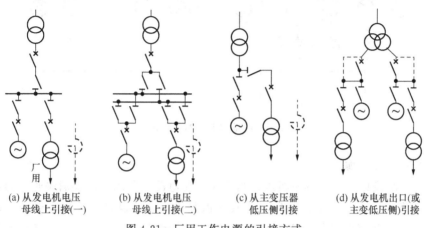

(a) 从发电机电压　　(b) 从发电机电压　　(c) 从主变压器　　(d) 从发电机出口(或
　　母线上引接(一)　　　母线上引接(二)　　　低压侧引接　　　　主变低压侧)引接

图 4-21　厂用工作电源的引接方式

厂用低压工作电源一般均采用 0.4kV 电压等级，可从发电机电压母线上引接，通过厂用低压变压器供电给厂用动力负荷、照明及其用电元件；也可经发电机出口的厂用高压变压器获得厂用低压工作电源。

（2）备用电源和起动电源

厂用备用电源主要指事故情况下失去工作电源时起后备作用的电源，又称事故备用电源。起动电源指在厂用工作电源失去的情况下，为保证机组快速起动向必要的辅助设备供电的电源，它实质上也是一个备用电源。我国目前对 200MW 以上的大型机组，为确保机组安全和厂用电的可靠才设置起动电源，并且以起动电源兼作事故备用电源，统称起动（备用）电源。

备用电源的引接应保证其独立性，并且具有足够的供电容量，最好能与电力系统紧密联系，在全厂停电的情况下仍能从系统获得厂用电源。一般从发电机电压母线的不同分段上通过厂用备用变压器（电抗器）引接；从与电力系统联系紧密的供电可靠的最低一级电压母线引接；从联络变压器的低压绕组引接，但应保证机组全停时能获得足够的电源容量。当技术经济合理时可从外部电网引接专用线路，经变压器获得独立的备用电源。

自用电系统的备用电源有明备用和暗备用两种设置方式，如图 4-22 所示。在水电厂和变电站中多采用暗备用方式，即不设专用备用变压器，而将每台变压器的容量加大，正常运行时每台变压器欠负荷运行，互为备用，当任一台变压器故障时由完好的变压器过负荷运行供厂用负荷。在火电厂中多采用明备用，即设置专用备用变压器，正常时备用变压器不投入运行，工作中发生故障时由备用变压器替代。

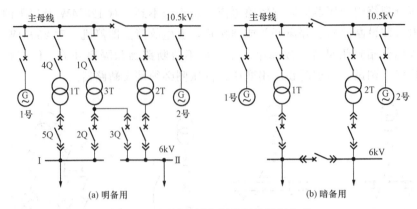

图 4-22 厂用备用电源的两种设置方式

（3）事故保安电源

对 200MW 及以上的大容量机组，当厂用工作电源和备用电源都消失时，为确保在事故状态下能安全停机，事故消除后又能及时恢复供电，应设置事故保安电源，以保证事故保安负荷，如盘车电动机、蓄电池浮充电设备检测仪表、润滑油泵、密封油泵、热工仪表、自动装置、顶轴油泵、事故照明、电子计算机等设施的连续供电。事故保安电源必须是一种独立而又十分可靠的电源。大容量电厂的事故保安电源可从外系统引专线，同时蓄电池组逆变为交流，柴油发电机组均为可靠的事故保安电源。

4.7 自用电接线举例

4.7.1 火电厂的自用电接线

图 4-23 为中小型热电厂自用电接线。厂内装有两机三炉，发电机电压为 10.5kV，有两台升压变压器与 110kV 电力系统相连。6kV 厂用高压母线为单母线，按锅炉台数分为三段，通过 T_{11}、T_{12}、T_{13} 厂用高压变压器分别接于主母线两个分段上。高压备用电源 T_{10} 采用明备用，平时断开，当任一段厂用工作母线的电源回路发生故障时 T_{10} 自动投入，替代故障电源。T_{21}、T_{22} 为厂用低压变压器，T_{20} 为低压厂用备用变压器。厂用电动机 M_1、M_2 是个别供电，即对每一台厂用机械设备敷设一条馈电线路，通过专用的一台高压开关柜或低压配电屏中的一条回路供电。通常对 5.5kW 及以上的 I 类厂用负荷和 40kW 以上的 II、III 类负荷都采用个别供电。M_3 是成组供电，若干台电动机只在厂用配电装置中占用一路馈线，待送到车间专用盘后再分别引至各电动机。

图 4-24 为大容量机组火电厂厂用电接线，该厂发电机与变压器采用单元接线，二者

之间用分相封闭母线连接，高压厂用电采用 6kV 供电，厂用工作电源从发电机出口 15kV 处引接，通过分裂绕组高压自用变压器供 6kV 的 A、B 两段。两台发电机设一台起动（备用）变压器，取自 110kV 系统，经变压器降至 6kV，供给机组起动、停止负荷，并兼作自用工作变压器的事故备用。低压厂用电采用 0.4kV 供电，以 6 台变压器分别引接至低压厂用 6 段母线，构成厂用低压系统，以成组供电方式分别向锅炉、汽机、电气、燃料、除尘、化学水处理、辅助车间及照明等低压厂用负荷供电。承担公共负荷的公用段，见图 4-25 中 6kV 母线上的 I 段和 II 段，互为备用，并备有柴油发电机组作为事故保安电源，当交流电源忽然中断时，此机组能自动快速起动，满足保安负荷用电，保证安全停机。

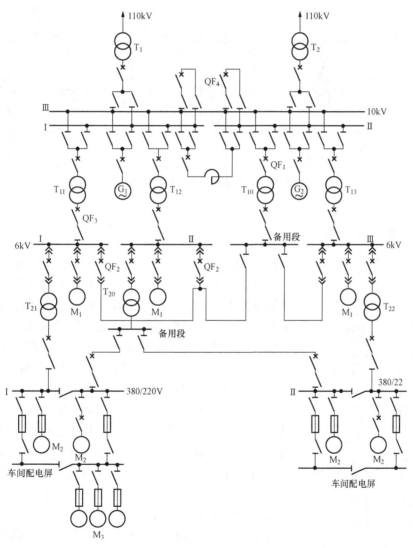

图 4-23　中小型热电厂自用电接线

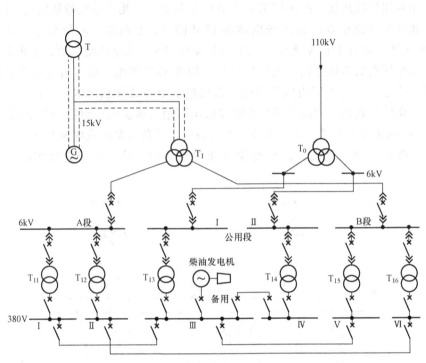

图 4-24　大容量机组火电厂厂用电接线

4.7.2　水电厂自用电接线

图 4-25 为中小型水电厂厂用电接线，其厂用负荷较小，只用 0.4kV 供电，1T、2T 采用暗备用方式，厂用变压器从各扩大单元接线的主变压器低压侧引接。当全厂停电时，自用电源可通过主变压器从系统取得，保证机组起动。低压厂用母线采用单母线分段接线，正常时母线分段运行，当一个电源故障时分段的自动空气开关在备用电源自投装置作用下合闸。

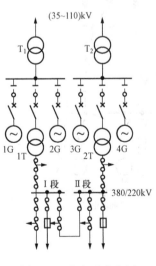

图 4-25　中小型水电厂
厂用电接线

图 4-26 为大中型水电厂的厂用电接线，该厂有 4 台大中容量机组，具有 6kV 大功率电动机拖动的坝区机械设备，且距厂房较远，同时水库还兼有防洪、航运等任务，故厂用电采用 6kV 和 0.4kV 两级电压。为保证厂用电可靠，机组自用负荷和全厂公用负荷分开供电。坝区枢纽负荷 6kV 高压工作电源分别通过厂用高压变压器 T_{11}、T_{12}、T_{13} 从各单元接线的主变压器低压侧引接，并相应分为三段。低压公用负荷电源可由高压 6kV 厂用工作母线经低压公共厂用变压器送至公用厂用母线，各机组自用负荷则分别由从单元接线的发电机出口处引接的变压器供电。

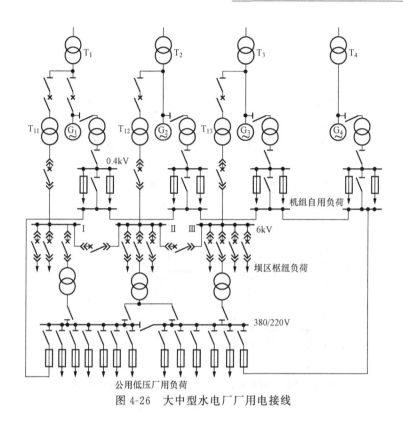

图 4-26　大中型水电厂厂用电接线

4.7.3　变电所自用电接线

中小型的变电所自用电负荷主要是照明、蓄电池充电设备、硅整流设备、变压器的冷却风扇、采暖、通风、油处理设备、检修工具、水泵等，对装有空气断路器的变电所还有空气压缩机等，耗电都不多，一般只从变电所中最低一级电压母线引接一个电源，采用 0.4kV 供电即可。低压厂用母线采用单母线分段，平时采用分开运行，事故时备用电源自投，提高所用电供电可靠性。

近年来在变电所中逐渐采用整流操作电源取代价格高、运行维护复杂的蓄电池组。正常运行时变电所的控制、信号、保护及合闸、跳闸电源都由交流整流取得，因此对所用电的供电可靠性要求提高。对于采用整流操作或无人值班的变电所，需装两台所用变压器，并将其接在不同电压等级或独立电源上，以保证在变电所内停电时仍能得到所用电。

图 4-27 为变电所的自用电接线。图 4-27（a）为大型变电所所用电接线，采用暗备用方式，3T、4T 两台所用变压器分别挂接在主变低压侧单母线分段的两个分段上，低压厂用母线也采用单母线分段，平时采用分开运行，事故时备用电源自投，提高所用电供电可靠性。图 4-27（b）为无蓄电池变电所所用电接线，采用明备用方式，所用变压器 3T 挂接在主变低压侧母线上，所用变压器 4T 挂接在高压电源进线上，正常时 3T 工作，3T 故障时由 4T 代替。

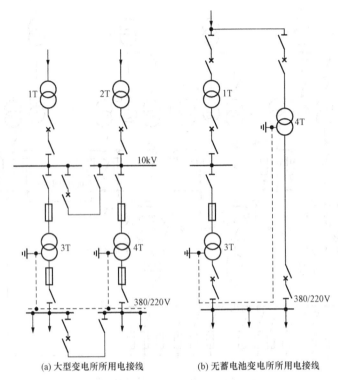

(a) 大型变电所所用电接线　　　　(b) 无蓄电池变电所所用电接线

图 4-27　变电所自用电接线

4.8

实例电站一次接线分析

参见附录 1 的附图 1-1，对实例电站电气主线接线图进行分析。

该电站位于云南省境内，由于当地工农业生产用电需要而建设。该电站有两台发电机，电站总装机容量为 2×20MW。电站无近区负荷，因此发电机电压不设母线而直接与主变压器组合成两机一变的扩大单元接线，使发电机电压侧的接线简化，配电装置容易布置。主变压器的容量根据所接发电机的视在功率选择 63 000kV·A（50 000kV·A 容量太小，上一挡即为 63 000kV·A）。

由于电站主变压器 110kV 高压侧仅有一回引出线路，电站 110kV 侧配电装置采用变压器线路组单元接线，这不但简化接线，使 110kV 屋外配电装置布置更为简单紧凑，而且缩小占地面积。两台发电机所发电能通过主变升压至 110kV 后送入系统。

为保证电站能正常发电，电站设置两台厂用变压器，互为备用。每台容量为 315kV·A，一台接在扩大单元接线的发电机电压公共支路上，另一台接在系统 10kV 线路上，使电站获得两个独立的厂用电源，保证供电可靠性。两台变压器高压侧均采用熔断器进线保护，这样使 10kV 配电装置大为简化。

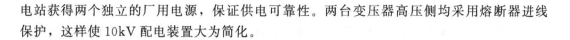

思考与练习

4-1　什么叫主接线？主接线的基本要求有哪些？

4-2　简述典型主接线的分类。小水电站常用主接线形式有哪些？并说出其特点。

4-3　隔离开关与断路器的主要区别何在？二者的操作程序应如何配合？试用双母线单断路器接线的母线切换操作举例说明。为防止误操作通常采用哪些措施？

4-4　母线和旁路母线各有何作用？设置专用旁路断路器和以母联断路器或者用分段断路器兼作旁路断路器，各有什么特点？检修出线断路器时应如何操作？

4-5　发电机-变压器单元接线，为什么在发电机和双绕组变压器之间不装设断路器，而在发电机与三绕组变压器或自耦变压器之间则必须装设断路器？

4-6　画出 2 回主变压器进线，2 回出线的 3/2 断路器接线图，并分析说明进出线应如何布置才可避免当某一串中间一组断路器检修，而另一串中母线侧断路器故障时造成全部停电？

4-7　分析内、外桥接线的选用原则及多角形接线的选用原则。

4-8　一台半断路器接线与双母线带旁路母线接线相比较，两种接线各有何利弊？

4-9　简述变压器形式、容量、台数选择的原则。减少变压器台数有何途径？采用扩大的发电机-变压器单元接线来自于哪些因素？

4-10　试用适当的断路器及隔离开关把图 4-28 中发电机与对应的变压器及变压器与220kV 和 110kV 母线连接起来，使其构成一个完整的主接线图，并说明图中旁路断路器及旁路隔离开关的作用。此作用如何实现？举例写出操作程序。

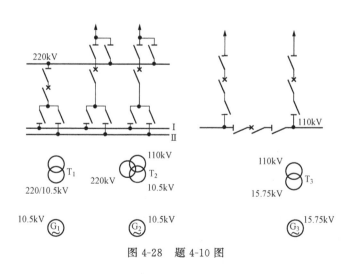

图 4-28　题 4-10 图

4-11 已知某一电站装机容量为 $2 \times 2000kW$，$U_n = 6.3kV$，$\cos\varphi = 0.8$，要求供电的用户有近区西 6km 处化肥厂总装机 400kW，夜间最小负荷 300kW，近区东 7km 处纺织厂总装机 400kW，夜间最小负荷 300kW。除了厂用电 80kW 外，电站以 35kV 线路与系统联络。试画出该电站电气主接线，确定电站选用变压器的台数、容量。

4-12 有三个电气主接线方案，投资分别为 15 万元、27 万元、29 万元，对应的年运行费用分别为 3.4 万元、2.2 万元、2 万元，请用抵偿年限法选定其中一个方案。

4-13 什么叫厂用电？火电厂和水电厂有哪些主要厂用负荷？

4-14 什么叫厂用电率？

4-15 厂用电负荷按重要性分为哪几类？如何保证它们的供电？

4-16 发电厂的厂用电供电电压如何确定？主要考虑哪些因素？中小型水电厂常采用哪级电压？

4-17 火电厂的厂用电接线为何采用按锅炉分段的单母线接线？

4-18 什么叫厂用工作电源、备用电源、起动电源和事故保安电源？它们的作用是什么？

4-19 厂用工作电源和备用电源的常用引接方式有哪些？

4-20 什么叫明备用和暗备用？试分析它们的优缺点？

4-21 分析中、小型水电厂的厂用电接线特点。

4-22 当变电所采用整流操作电源时，对所用电有何要求？

4-23 考虑到主变压器高压侧与低压侧电压的相位差，接在主变压器高压侧母线的厂用备用变压器与接在主变压器低压侧的厂用工作变压器的接线组别应如何配合？

4-24 课程 DIO 项目之 D 任务：结合实例电站主接线，若让你设计，你会如何设计？现有主接线哪些地方可以改进？

5 单元

配电装置

>>>>>

◎ **学习任务**

　　掌握屋内外配电装置的选用及布置，为专业典型工作任务的电气一次系统安装调试、维护、改造和设计打基础。

◎ **重点知识**

　　1. 配电装置定义及基本要求。

　　2. 配电装置最小安全净距概念及 A、B、C、D、E 各值含义。

　　3. 屋内配电装置布置图、断面图的识读。

　　4. 屋外配电装置平面图、断面图的识读。

　　5. 成套配电装置种类及特点。

　　6. 配电装置"五防"的含义。

◎ **难点知识**

　　屋内外配电装置各种表达图的识读。

◎ **可持续学习**

　　因地制宜布置配电装置。

概　　述

　　配电装置是发电厂和变电所的重要组成部分。它根据主接线的连接方式，由开关电器、载流导体、保护测量电器和必要的辅助设备组建而成，甚至还要包括变电结构、基础、房屋、通道等，所以它是集电力、结构、土建等于一体的装置。它是正常运行时用来接受和分配电能的装置；发生故障时通过自动或手动操作，迅速切除故障部分，恢复正常运行。可以说，配电装置是具体实现电气主接线功能的重要装置。

　　按电气设备装设地点划分，配电装置分为屋内配电装置和屋外配电装置。按组装方式划分，又可将配电装置分为装配式和成套式，其中装配式是在现场将电器组装而成，而成套式是在制造厂预先将开关电器、互感器等组成各种电路成套供应。配电装置的形式选择应考虑电力负荷性质及容量、所在地区的地理情况及环境条件，因地制宜、节约用地，并结合运行及检修要求，采用行之有效的新技术、新设备、新布置、新材料，通过技术经济比较确定。一般按设计规程 35kV 及以下宜布置在屋内，110kV 及以上多为屋外式。当在污秽地区或市区建 110kV 屋内配电装置和屋外防污型配电装置的造价相近时，宜采用屋内式，在上述地区若技术经济合理时，220kV 也可采用屋内式。

　　配电装置设计应满足以下基本要求：

　　1）配电装置的设计必须贯彻执行国家基本建设方针和技术经济政策，如节约土地。

　　2）保证配电装置工作的可靠性。因为它的可靠性直接反映故障的可能性及其影响的范围。要保证其可靠性必须正确设计主接线和继电保护，正确选择设备，运行中严格执行操作规程。

　　3）保证安全，便于检修、巡视、操作。配电装置的布置要便于检修、巡视、操作维护、设备搬运等，故配电装置布置要整齐、清晰、合理，带电部分间、带电部分与接地部分间要有必要的安全距离，保证人员的安全。

　　4）保证经济性。在保证安全可靠的前提下，布置紧凑，力求节约材料、降低造价，降低运行费用。

　　5）便于扩建和分期过渡。配电装置应能够在不影响正常运行和不需要经过大规模改建的条件下进行工程扩建和完成分期过渡。

　　配电装置设计的基本步骤：

　　1）根据配电装置的电压等级、电器的形式、出线回路数和方式、环境条件等因素选择配电装置的形式。

　　2）拟定配电装置的配置图（即部署图）。

　　3）按照所选设备的外形尺寸、运输方法、检修与巡视的安全、方便等要求，遵照

《高压配电装置设计规范（DL/T 5352—2018）》的有关规定，并参考各种配电装置的典型设计，绘制配电装置的平面图和断面图。

配电装置的最小安全净距

安全净距是以保证不放电为条件，该级电压所允许的在空气中的物体边缘最小电气距离。对于敞露在空气中的配电装置，在各种间隙距离中，最基本的是带电部分至接地部分的和带电部分间的最小安全净距，即 A_1 和 A_2 值。在这一距离下，无论是正常最高电压或出现内外部过电压，都不会使空气间隙击穿。A 值的大小与电极的形状、冲击电压波形、过电压及其保护水平、环境条件以及绝缘配合等因素有关。一般讲，220kV 及以下的配电装置，大气过电压起主要作用；330kV 及以上，内部过电压起主要作用。当采用残压较低的避雷器（如氧化锌避雷器）时，A_1、A_2 值可适当减小。当海拔超过 1000m 时，A 值需增大。

表 5-1 和表 5-2 分别为屋内外配电装置中各有关部分之间的安全净距，其意义可参看图 5-1 和图 5-2。

在配电装置设计中，确定带电导体之间和导体对接地构架之间的距离时，应考虑减少相间短路的可能性及减小短路时的电动力，减少大电流导体附近的铁磁物质的发热，减少电压为 110kV 及以上的电晕损失，考虑建筑和安装施工的误差以及带电检修等因素。所以，工程上采用的安全净距一般都为表中数值的 2~3 倍。

表 5-1　屋内配电装置的安全净距　　　　　　　　单位：mm

符号	适用范围	额定电压/kV									
		3	6	10	15	20	35	60	110J	110	220J
A_1	1. 带电部分至接地部分之间； 2. 网、板状遮拦向上延伸线距地 2.3m 处与遮拦上方带电部分之间	70	100	125	150	180	300	550	850	950	1800
A_2	1. 不同相的带电部分之间； 2. 断路器和隔离开关的断口两侧带电部分之间	75	100	125	150	180	300	550	900	1000	2000
B_1	1. 栅状遮拦至带电部分之间； 2. 交叉的不同时停电检修的无遮拦带电部分之间	825	850	875	900	930	1050	1300	1600	1700	2550
B_2	网状遮拦至带电部分之间	175	200	225	250	280	400	650	950	1050	1900

符号	适用范围	额定电压/kV									
		3	6	10	15	20	35	60	110J	110	220J
C	无遮拦裸导体至地（楼）面之间	2375	2400	2425	2450	2480	2600	2850	3150	3250	4100
D	平行的不同时停电检修的无遮拦裸导体之间	1875	1900	1925	1950	1980	2100	2350	2650	2750	3600
E	通向屋外的出线套管至屋外通道的路面	4000	4000	4000	4000	4000	4000	4500	5000	5000	5500

注：J 系指中性点有效接地电网；海拔超过 1000m 时 A 值应进行修正；当为板状遮拦时 B_2 值可取 A_1+30mm。

表 5-2 屋外配电装置的安全净距　　　　　　　单位：mm

符号	适用范围	额定电压/kV								
		3~10	15~20	35	60	110J	110	220J	330J	500J
A_1	1. 带电部分至接地部分之间； 2. 网、板状遮拦向上延伸线距地 2.5m 处与遮拦上方带电部分之间	200	300	400	650	900	1000	1800	2500	3800
A_2	1. 不同相的带电部分之间； 2. 断路器和隔离开关的断口两侧引线带电部分之间	200	300	400	650	1000	1100	2000	2800	4300
B_1	1. 设备运输时，其外廓至无遮拦带电部分之间； 2. 交叉的不同时停电检修的无遮拦带电部分之间； 3. 栅状遮拦至绝缘体和带电部分之间； 4. 带电作业时的带电部分至接地部分之间	950	1050	1150	1400	1650	1750	2550	3250	4550
B_2	网状遮拦至带电部分之间	300	400	500	750	1000	1100	1900	2600	3900
C	1. 无遮拦裸导体至地面之间； 2. 无遮拦裸导体至建筑物、构筑物顶部之间	2700	2800	2900	3100	3400	3500	4300	5000	7500
D	1. 平行的不同时停电检修的无遮拦带电部分之间； 2. 带电部分与建筑物、构筑物的边沿部分之间	2200	2300	2400	2600	2900	3000	3800	4500	5800

注：J 系指中性点有效接地电网；海拔超过 1000m 时 A 值应进行修正。

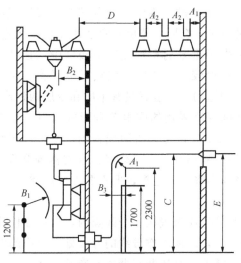

图 5-1　屋内配电装置安全净距校验图

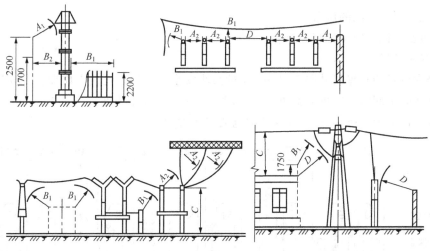

图 5-2　屋外配电装置安全净距校验图

屋内配电装置

　　屋内配电装置的结构除与电气主接线形式、电压等级、母线容量、断路器形式、出线回路数、出线方式及有无电抗器等有密切关系外，还与施工、检修条件、运行经验和习惯有关。随着新设备和新技术的应用，运行和检修经验的不断丰富，配电装置的结构和形式将不断发展。

　　发电厂和变电所中 6～10kV 的屋内配电装置按其布置形式不同有单层、双层和三层之分。单层式是将所有设备布置在同一楼层，它适用于出线无电抗器的情况，占地较大。三层式是将所有的设备根据轻重分别布置在三个楼层中，它具有安全可靠，占地面积小等优点，但其结构复杂，造价较高。两层式兼顾了单层和三层的优点，造价较低，但占地面积较大。35～220kV 的屋内配电装置只有单层和双层两种形式。

　　设计配电装置时，在确定所采用的配电装置形式以后，通常用配置图来分析配电装置的布置方案和统计所用的主要设备。所谓配置图，是把进出线（进线指发电机、变压器，出线指线路）、断路器、隔离开关、互感器、避雷器等合理分配于各层间隔中，并绘制出导体和电器在各间隔和小室中的轮廓，但不要求按比例绘制。

　　配置原则如下。

　　1）同一回路的电器和导体应布置在一个间隔内，以保证检修安全和限制故障范围。

　　2）按各电路分配间隔时，应使工作母线的分段处有较小的电流。

　　3）较重的设备（如电抗器、高压断路器等）布置在下层，以减轻楼板的荷重并便于安装。

　　4）充分利用间隔的位置。

　　5）布置对称，便于记忆和操作。

　　6）容易扩建。

　　间隔内设备的布置尺寸除满足表 5-1 的最小安全净距外，还应考虑设备的安装和检修条件，进而确定间隔的宽度和高度。设计时可参考一些典型方案。图 5-3 为二层二通道双母线分段、出线带电抗器的 6～10kV 配电装置布置图。

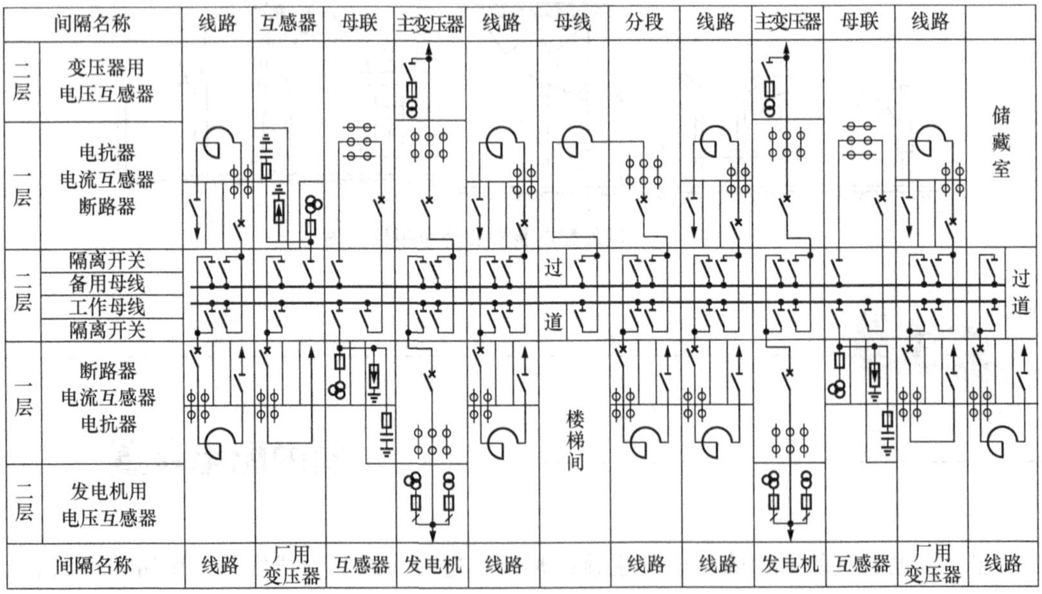

图 5-3　二层二通道双母线分段、出线带电抗器的 6～10kV 配电装置布置图

5.3.1　屋内配电装置的特点

1）由于允许安全净距小和可以分层布置而使占地面积较小。

2）维护、巡视和操作在室内进行，不受气候影响。

3）外界污秽、腐蚀气体对电气设备影响小，可减少维护工作量。

4）房屋建筑投资较大。

5.3.2　屋内配电装置的若干问题

1. 母线和隔离开关

母线通常装在配电装置的上部，有水平布置、垂直布置和三角形布置。水平布置安装容易，虽不如垂直布置易观察，但可降低建筑高度，在中小型发电厂和变电所中常采用。垂直布置相间距离可以取得较大而不增加间隔的深度，支柱绝缘子装在水平隔板上，跨距可以取得较小而使母线机械强度增加，但其结构复杂，建筑高度增加，一般可用于20kV 以下、短路电流很大的装置中。三角形布置结构紧凑，常用于 6～35kV 大中容量的配电装置中。

母线的相间距离 a 决定于相间电压，还要考虑短路时母线和绝缘子的机械强度要求。在 6～10kV 小容量装置中，母线水平布置时 a 为 250～350mm，垂直布置时为 700～800mm；35kV 水平布置时，a 约为 500mm。

双母线（或分段母线）中的两组母线应以垂直隔墙（或板）分开，这样在一组母线发生故障时不会影响另一组母线，并可安全地检修。

在负荷变动或温度变化时，硬母线将会胀缩，如母线很长，又是固定连接，则在母线、绝缘子和套管中可能产生危险的应力。为了消除这种情况，必须按规定加装母线伸缩补偿器。不同材料的导体相互连接时，应采取措施，防止产生电化腐蚀。

母线隔离开关通常装在母线的下方。为了防止带负荷拉闸引起的电弧造成相间短路，在 3～35kV 双母线装置中，母线与隔离开关之间宜装设耐火隔板。两层以上的配电装置中，母线隔离开关应单独布置在一个小室内。

为了确保设备和工作人员的安全，屋内配电装置应设置防止电气误操作事故发生的闭锁装置，做到防止带负荷拉闸，防止带接地线合闸，防止带电合接地闸刀，防止误拉合断路器，防止误入带电间隔等（常称"五防"）。

2. 断路器及其操作机构

断路器通常设在单独的小室内。现在户内已提倡无油化，油断路器已不再提倡使用，现在使用的真空断路器不像油易起爆和起火，故其安装条件不苛刻。

断路器的操作机构设在操作通道内。手动操作机构和轻型远距离控制的操作机构均装在壁上，重型远距离控制的操作机构则落地安装在混凝土基础上。

3. 互感器和避雷器

屋内电流互感器也提倡无油化，它可和断路器放在同一小室内。穿墙式电流互感器应尽可能作为穿墙套管使用。

电压互感器经隔离开关和熔断器（110kV 及以上电压互感器只用隔离开关）接到母线上，它需占用专用的间隔，但同一间隔内可以装设几个不同用途的电压互感器。

当母线接有架空线路时，母线上应装设避雷器，由于其体积不大，通常与电压互感器共占一个间隔（以隔层隔开），并可共用一组隔离开关。

4. 电抗器

电抗器较重，一般装在第一层的小室内。电抗器按其容量不同有水平布置、垂直布置和品字形布置三种方式，通常线路电抗器采用垂直布置或品字形布置。当电抗器的额定电流超过 1000A，电抗值超过 5％～6％时，宜采用品字形布置；额定电流超过 1500A 的母线分段电抗器或变压器低压侧的电抗器，则采用水平布置。

安装电抗器时需注意，垂直布置时 B 相应放在上下两相之间；品字形不应将 A 相、C 相重叠在一起，这是因为 B 相电抗器线圈的绕向与 A 相、C 相不同，所以在外部短路时电抗器相间的最大作用力是吸引力，以便利用瓷绝缘子抗压强度比抗拉强度大的特点。

5. 配电装置室的通道和出口

配电装置的布置应考虑便于设备的操作、检修和搬运，故需设置维护通道、操作通道。各种通道的最小宽度不应小于表 5-3 所列数值。

表 5-3　配电装置内各种通道最小宽度　　　　单位：m

通道分类 布置方式	维护通道	操作通道		防爆通道
		固定式	手车式	
设备单列布置	0.8	1.5	单车长＋1.2	1.2
设备双列布置	1.0	2.0	双车长＋0.9	1.2

为了保证工作的安全和方便，不同长度的配电装置应有不同数目的出口。长度大于7m 时，应有两个出口，两个门设置要考虑有一定距离，便于运行人员逃生。当长度大于60m 时，应在中间增加一个出口。为了防止爆炸，门应向外开，并装有弹簧锁。相邻配电装置室之间如有门时，门应能向两个方向开启。

6. 电缆隧道和电缆沟

配电装置中的电缆放置在电缆隧道及电缆沟内。电缆隧道为封闭狭长的构筑物，高1.8m 以上，两侧设有数层敷设电缆的支架，人能在隧道内进行敷设和维修工作，一般用于大电厂。电缆沟是宽深不到 1m 的沟道，上面盖有水泥板，工作时必须揭开盖板，很不方便，但其造价较低，常为变电所和中小型电厂所采用。

7. 配电装置室的采光和通风

配电装置室要有良好的采光和通风，以利于值班人员集中精力。另外还应设事故排烟装置和事故通风装置。为了防止蛇、鼠等小动物进入，酿成事故，通风口应有百叶窗或网状窗。

5.3.3　屋内配电装置实例

图 5-4 为两层、两通道、双母线、出线带电抗器的 6～10kV 配电装置的断面图，它适用于母线短路冲击电流值在 200kA 以下的大、中型变电所或机组容量在 5 万 kW 以下的发电厂。

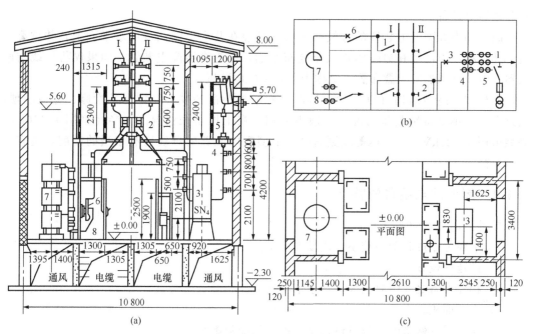

图 5-4　两层、两通道、双母线、出线带电抗器的 6～10kV 配电装置的断面图

母线和母线隔离开关设在第二层，母线垂直排列，相间距离为 750mm，用隔板隔开。母线隔离开关装在下面的敞开小室内，两组母线之间用隔板隔开，以防事故蔓延。第二层中有两个维护通道，靠近设备侧设有网状遮拦，确保巡视安全。

断路器和电抗器等笨重设备布置在第一层，分两列布置，左半部为出线间隔，右半部为发电机进线间隔，中间是操作通道。同一回路的断路器及母线隔离开关均集中在第一层操作通道内操作，比较方便。出线电抗器与出线断路器沿纵向前后布置，垂直布置的电抗器下部有通风道，冷空气进入后将热量从外墙上部的百叶窗排出。电流互感器采用穿墙式，兼作穿墙套管。变压器回路采用架空引入，出线用电缆经隧道引出。

屋外配电装置

根据电器和母线布置的高度，屋外配电装置可分为中型、半高型和高型。

中型配电装置的所有电器都安装在同一水平面内，并装在一定高度的基础上，使带电部分对地保持必要的高度，以便工作人员能在地面上安全活动；中型配电装置母线所在的水平面稍高于电器所在的水平面，三组母线高度相同，母线下方不安装断路器、电流互感器等设备。

高型和半高型配电装置的母线和电器分别装在几个不同高度的水平面上，并重叠布置。凡是将一组母线和另一组母线重叠布置的，称为高型配电装置；如果仅将母线与断路器、电流互感器等重叠布置，则称为半高型配电装置。

高型和半高型结构可以节省占地，但构架材料消耗较多，特别是检修、巡视不便，因此在土地不是特别紧张情况下一般不采用。在土地紧张情况下，半高型用于 110kV，高型可用于 220kV。当电压等级更高时，中型配电装置的母线已有相当的高度，不宜进一步升高。

5.4.1 屋外配电装置的特点

屋外配电装置的特点如下。

1) 土建工作量和费用较小，建设周期短。

2) 扩建比较方便。

3) 相邻设备之间距离较大，便于带电作业。

4) 占地面积较大。

5) 受外界气候影响，设备运行条件差，须加强绝缘。

6) 不良气候对设备维护和操作有影响。

5.4.2 屋外配电装置的若干问题

1. 母线及构架

屋外配电装置的母线有软母线和硬母线两种。软母线有钢芯铝绞线、扩径软管母线和分裂导线，三相呈水平布置，用悬式绝缘子悬挂在母线构架上。软母线的档距较大，母线及跨越构架的宽度也比较大。硬母线常用矩形和管形，矩形母线用于 35kV 及以下的配电装置中，管形母线则用于 60kV 及以上的配电装置中。管形母线用柱式绝缘子固定在支柱上（地震区采用悬吊式），相间距离小，节省占地面积，电晕起始电压高，但管形母线易产生微风共振和存在端部效应，对基础不均匀下沉比较敏感，支柱绝缘子抗振能力

较差，采用倾斜的 V 形绝缘子串将管形母线挂在构架上，可提高抗振能力。

屋外配电装置的构架可用型钢或钢筋混凝土制成。钢筋构架经久耐用，便于固定设备，抗振能力强，但金属耗量大，需经常维护。钢筋混凝土构架可以节省钢材，维护简单，坚固耐用，但不便固定设备。用钢筋混凝土环形杆和镀锌钢梁组成的构架，兼有两者的优点，目前已经在我国 220kV 及以下的各类配电装置中广泛使用。由钢板焊成的板箱式构架和钢筋混凝土柱，则是一种用材少、强度高的结构形式，适用于大跨距的 500kV 配电装置。

2. 电力变压器

变压器基础一般做成双梁形，并辅以铁轨，轨距等于变压器的滚轮中心距。为了防止变压器着火时燃油使事故扩大，单个油箱油量超过 1000kg 以上的变压器，在其下面应设置储油池或挡油墙，其尺寸应比变压器外廓大 1m，储油池内铺设厚度不超过 0.25m 的卵石层。

主变压器与建筑物的距离不应小于 1.25m，且距变压器 5m 以内的建筑物，在变压器总高度以下及外廓两侧各 3m 的范围内不应装门窗和通风孔。当变压器油重超过 2500kg 时，两台变压器之间的防火净距不应小于 5m，否则应设防火墙。

3. 电器设备的基础

按照断路器在配电装置中所占据的位置，可分为单列布置、双列布置和三列布置。断路器的排列方式必须根据主接线、场地地形条件、总体布置和出线方向等多种因素进行合理选择。

少油（或空气、SF_6）断路器有低式和高式两种布置。低式布置的断路器安装在 0.5～1m 的混凝土基础上，其优点是检修比较方便，抗振性能好，但低式布置必须设围栏，因而影响道路的通畅。一般在中型配电装置中，断路器和互感器都采用高式布置，即把它们安装在约 2m 高的混凝土基础上，基础高度应满足：

1）电器支柱绝缘子最低裙边的对地距离为 2.5m。

2）电器间的连线对地面距离应符合 C 值要求。

避雷器也有高式和低式两种布置。110kV 及以上的阀型避雷器由于器身细长，多落地安装在 0.4m 的基础上。磁吹避雷器及 35kV 阀型避雷器形体矮小，稳定度较好，一般采用高式布置。

4. 电缆沟和通道

电缆沟的布置应使电缆所走的路径最短。一般横向电缆沟布置在断路器和隔离开关之间，纵向电缆沟是主干沟，电缆数量较多，可分为两路。采用弱电控制和晶体管继电保护时，为了抗干扰，要求电缆沟采用辐射形布置，并应减少控制电缆沟与高压母线平行的长度，增大两者间的距离，使电磁和静电耦合减为最小。

为了运输设备和消防的需要，应在主要设备近旁铺设行车道路。大中型变电所内一般均应铺设转弯半径不小于 7m 的、3m 宽的环形道。

屋外配电装置内应设置 0.7～1m 宽的巡视小道，以便运行人员巡视设备，电缆沟盖板可作为部分巡视小道。

5.4.3 屋外配电装置布置实例

图 5-5 为 220kV 双母线进出线带旁路母线、合并母线架、断路器单列布置的中型配电装置。采用 GW_4-220 型隔离开关和少油断路器，除避雷器外，所有电器均布置在 2～2.5m 的基础上。主母线及旁路母线的边相距离隔离开关较远，其引下线设有支柱绝缘子 15。搬运设备的环形道路设在断路器和母线架之间，检修和搬运均方便，道路还可兼作断路器的检修场地。采用钢筋混凝土环形杆三角架梁，母线构架 17 与中央门型架 13 可合并，使结构简化。由于断路器单列布置，配电装置的进线（用虚线表示）会出现双层构架，跨线多，因而降低了可靠性。

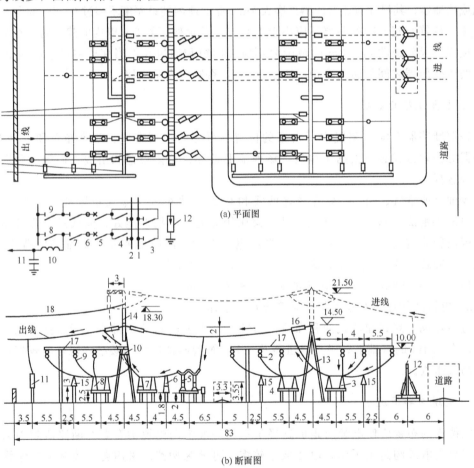

(a) 平面图

(b) 断面图

1、2、9—母线 I、II 和旁路母线；3、4、7、8—隔离开关；5—少油断路器；6—电流互感器；
10—阻波器；11—耦合电容器；12—避雷器；13—中央门形架；14—出线门形架；
15—支柱绝缘子；16—悬式绝缘子；17—母线构架；18—架空地线。

图 5-5　220kV 双母线进出线带旁路母线、合并母线架、断路器单列布置的中型配电装置

5.5　成套配电装置

成套配电装置是制造厂成套供应的设备。同一回路的开关电器、测量仪表、保护电器和辅助设备都组装在全封闭或半封闭的金属柜内。制造厂生产出各种不同电路的开关柜或标准元件，加以编号，以供设计时选用，并允许用户提出可行的修改意见。

成套配电装置分为低压配电屏（或开关柜）、高压开关柜和 SF₆ 全封闭组合电器三种类型。低压配电屏只做成屋内式；高压开关柜有屋内式和屋外式两种，由于屋外有锈蚀和防水问题，故目前大量使用的也是屋内式的；SF₆ 全封闭组合电器因为屋外气候条件较差，电压在 380V 以下时大都布置在屋内。

5.5.1　低压配电屏

目前，常用的低压配电屏有 PGL、GGX、GGL、GGD 等固定式，BFC、GC、GCL、BCL、GCK、PZC、GCS、MNS 等抽屉式和 ZH、GHL 等组合式三种种类。

固定式低压配电屏结构简单、价格低廉，检修方便，在发电厂（或变电所）中作为厂（所）用低压配电装置。图 5-6 为 PGL 系列低压配电屏结构示意图。其框架用角钢和薄钢板焊成，屏面有门，维护方便。屏门上部装有测量仪表，中部面板上设有闸刀开关的操作手柄和控制按钮等，下部屏门内有继电器、二次端子和电能表。母线布置在屏顶，并设有防护罩；其他电器元件都装在屏后，屏间装有隔板，可限制故障范围。

抽屉式低压配电屏为封闭式结构。其密封性能好，可靠性高，布置紧凑，占地面积小。其主要设备均装在抽屉内或手车上，回路故障时可拉出检修或换上备用抽屉（或手车），便于迅速恢复供电；但其结构复杂，工艺要求高，钢材消耗较多，

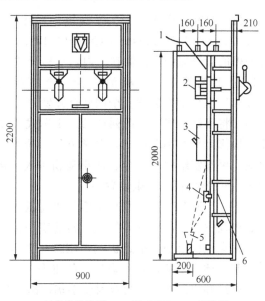

1—母线及绝缘框；2—闸刀开关；3—断路器；
4—电流互感器；5—电缆头；6—继电器。

图 5-6　PGL 系列低压配电屏结构示意图

价格较高。如图 5-7 所示为 GCS 标准型低压抽屉式开关柜，使用于三相交流频率为 50Hz、额定工作电压为 400V（690V）、额定电流为 4000A 及以下的发、供电系统中，作为动力、配电和电动机集中控制、电容补偿之用。抽屉面板具有分、合、试验、抽出等

位置的明显标志。开关柜的各功能室相互隔离，其隔室分为功能单元室、母线室和电缆室，各室的作用相对独立。抽屉单元设有机械联锁装置。

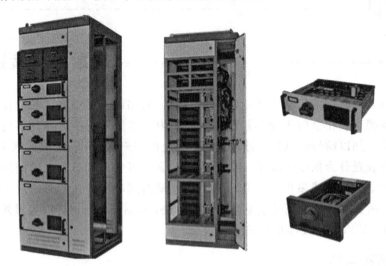

图 5-7　GCS标准型低压抽屉式开关柜 ［600mm×800（1000）mm×2200mm］

5.5.2　高压开关柜

我国目前生产的 3～35kV 高压开关柜有 GG、KGN、GSG、GPG、GFW 等固定式和 GC、GBC、GFC、JYN、KYN、BA/BB、GWC 等移开式（手车式）两类。固定式高压开关柜的断路器固定安装在柜内，与移开式相比，体积大、封闭性能差，检修不够方便，但制造工艺简单，钢材消耗少，价格低廉，因此仍较广泛用作中小型变电所的 6～35kV 屋内配电装置。全国联合开发的 KGN 系列开关柜为金属封闭铠装固定式屋内开关柜，将逐渐替代 GG 系列产品。手车式高压开关柜的断路器及其操作机构均装在手车上，检修时可将小车拉出，非常方便。若不允许长时间停电，还可换上备用手车，非常灵活。手车室结构可防尘、防小动物侵入，运行可靠，维护工作量小，检修方便，广泛用于 6～10kV 厂用配电装置中。

图 5-8 为 JYN₂-10 型间隔移开式高压开关柜，它由手车室、仪表继电器室、主母线室、出线室、小母线室等组成。柜前正中部为手车室，断路器及其操作机构均装在手车上，手车正面上部为推进机构，用脚踩手车下部的连锁脚踏板，车后母线室面板上的遮板提起，插入手柄，转动蜗杆，可使手车在柜内平稳进退。工作时，断路器通过隔离插头与母线和出线相连。检修时将手车拉出柜外，动、静触头分离，一次触头罩自动关闭，起安全隔离作用。若急需恢复供电，可换上备用手车，既方便检修又可减少停电时间。手车与柜相连的二次线采用插头连接，当断路器离开工作位置后，其一次隔离插头虽断开，而二次线仍可接通，以便于调试断路器。手车两侧和底部设有接地滑道、定位销和位置指示等附件。仪表继电器室内有继电器、端子排、熔断器和电能表，测量仪表、信号继电器和继电保护用连接片装在小室的仪表门上。主母线室位于开关柜的后上部，室内装有母线和隔离开关静触头。母线为封闭式，不易积灰和短路。出线室位于柜后部下

方，室内装有出线侧隔离开关静触头、电流互感器、引出电缆（或硬母线）和接地开关。在柜顶的前部设有小母线室，室内装有小母线和接线座。

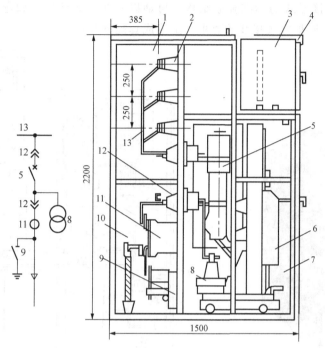

1—母线室；2—母线及绝缘子；3—继电器仪表室；4—小母线室；5—断路器；

6—手车；7—手车室；8—电压互感器；9—接地开关；10—出线室；

11—电流互感器；12——一次触头罩；13—母线。

图 5-8　JYN₂-10 型间隔移开式高压开关柜

图 5-9（a）为当今发电厂、变电所中流行使用的 KYN28A（GZS1）型中置式高压开关柜，所谓中置，是指高压真空断路器布置在柜体中部位置。整个柜体尺寸比常规落地手车式开关柜小。KYN28A（GZS1）型中置式高压开关柜由断路器室、仪表室、母线室、电缆室组成，按开关柜用途分为进线柜、联络柜、隔离柜、PT 柜、计量柜、馈线柜、电容器柜、变压器柜、电机柜等。

图 5-9（b）为 HXGN-12 型环网柜，是以空气和 SF_6 气体为绝缘介质的金属封闭开关设备，其由母线室、开关室、电缆室、低压控制室四个隔室组成，带操作机构、联锁机构。开关室内装一个三工位 SF_6 负荷开关，开关外壳为环氧树脂浇注而成，充以 SF_6 气体为绝缘介质。一般用于环网供电和终端供电，分合负荷电流、开断短路电流及变压器空载电流、一定距离空载线路、电缆线路的充电电流，起控制和保护作用。

5.5.3　SF_6 封闭组合电器

SF_6 封闭组合电器是以 SF_6 气体作为绝缘和灭弧介质，以优质环氧树脂绝缘子作支撑的一种新型成套高压电器。无论布置在屋内还是屋外，其布置应充分体现其体积小的优越性，同时考虑到安装、运行、检修的方便，并具有一定的互换性，满足各种必要的组合方案。

　　组成 SF_6 封闭组合电器的标准元件有母线、隔离开关、负荷开关、断路器、接地开关、快速接地开关、电流互感器、电压互感器、避雷器和电缆终端（或出线套管），上述各元件可制成不同连接形式的标准独立结构，再辅以一些过渡元件（如弯头、三通、伸缩节等），便可适应不同形式主接线的要求，组成成套配电装置。

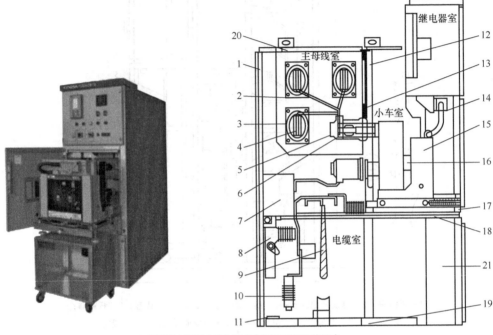

(a) KYN28A(GZS1)型中置式高压开关柜及其组成

（b）HXGN-12 型环网柜

1—外壳；2—支母线；3—母线套管；4—主母线；5—静触头；6—静触头盒；7—电流互感器；
8—接地开关；9—一次电缆；10—避雷器；11—接地主干线；12—隔板；13—隔板（活门）；
14—二次插头；15—断路器手车；16—加热装置；17—可抽出式水平隔板；18—接地开关
操作机构；19—底板；20—泄压通道；21—控制线槽。

图 5-9　中置式高压开关柜和环网柜

图 5-10 为 220kV 双母线全封闭组合电器配电装置的断面图。为便于检修和支撑，母线布置在下部，双断口断路器水平布置在上部，出线用电缆，整个回路按照电路顺序成 II 型布置。母线采用三相共箱式（即三相母线封闭在公共外壳内），其余元件均采用分相式。悬式绝缘子用于支撑带电导体和将装置分隔成不漏气的隔离室。隔离室具有便于监视、易于发现故障点、限制故障范围及检修和扩建时减少停电范围的优点。在两组母线汇合处设有伸缩节，以减少由温差和安装误差引起的附加应力。另外，装置外壳上还装有检查孔、窥视孔和防爆盘等设备。

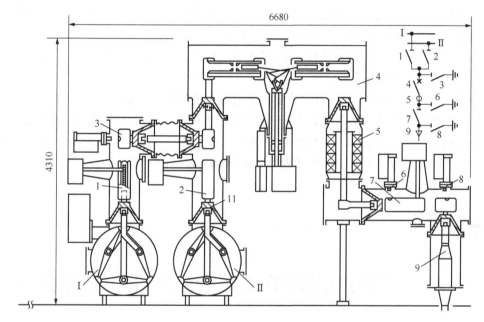

　　I、II—主母线；1、2、7—隔离开关；3、6、8—接地开关；4—断路器；5—电流互感器；
　　　　　　　9—电缆头；10—伸缩节；11—悬式绝缘子。

图 5-10　220kV 双母线全封闭组合电器配电装置的断面图

1. SF₆ 封闭组合电器的优点

SF$_6$ 封闭组合电器有以下优点。

1）大量节省配电装置所占面积和空间。全封闭组合电器占用空间与敞开式的比率可近似估算为 $10/U_n$ [U_n 为额定电压（kV）]，电压越高，效果越显著。

2）运行可靠性高。SF$_6$ 封闭组合电器由于带电部分封闭在金属外壳中，不会因污秽、潮湿、各种恶劣气候和小动物而造成接地和短路事故。SF$_6$ 为不可燃的惰性气体，不致发生火灾，一般不会发生爆炸事故。

3）土建和安装工作量小，建设速度快。

4）检修周期长，维护工作量小。全封闭电器由于触头很少被氧化，触头开断烧损情况也很少发生，一般可运行 10 年，或切断额定开断电流 15～30 次，或正常开断 1500 次。其漏气量不大于 1%～3%，且用吸附器保持干燥，补气和换过滤器工作量也很小。

5）由于金属外壳的屏蔽作用，消除了无线电干扰、静电感应和噪声，解决了超高压配电装置中的重大问题，减小了短路时作用到导体上的电动力，另外也使工作人员不会偶然触及带电导体。

6）抗振性能好。

2. SF₆ 封闭组合电器的缺点

SF₆ 封闭组合电器有以下缺点：

1）SF₆ 封闭组合电器对材料性能、加工精度和装配工艺要求极高，工作上的任何毛刺、油污、铁屑和纤维都会造成电场不均，使 SF₆ 抗电强度大大降低。

2）需要专门的 SF₆ 气体系统和压力监视装置，且对 SF₆ 的纯度和水分都有严格的要求。

3）金属消耗量大。

4）造价较高，高出常规屋外式成套配电装置造价的 2 倍左右。

SF₆ 封闭组合电器应用范围为 110～500kV，并在下列情况下采用：地处工业区、市中心、险峻地区、地下、洞内、用地狭窄的水电厂及需要扩建而缺乏场地的火电厂和变电所，位于严重污秽、海滨、高海拔及气候环境恶劣地区的变电所。

5.6 发电机与配电装置（或变压器）的连接

发电机与配电装置（或变压器）的连接有电缆、敞露母线或封闭母线三种连接方式。

1. 电缆连接

由于电缆价格昂贵，且电缆头运行可靠性不高，只在机组容量不大（一般在 2.5 万 kW 以下）且由于厂房和设备的布置无法采用敞露式母线时才采用电缆连接方式。

2. 敞露母线连接

用于连接的敞露母线有母线桥和组合导线，前者适用于屋内、屋外，后者仅适用于屋外。由于连接导体需要架空越过设备、过道和马路，绝缘子安放在由钢筋混凝土支柱和型钢构成的支架上，故称为母线桥，如图 5-11（a）所示。组合导线是由多根软绞线固定在套环上组合而成，如图 5-11（b）所示，每隔 0.5～1m 设置一支套环，套环用来使各条绞线之间保持均匀的距离，便于散热。通常在环的左右两侧用两根钢芯铝线来承受组合导线的压力，其余绞线仅用于导电，故采用铝绞线。

组合导线用悬式绝缘子悬挂在厂房、配电装置室的墙上或独立的门型框架上。组合导线的跨距取决于悬挂线的强度，通常不大于 35m。

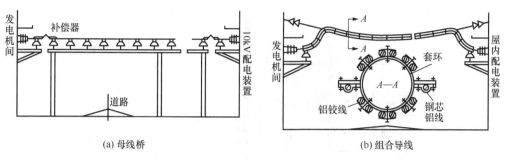

(a) 母线桥　　　　　　　　　　　　(b) 组合导线

图 5-11　母线桥及组合导线布置图

与母线桥相比，组合导线具有以下优点：

1）散热性能好，集肤效应小，有色金属消耗少。

2）节省大量绝缘子和支架，投资较少。

3）运行可靠性较高，维护工作量小，跨距较大，便于跨越厂区道路。

但组合导线自重大，所以支持体强度的设计要考虑地震时导线飞摆的拉力。

组合导线可作 6～125MW 机组的连接母线。

3. 封闭母线连接

由于敞露母线易受污秽、气候和外物的影响，造成绝缘子闪络或短路，而这对大型机组是不允许的，因此对于容量在 20 万 kW 及以上的发电机—变压器单元的连接母线均采用全连式分相封闭母线。图 5-12 为 200MW 发电机-变压器单元全连式分相封闭母线布置图。

主母线为 ϕ400mm×12mm 管形铝母线，用三只绝缘子固定在弹性板上，外壳采用厚度为 7mm 的铝板卷制成直径为 900mm 的铝管。母线与外壳成同心圆布置，支柱绝缘子跨距 $l\leqslant$4m，主回路封闭母线相间距离为 1.2m。封闭母线与发电机、变压器及设备连接处采用螺栓连接，其余的连接部分均采用焊接。

高压厂用分支母线采用 ϕ130mm×10mm 的圆管铝母线，外壳直径为 600mm，由厚度为 5mm 的铝板卷制而成。由于厂用分支母线的短路电流比主母线的大，因此分支母线的绝缘子跨距和外壳支架间的距离均应比主母线小。

在发电机出线电压互感器柜中设有仪表、保护和自动装置使用的三组电压互感器，所有互感器均为单相式，分装在分相间隔中。为了减少占地和方便检修，互感器分三层叠放，并采用抽屉式结构。互感器柜外设有窥视孔，便于检查。

为了使外壳环流形成回路，封闭母线外壳在发电机出线和中性点、主变压器及厂用变压器进线、出线电压互感器柜等处均设有短路板，并应接地。短路板应采用有良好导电性的铝板焊成，其截面应按外壳电流大小选择。

考虑到温度变化时母线及外壳将会出现伸缩、所连设备沉陷不均以及可能出现振动情况，在母线与发电机、变压器连接处设置挠性连接的伸缩接头，当母线较长时，在封闭母线中部也可以设置伸缩接头，载流母线的伸缩接头采用叠片或绞线连接，外壳采用

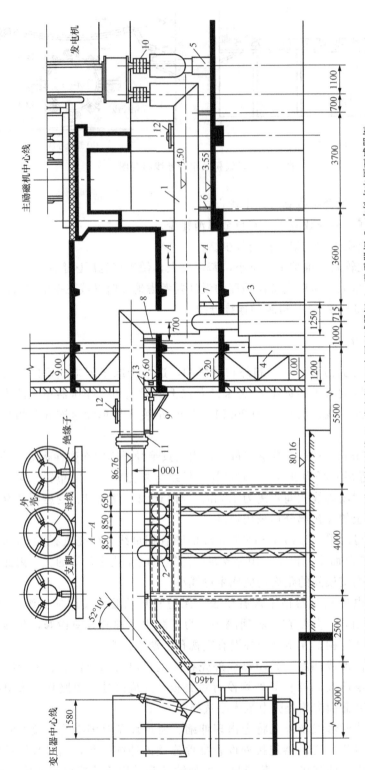

图 5-12 200MW 发电机-变压器单元全连式分相封闭母线布置图

1—发电机主回路封闭母线；2—厂用支封闭母线；3—发电机出口电压互感器柜；4—避雷器柜；5—中性点电压互感器柜；
6、7、8、9—封闭母线支架；10—电流互感器；11—波纹管；12—检查孔；13—吸潮器。

波纹管连接。

为了便于检查，在封闭母线上设有各种检查孔和窥视孔。检查孔及连接处均应有良好的密封，以防止雨水或潮气侵入，造成事故。每次打开检查孔以后均应按规定进行密封，防止留下隐患。此外，在封闭母线系统中还设有吸潮装置。

5.7 实例电站屋、内外配电装置应用分析

5.7.1　高压开关柜订货图分析

实例电站 10kV 高压开关柜订货图见附录 1 中的附图 1-2。

实例电站 10kV 侧采用两机一变的扩大单元接线，根据需要，10kV 高压开关柜共选用 7 个柜子，开关柜额定电流达到 4000A。

10kV 开关室长 10.2m，宽 4.7m，单列布置手车式开关柜，维护通道宽度最窄处为 1m，操作通道宽度为 2m；因为开关室长度超过 7m，故在配电装置室的两端各开有一扇门。设计满足规范要求。

1 号柜为主变压器柜 BK，柜体尺寸为宽 1000 mm×深 1700 mm×高 2300mm，内部配置电流互感器（LMZB$_6$-10，10P20/10P20，4000/5A）、隔离开关（GN$_{22}$-10/4000-50）、避雷器（JPB-HY5CZ1-12.7/41×29）、接地开关（EK6，10kV）、带电显示器（KWS-XS-5805），采用共箱母线往右出线。

2 号发电机回路设备占用两个柜，2 号柜 2FP，柜体尺寸为 800mm×1500mm×2300mm，3 号柜 2FK 柜体尺寸为 1000mm×1500mm×2300mm。2 号柜内部配置电压互感器 $\left(\text{REL10}, \dfrac{10}{\sqrt{3}}\Big/\dfrac{0.1}{\sqrt{3}}\Big/\dfrac{0.1}{3}\text{kV} \text{ 与 RZL10, } 10/0.1\text{kV}\right)$、熔断器（RN$_2$-10，10kV，0.5A）、带电显示器（KWS-XS-5805）；3 号柜内配置断路器（HS3110M-16MF-C，40kA）、电流互感器（AS12/185h/2，0.5/10P20/10P20，2000/5A）、避雷器（JPB-HY5CZ1-12.7/41×29）、接地开关（EK6，10kV）、带电显示器（KWS-XS-5805）、多功能仪表（CSM-2020-1Y，10kV/100V，2000/5A）、电度表（DSSD25，10kV/100V，2000/5A）。

1 号发电机回路设备也占用两个柜，1FP 和 1FK，内部配置同 2 号发电机回路。

6 号柜为母线压互避雷器柜 PTK，柜体尺寸为 800mm×1500mm×2300mm，内部配置熔断器（RN2-10，10kV，0.5A）、电压互感器 $\left(\text{REL10}, \dfrac{10}{\sqrt{3}}\Big/\dfrac{0.1}{\sqrt{3}}\Big/\dfrac{0.1}{3}\text{kV}\right)$、带电显示器（KWS-XS-5805）、微机消谐装置（KSX196-H）。

7 号柜为 1 号厂用变压器柜 1CBK，柜体尺寸为 800mm×1500mm×2300mm，内部配置熔断器（SDLJ，12kV，63/31.5A）、带电显示器（KWS-XS-5805），电缆向下出线。

5.7.2　升压站布置分析

实例电站 110kV 升压站平面布置图见附图 1-3。

整个升压站地形如图 5-13 所示。

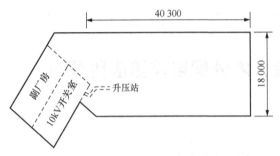

图 5-13　实例电站升压站地形

左面 1146.2m 高层布置副厂房，紧邻副厂房布置 10kV 开关室，一扇门朝东北方向，一扇门朝西南方向；主变压器采用三相油浸式变压器，布置在升压站中间位置，变压器外廓尺寸为 6580mm×3210mm×4530mm，故下设长为 10 000mm、宽为 8000mm 的储油池，达到规范要求的每边相比设备外廓尺寸大 1m，储油池内敷设厚度不小于 0.25m 的鹅卵石，储油池底面向排油管侧有不小于 2% 的坡度，需要时可通过排油管迅速将全部油排到安全处。变压器架设在储油池的钢轨上，10kV 封闭共箱母线连通 10kV 高压开关室与主变压器低压侧绕组出线，封闭母线箱由隔 3000mm 设立的支柱支撑，箱宽为 1500mm；中性点成套保护装置架设在储油池边；主变压器高压绕组出线从高压套管出来后向东经 4000mm 布置 110kV 高压断路器，再向东经过 3000mm 布置 110kV 电流互感器，再往东 3500mm 布置 110kV 隔离开关，再向东经过 2500mm 布置 110kV 门形构架，110kV 架空出线固定在门形构架上，从电站送出经线路最后到达系统 110kV 三台变电所；门形构架上还挂设载波用高频阻波器；门形构架往东 2500mm 布置 110kV 出线隔离开关，再经过 3000mm 布置电压互感器，再经过 3000mm 布置避雷器。相间距离设计为 2200m，满足最小安全净距 A_2 值要求，紧贴储油池和 110kV 设备挖自西向东尺寸为 800mm×800mm 的电缆沟。靠升压站西北角架设独立避雷针、在门形构架上架设避雷针以防雷。

布置时要求出线对构架桁梁垂直线偏角不大于 10°，相（地）导线对出线门形构架的最大水平拉力每相不得大于 500（300）kg。线路终端杆相序与本升压站出线相序应一致，换相应在线路上完成。

思 考 与 练 习

5-1　什么是配电装置？它与主接线的关系是怎样的？

5-2　配电装置应满足哪些基本要求？它与电气主接线的基本要求在含义上有何不同？

5-3　配电装置有哪几种类型？各有什么优缺点？在什么条件下使用？

5-4　配电装置最小安全净距 A、B、C、D、E 值的基本意义是什么？

5-5　配电装置可用哪些图表达？各有何特点？你能画出实习电站的高压开关柜订货

图与屋外配电装置布置草图吗？

5-6 什么是成套配电装置？使用成套配电装置有何优点？适用于何种场合？

5-7 屋外中型、高型、半高型配电装置各有什么特点？中小型水电站常用何种形式？为什么？

5-8 发电机、变压器与配电装置间各种连接方式的特点和适用条件是什么？

5-9 实例电站升压站如果让你布置，你如何考虑？

5-10 课程 DIO 项目之 I 任务：实例电站屋内外配电装置如果让你选，你会选什么产品？试选择 10kV 开关柜和 110kV 配电装置。

6 单元

电气设备的选择

>>>>>

◎ **学习任务**

  掌握电气设备选择的一般条件，会选择发电厂变电所的电气一次设备，为专业典型工作任务之电气一次系统设计、改造、安装、调试打基础。

◎ **重点知识**

  1. 短路电流热效应和短路电流电动力的计算。
  2. 电气设备选择的一般条件。
  3. 母线、电缆、支柱绝缘子、套管绝缘子的选择。
  4. 断路器、隔离开关、熔断器的选择。
  5. 电流互感器、电压互感器的选择。

◎ **难点知识**

  1. 短路计算条件的确定。
  2. 各电气设备选择时选项的不同之处。

◎ **可持续学习**

  防雷设备（如避雷器和避雷针）、限制短路电流设备（如普通电抗器或分裂电抗器）的选择。

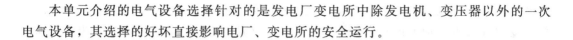

本单元介绍的电气设备选择针对的是发电厂变电所中除发电机、变压器以外的一次电气设备，其选择的好坏直接影响电厂、变电所的安全运行。

电动力和发热计算

6.1.1　长期发热与短时发热

电气设备和导体在运行中存在各种功率损耗，如电流通过导体时产生的电阻损耗、绝缘材料在电压作用下产生的介质损耗、导体周围的金属构件在电磁场作用下产生的涡流和磁滞损耗等。所有这些功率损耗都将转换成热量，使电器设备及相关部件发热。电气设备有正常和短路两种工作状态，电气设备在正常运行状态时，其长期通过正常工作电流，所引起的发热属于长期发热，长期发热的特点是电气设备产生的热量与散失的热量相等，故其温度达到一个稳定值，不再升高。电气设备运行在短路状态时，通过的是短路电流，由于在继电保护作用下，短路故障很快被切除，短路电流形成的发热称为短时发热。短路时电流很大，虽时间不长，但因为散热困难，电气设备的温度远大于正常发热的温度，可能造成设备损坏和事故扩大。

发热对电气设备的金属和绝缘介质会产生危害：长期发热温度过高将使金属发生慢性退火，降低金属的弹性，使其机械强度下降。若导体的接触连接处温度过高，接触连接表面会强烈氧化并发生蠕变，使得接触电阻增加，温度进一步上升，恶性循环，最终导致可动触头的熔焊或连接点烧断。绝缘材料长期受到高温的作用，将逐渐变脆和老化，以致绝缘材料失去弹性，绝缘性能下降，使用寿命大大缩短。

为了保证电气设备的运行寿命和安全，应限制电气设备长期发热与短时发热的最高温度。相关设计与制造规范列出了各种电气材料及设备的最高温度允许值，例如硬铝导体长期发热最高允许温度为 70℃，短时发热最高温度为 220℃。各种绝缘材料按不同等级也有各自的最高温度允许值，例如，A 级绝缘材料为 105℃，B 级绝缘材料为 130℃。

6.1.2　短路电流热效应的等效计算

由于继电保护作用，短路持续时间很短，热量来不及散发出去，即短路电流提供的热量全部用于升高温度，有可能超过短时发热允许温度，使电气设备有关部分受到损坏。因此，把电气设备具有承受短路电流的热效应而不至于因短时过热而损坏的能力称为电气设备具有足够的热稳定度。当电气设备具有足够热稳定度时，短时发热的最高温度 θ_k 不超过设备短时发热最高允许温度 θ_{dN}。即认为设备在短路电流作用下 t_k 时间内产生的短路热效应 Q_k

不超过它所允许的热效应时，则 $\theta_k \leqslant \theta_{dN}$。在实际工程中，往往通过将短路电流产生的热效应 Q_k 与设备出厂时所做的热稳定试验（由 t s 所能通过的热稳定电流 I_t 得出所能承受的热效应 $I_t^2 \cdot t$）进行比较来判断设备是否具有足够热稳定度。

通常计算短路电流热效应的方法有假想时间法和复化辛普森法两种。

1. 假想时间法计算短路电流热效应

由于短路电流 i_k 变化复杂，因此工程实际中常采用稳态短路电流 I_∞ 及假想发热时间 t_j 的等效代换计算方法，其物理概念如图 6-1 所示。

令 $I_\infty^2 t_j = \int_0^{t_k} i_k^2 \mathrm{d}t$，即将图 6-1 中曲边梯形 $DEFO$ 的面积计算改为矩形 $ABCO$ 的面积计算，简化的关键在于等效（假想）时间的确定。显然，t_j 与实际短路持续时间 t_k 有关，并依赖于实际短路电流的变化规律，其与电动机参数、励磁调节器的动作特性有关。

$$\int_0^{t_k} i_k^2 \mathrm{d}t = \int_0^{t_k} (i_p + i_{np})^2 \mathrm{d}t = \int_0^{t_k} (i_p^2 + i_{np}^2 + 2i_p i_{np}) \mathrm{d}t \tag{6.1}$$

式中，i_p、i_{np} ——短路电流的周期分量与非周期分量。

由于 i_p 符号交变而 i_{np} 符号固定，因此可略去第 3 项的积分，即

$$\int_0^{t_k} i_k^2 \mathrm{d}t \approx \int_0^{t_k} i_p^2 \mathrm{d}t + \int_0^{t_k} i_{np}^2 \mathrm{d}t \tag{6.2}$$

按 $I_\infty^2 t_j = \int_0^{t_k} i_k^2 \mathrm{d}t$ 得

$$t_j = \frac{1}{I_\infty^2} \int_0^{t_k} i_p^2 \mathrm{d}t + \frac{1}{I_\infty^2} \int_0^{t_k} i_{np}^2 \mathrm{d}t$$

改写为

$$t_j = t_{jp} + t_{jnp} \tag{6.3}$$

式中，t_{jp}、t_{jnp} ——周期分量与非周期分量的假想时间。

（1）周期分量假想时间的确定

$$t_{jp} = \frac{1}{I_\infty^2} \int_0^{t_k} i_p^2 \mathrm{d}t \tag{6.4}$$

t_{jp} 除与 t_k 有关外，还与短路电流的变化特性，即短路电流周期分量的起始有效值 I'' 与稳态有效值 I_∞ 之比 $\beta'' \left(\beta'' = \dfrac{I''}{I_\infty} \right)$ 有关，其关系曲线 $t_{jp} = f(t_k, \beta'')$ 如图 6-2 所示。

图 6-2 中短路持续时间 t_k 最多为 5s，若大于 5s，可认为短路电流已达稳定值。大于 5s 后的实际时间即为等值时间。故当 $t > 5$s 时，其等值时间为

$$t_{jp} = t_{p(5)} + (t_k - 5)$$

（2）非周期分量假想时间的确定

$$t_{jnp} = \frac{1}{I_\infty^2} \int_0^{t_k} i_{np}^2 \mathrm{d}t \tag{6.5}$$

而

$$i_{np} = \sqrt{2}\, I'' \mathrm{e}^{-\frac{t}{T_a}} \tag{6.6}$$

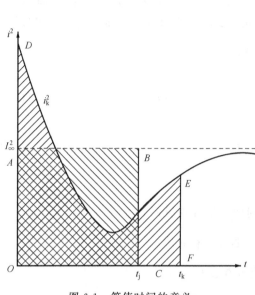

图 6-1　等值时间的意义

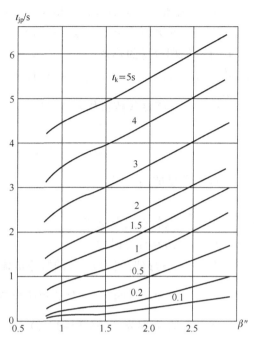

图 6-2　周期分量等值时间曲线

式中，I''——周期分量起始有效值；

T_a——非周期分量的衰减时间常数，一般取 $T_a = 0.05\text{s}$。

将式（6.6）代入式（6.5），得

$$t_{\text{jnp}} = 0.05\beta''^2 \left(1 - e^{\frac{t}{0.025}}\right) \tag{6.7}$$

由于非周期分量按指数规律衰减，在 4 倍衰减时间常数以后，即 $t \geqslant 0.1\text{s}$ 以后热量不再增加，计算 t_{jnp} 时可作简化。

1）当 $t_k \geqslant 1\text{s}$ 时，略去非周期分量的发热，取 $t_{\text{jnp}} = 0$。

2）当 $0.1\text{s} \leqslant t_k < 1\text{s}$，取 $t_{\text{jnp}} = 0.05\beta''^2$。

3）当 $t_k < 0.1\text{s}$ 时，t_{jnp} 按式（6.7）计算。

总的热效应为

$$Q_k = \int_0^{t_k} i_k^2 \mathrm{d}t = I_\infty^2 t_j = I_\infty^2 (t_{\text{jp}} + t_{\text{jnp}}) \tag{6.8}$$

2. 复化辛普森法求短路电流热效应

任意曲线求定积分，可用辛普森法近似计算，即

$$\int_a^b f(x)\mathrm{d}x = \frac{b-a}{3n}\left[(y_0 + y_n) + 2(y_2 + y_4 + \cdots + y_{n-2}) + 4(y_1 + y_3 + \cdots + y_{n-1})\right] \tag{6.9}$$

式中，b、a——积分区间的上、下限；

n——把整个区间分成长度相等的小区间数（偶数）；

y_i——函数值（$i = 1, 2, \cdots, n$）。

在计算周期分量的热效应时，代入 $f(x) = I_{pt}^2$，$a = 0$，$b = t_{js}$。当取 $n = 4$ 时，则 $y_0 = I''^2$，$y_1 = I_{p\frac{t_{js}}{4}}$，$y_2 = I_{p\frac{t_{js}}{2}}$，$y_3 = I_{p\frac{3}{4}t_{js}}$，$y_4 = I_{pt_{js}}$。为了进一步简化计算，可以认为 $y_2 = \dfrac{y_1 + y_3}{2}$。将这些数值代入式（6.9），即得

$$Q_p = \int_0^{t_{js}} I_{pt}^2 \, \mathrm{d}t = \frac{I''^2 + 10 I_{p\frac{t_{js}}{2}}^2 + I_{pt_{js}}^2}{12} t_{js} \tag{6.10}$$

非周期分量的热效应

$$Q_{np} = T I''^2 \tag{6.11}$$

式中，I''——次暂态短路电流；

t_{js}——短路计算时间；

$I_{pt_{js}}$——短路时间为 t_{js} 时的短路电流周期分量有效值；

$I_{p\frac{t_{js}}{2}}$——短路时间为 $\dfrac{t_{js}}{2}$ 时的短路电流周期分量有效值；

T——非周期分量等效时间（s），其值可查表 6-1。

表 6-1   非周期分量等效时间 T

短路点	T/s	
	$t_{js} \leqslant 0.1\text{s}$	$t_{js} > 0.1\text{s}$
发电机出口及母线	0.15	0.2
发电机升高电压母线及出线发电机电压电抗器后	0.08	0.1
变电所各级电压母线及出线		0.05

如果短路电流切除时间 $t_{js} > 1\text{s}$，导体的发热主要由周期分量来决定，在此情况下可以不考虑非周期分量的影响。

6.1.3 短路电流电动力的计算

电气设备的载流部分通过电流时，若周围有磁场，就要受到电动力的作用。在正常情况下导体工作电流不大，所产生电动力也不大；而在短路电流通过时电动力可达很大数值，以致电气设备的载流部分产生变形等机械损坏。因此，把电气设备具有承受短路电流的电动力效应而不至于造成机械损坏的能力称为电气设备具有足够的动稳固性。

当两根细长平行导体通过电流，则可不考虑电流在导体截面上的分布影响，并将导体两端部的磁场视为与中段磁场相同。根据电工基础知识，导体间的相互作用力可用下式计算，即

$$F = \frac{2l}{a} i_1 i_2 \times 10^{-7} \quad (\text{N}) \tag{6.12}$$

式中，F——作用于导体长度中点的瞬时合力（实际作用力沿导体长度均匀分布），N；

l ——平行导体长度，cm；

a ——两导体轴线间距离，cm；

i_1、i_2——两导体通过的瞬时电流，A。

若导体的边沿距离小于其截面的周长时，应考虑电流在截面上的分布，此时两根导体的电动力算式为

$$F = 2K_x \frac{l}{a} i_1 i_2 \times 10^{-7} \quad (\text{N}) \tag{6.13}$$

式中，K_x——形状修正系数。

矩形导体应用于大电流配电装置时往往一相使用多条，这时计算同相条间作用力时需要用 K_x 修正，K_x 值可由《电力工程设计手册》查取。

三相交流电系统的导体常见的是三相母线平行敷设，三相母线的相互位置及各相瞬时电流值对母线承受电动力作用的大小和方向有重要影响，计算中通常只选择在具体布置中可能出现的最大电动力瞬时值作为计算的依据。

三相短路时 V 相导体受力最严重，因为 i_U，i_V，i_W 瞬时出现的最大电流的时间相位差 120°，见图 6-3，V 相合力取的是矢量之差，故最大。V 相将受到的最大作用力为

$$F_{\text{V·max}} = 1.73 \times \frac{l}{a} i_{\text{im}}^2 \times 10^{-7} \quad (\text{N}) \tag{6.14}$$

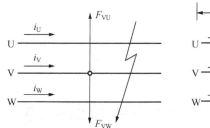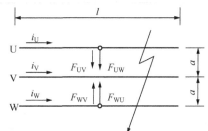

图 6-3　对称三相短路时的电动力

通常短路冲击电流 i_{im} 单位取 kA，电动力 $F_{\text{V·max}}$ 单位取 kg，则

$$F_{\text{V·max}} = 1.77 \times \frac{l}{a} i_{\text{im}}^2 \times 10^{-2} \quad (\text{kg}) \tag{6.15}$$

若考虑母线共振影响，则

$$F_{\text{V·max}} = 1.77 \times \frac{l}{a} i_{\text{im}}^2 \beta \times 10^{-2} \quad (\text{kg}) \tag{6.16}$$

式中，β ——共振系数。

考虑母线动稳固性应限制导体的跨距，因此在防止共振时以母线的一阶固有频率不低于最小允许频率 $f_{1\cdot\text{min}}$ 作为条件，即应使

$$f_1 \geqslant f_{1\cdot\text{min}} \tag{6.17}$$

而

$$f_1 = 112 \times \frac{r_i}{l^2} \varepsilon \tag{6.18}$$

则防止共振的跨距

$$l \leqslant \sqrt{\frac{112 r_i \varepsilon}{f_{1 \cdot \min}}}$$

当取 $f_{1 \cdot \min} = 160\text{Hz}$ 时，防共振的跨距条件为

$$l_{\max} \leqslant 0.837\sqrt{r_i \varepsilon} \tag{6.19}$$

式中，r_i——母线弯曲时的惯性半径，cm；

l——母线跨距（相邻两绝缘子间的距离），cm；

ε——材料系数，铜为 1.14×10^4，铝为 1.55×10^4。

当导体材料和截面尺寸确定后，防止共振的最大跨距仅与导体排列方式有关，可在《电力工程设计手册》中查取，如表 6-2 所示。

表 6-2　母线机械共振允许最大跨距

母线材料	截面尺寸 $(h \times b)$ /(mm×mm)	惯性半径 r_i/cm		机械共振允许最大跨距/cm	
		母线排列方式		母线排列方式	
		三条竖放	三条平放	三条竖放	三条平放
铜	120×10	0.289	3.468	49	169
铝	120×10	0.289	3.468	57	197

6.2 电气设备选择的一般条件

电力系统中的各种电气设备的作用和使用条件不同，具体选择校验项目及方法也不尽相同。但是除了某些特定的选择校验项目之外，各类电气设备选择都应遵循如下的共同原则，即必须按正常工作条件选择，按短路状态校验。

6.2.1　按正常工作条件选择

1. 额定电压的选择

电气设备所在电网的运行电压因调度或负荷的变化常高于电网的额定电压，故所选电气设备允许的最高电压不得低于所接电网的最高运行电压。

一般电气设备的最高运行电压：当额定电压在 220kV 及以下时为 $1.15\,U_N$，额定电压为 330～500kV 时为 $1.1\,U_N$。而实际电网的最高运行电压一般不超过 $1.1\,U_{nS}$，因此选择电气设备时一般可按照电气设备的额定电压不低于所在电网的额定电压的条件选

择，即

$$U_N \geqslant U_{nS} \tag{6.20}$$

式中，U_N——电气设备额定电压；

U_{nS}——电网的额定电压。

此外，在空气污秽地区应选用绝缘加强型或高一级电压的产品。随海拔的增加，空气密度和湿度也相应减小，使得电气设备外部空气间隙和瓷绝缘的放电特性降低，允许最高工作电压减小。当海拔在 1000～4000m 时，海拔每增高 100m，工作电压降低 1%。对海拔超过 1000m 的地区，一般应选用高原型产品或外绝缘提高一级的产品。

2. 额定电流的选择

电气设备的额定电流是指在额定周围环境温度下的长期允许电流。电气设备使用处的环境温度往往非设计制造规定的额定环境温度，因此电气设备在实际环境温度 θ_0 下的允许电流不同于额定电流。规程规定，当电气设备使用在环境温度高于 +40℃（但不高于 +60℃）时，环境温度每增加 1℃，建议减小额定电流 1.8%；当使用的环境温度低于 +40℃时，环境温度每降低 1℃，建议增加额定电流 0.5%，但最大不得超过 20%。电容器不允许过电流运行。

电气设备在实际环境温度 θ_0 下的允许电流应按下式进行修正，即

$$I_{al} = K_\theta I_n = \sqrt{\frac{\theta_{max} - \theta_0}{\theta_{max} - \theta_n}} \cdot I_n \tag{6.21}$$

式中，I_{al}——实际环境温度 θ_0 下的允许电流；

K_θ——温度修正系数；

θ_{max}——长期发热允许最高温度；

θ_n——基准环境温度；

I_n——电气设备的额定电流。

要使电气设备能正常工作，则要求电气设备的实际允许电流不小于该回路在各种合理运行方式下的最大持续工作电流，即

$$I_n \geqslant I_{max} \tag{6.22}$$

式中，I_{max}——电气设备所在回路最大持续工作电流。

各支路的最大持续工作电流 I_{max} 决定于支路主要设备：发电机、调相机和变压器由于在电压降低 5% 时其电流可提高 5%，保持出力不变，所以其回路的 I_{max} 为发电机、调相机或变压器额定电流的 1.05 倍；若变压器有过负荷运行可能时 I_{max} 应按过负荷确定（1.3～2 倍变压器额定电流）；母联断路器回路应取母线上最大一台发电机或变压器的 I_{max}；母线分段电抗器的 I_{max} 应为母线上最大一台发电机跳闸时保证该母线负荷所需的电流，或最大一台发电机额定电流的 50%～80%；出线回路的 I_{max} 除考虑线路正常负荷电流外，还应保证事故时由其他回路转移过来的负荷。

6.2.2 按短路情况进行校验

1. 短路热稳定校验

热稳定是指电气设备承受短路电流热效应而不损坏的能力。热稳定校验的实质是短路电流通过电气设备时电气设备各部件温度应不超过短时发热允许的最高温度。满足热稳定的工程条件为

$$I_t^2 t \geqslant Q_k \tag{6.23}$$

式中，Q_k——短路电流产生的热效应；

I_t、t——电气设备允许通过的热稳定电流和热稳定时间。

2. 短路动稳定校验

动稳定是指电气设备承受短路电流产生的电动力效应而不损坏的能力。导体动稳定的根本条件是短路冲击电流产生的最大应力 σ_{max} 不大于导体材料的允许应力 σ_{al}，即 $\sigma_{max} \leqslant \sigma_{al}$。电气设备满足动稳定的工程条件为

$$i_{es} \geqslant i_{im} \tag{6.24}$$

式中，i_{es}——电气设备允许通过的动稳定电流，kA；

i_{im}——短路冲击电流，kA。

3. 短路电流计算条件

为使所选电气设备具有足够的可靠性、经济性和合理性，并在一定时期内适应电力系统发展需要，作短路校验用的短路电流应按下列条件确定：

1）容量和接线。按本工程设计最终容量计算，并考虑电力系统远景发展规划（一般为本工程建成后 5~10 年）；其接线应采用可能发生最大短路电流的正常接线方式，但不考虑在切换过程中可能短时并列的接线方式。

2）短路种类。一般按系统最大运行方式下三相短路校验，若其他短路较三相短路严重时，则按最严重的短路情况校验。

3）计算短路点。选择通过电气设备的短路电流为最大的那些点为短路计算点。

现以图 6-4 为例说明短路计算点的确定方法。

① 发电机、变压器回路的断路器。应比较断路器前后短路时通过断路器的电流值，择其大者为短路计算点。例如，对断路器 QF$_1$，当 k_1 点短路时，流过 QF$_1$ 的短路电流为 I_1；当 k_2 点短路时，流过 QF$_1$ 短路电流为 $I_2 + I_3$；若两

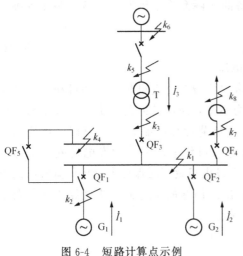

图 6-4　短路计算点示例

台发电机容量相等，则 $I_2 + I_3 > I_1$，故应选点 k_2 为 QF_1 的短路计算点。

② 母联断路器。应考虑母联断路器 QF_5 向备用母线充电时备用母线故障，即 k_4 点短路时全部短路电流 $I_1 + I_2 + I_3$ 流过 QF_5 及备用母线。

③ 带电抗器的出线回路。由于干式电抗器工作可靠性较高，且断路器 QF_4 与电抗器间的连线很短，故障概率小，此回路电气设备一般可选电抗器后 k_8 点为短路计算点，这样出线可选用轻型断路器，以节约投资。

④ 母线损坏将使所有的电气设备长期不能正常工作，因此母线应在最严重的短路下校验热稳定和动稳定。在图 6-4 中 k_1 点或 k_7 点短路，所有电源的电流都流过母线，故应以 k_1 点作为短路计算点。

4）短路计算时间。校验电气设备的热稳定和开断能力时，还必须合理地确定短路计算时间。验算热稳定的计算时间 t_{js} 为继电保护动作时间 t_{pr} 和相应的断路器的全开断时间 t_{br} 之和，即

$$t_{js} = t_{pr} + t_{br} \tag{6.25}$$

$$t_{br} = t_{in} + t_a \tag{6.26}$$

式中，t_{js}——验算热稳定计算时间；

$\quad t_{pr}$——继电保护动作时间；

$\quad t_{br}$——断路器全开断时间；

$\quad t_{in}$——断路器固有分闸时间；

$\quad t_a$——断路器熄弧时间，少油断路器为 $0.04 \sim 0.06s$，压缩空气断路器为 $0.02 \sim 0.04s$。

当校验裸导体及 110kV 及以下电缆短路热稳定时，一般采用主保护动作时间。若主保护有死区，则应采用能保护该死区的后备保护动作时间，并采用相应处的短路电流值。校验电气设备和 110kV 及以上充油电缆的热稳定时，一般采用后备保护动作时间，使计算可靠性提高。

6.3　导体和绝缘子的选择

6.3.1　导体的选择

1. 母线的选择

（1）形式的选择

常用的母线材料有铜和铝。铜的电阻率低，耐腐蚀，机械强度大，是性能良好的导

电材料，但价格贵，所以铜母线多用在工作电流大、位置狭窄的发电机、变压器出线处或对铝有严重腐蚀的场所。铝的价格低，使用普遍。

一般屋外配电装置使用钢芯铝绞线或硬铝管形母线；屋内配电装置均使用硬母线，其截面有矩形、槽形和管形。矩形母线散热较好，有一定机械强度，方便安装，广泛使用于 4000A 以下的配电装置中。为减小集肤效应，单条矩形母线的截面不超过 1250mm²。槽形母线机械强度较好，载流量较大，集肤效应较小，一般用于 4000～8000A 的配电装置中。管形母线集肤效应系数小、机械强度较高，管内可通水或通风冷却，而且圆管表面曲率较小、均匀，故电晕放电电压高，因而常用于 8000A 以上的大电流和 110kV 及以上的高电压配电装置中。

（2）母线截面的选择

对于汇流主母线和较短母线，只按母线长期发热允许电流来选择，其余母线的截面一般按经济电流密度选择。

1）按导体长期发热允许电流选择。

导体所在回路中最大持续工作电流 I_{max} 应不大于导体长期发热的允许电流 I_{al}，即

$$I_{max} \leqslant I_{al}$$

式中，I_{al}——在实际环境温度下导体长期允许电流，$I_{al} = K_{\theta} I_n$；

I_n——在 25℃ 时的允许电流，即额定电流；

K_{θ}——温度修正系数，其值可查《电力工程设计手册》。

2）按经济电流密度选择。

对于年平均负荷较大、母线较长、传输容量较大的回路（如发电机、变压器出线等），均应按经济电流密度选择母线截面。按经济电流密度选择的母线可使其年计算费用降低。

经济电流密度与导体的材料和最大负荷年利用小时数有关。表 6-3 列出了一些常用导体的经济电流密度。

表 6-3　导体的经济电流密度

载流导体名称	最大负荷年利用时间/h		
	3000 以内	3000～5000	5000 以上
铜导体和母线	3	2.25	1.75
铝导体和母线	1.65	1.15	0.9
铜芯	3	2.5	2
铝芯	1.6	1.4	1.2
橡皮绝缘铜芯电缆	3.5	3.1	

母线的经济截面由下式确定，即

$$S = \frac{I_{max}}{J} \tag{6.27}$$

式中，I_{max}——正常工作时的最大持续工作电流；

J——导体的经济电流密度，A/mm²。

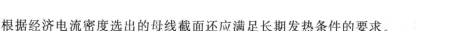

根据经济电流密度选出的母线截面还应满足长期发热条件的要求。

（3）电晕电压的校验

电晕放电将引起电能损耗、无线电干扰、噪声、金属腐蚀等不利影响。对于 110kV 及以上的裸母线，可按晴天不发生电晕条件校验，即母线的电晕临界电压 U_{cr} 应大于其最高工作电压 U_{max}，即

$$U_{cr} > U_{max} \tag{6.28}$$

当所选软导线型号和管形母线外径不小于下列数值时，可不进行电晕校验：110kV，LGJ-70/ϕ20；220kV，LGJ-300/ϕ30。

（4）热稳定校验

在校验导体热稳定时，须满足

$$S_{min} \geqslant \frac{\sqrt{Q_k}}{C} \times 10^3 \tag{6.29}$$

式中，C——热稳定系数，其与导体材料和工作温度有关，可查表 6-4 求得；

　　　　Q_k——短路热效应，$kA^2 \cdot s$。

注意：矩形导体还要计及集肤效应系数的影响，具体参见《电力工程设计手册》。

表 6-4　不同工作温度下裸导体的 C 值

裸导体	工作温度/℃										
	40	45	50	55	60	65	70	75	80	85	90
硬铝及铝锰合金	99	97	95	93	91	89	87	85	83	81	79
硬铜	186	183	181	179	176	174	171	169	166	164	161

（5）动稳定校验

对单条矩形母线，若一相多条时还要考虑条件作用力，具体查《电力工程设计手册》。

$$l_{max} \leqslant \frac{23.8\sqrt{\sigma_{al}a W}}{i_{im}} \tag{6.30}$$

式中，l_{max}——满足动稳定所允许的最大跨距，cm；

　　　　σ_{al}——材料允许应力，kg/cm^2；

　　　　a——相距，cm；

　　　　W——导体截面系数，cm^3；

　　　　i_{im}——冲击短路电流，kA。

2. 电缆的选择

（1）形式的选择

电缆形式的选择与其用途、敷设方式和使用条件等有关。一般 35kV 及以下采用三相铝芯电缆，110kV 及以上采用单相充油电缆。直接埋入地下时，常选用钢带铠装电缆；敷设在高度差较大地点，应采用不滴流或塑料电缆。

（2）额定电压的选择

$$U_n \geqslant U_{nS}$$

（3）截面的选择

电缆的截面选择与母线相同，既要按经济电流密度 $S = \dfrac{I_{max}}{J}$ 选，也要满足长期发热条件 $I_{max} \leqslant I_{al}$。

按经济电流密度选择电缆时还须决定经济合理的电缆根数。一般 S 在 240mm^2 以下时采用一根电缆；当 $S > 240\text{mm}^2$ 时经济电缆根数由 $\dfrac{S}{150}$ 决定。

（4）热稳定校验

$$S_{min} \geqslant \frac{\sqrt{Q_k}}{C} \times 10^3 \tag{6.31}$$

当按短路热稳定校验确定的电缆截面大于按正常工作电流选择的截面时，应尽量选择短时发热允许温度较高的电缆，如改聚氯乙烯的电缆为交联聚乙烯电缆，或增大电缆的截面，使之接近于由热稳定条件决定的截面。

电缆不需进行动稳定校验。

6.3.2 绝缘子的选择

1. 形式的选择

绝缘子包括支柱绝缘子和套管绝缘子。套管绝缘子内部有载流芯柱，芯柱材料有铜、铝之分，一般铜芯套管绝缘子用于大电流、有腐蚀的场所。

2. 额定电压的选择

$$U_n \geqslant U_{nS}$$

3. 额定电流的选择

支柱绝缘子没有此选项。套管绝缘子要按 $I_{max} \leqslant I_{al}$ 选择。

4. 热稳定校验

支柱绝缘子没有此校验项。套管绝缘子要按 $I_t^2 t \geqslant Q_k$ 校验。

5. 动稳定校验

根本条件为

$$F_{js} \leqslant 0.6\, F_{ph} \tag{6.32}$$

$$F_{js} = 1.73 i_{im}^2 \frac{l_{js}}{a} K \times 10^{-1} \quad (\text{N}) \tag{6.33}$$

式中，l_{js}——计算跨距（m），对装于母线中间部位的绝缘子（如绝缘子 1）$l_{js} = (l_1 + l_2)/2$，对装于母线端部的绝缘子 $l_{js} = l_2/2$，对于穿墙套管 $l_{js} = (l_1 + l_{tg})/2$，其中 l_{tg} 为套管长度，l_1、l_{tg} 如图 6-5 所示；

K——折算系数，$K = H_1/H$，其中 H_1、H 分别为支柱绝缘子高度与导体中心高度，图 6-6 中母线垂直布置，$H_1 = H + b + h/2$，穿墙套管 $K = 1$。

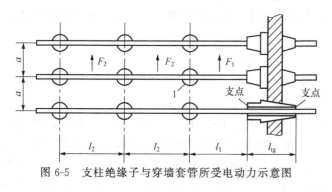
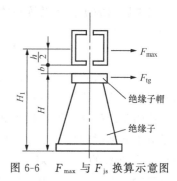

图 6-5　支柱绝缘子与穿墙套管所受电动力示意图　　图 6-6　F_{max} 与 F_{js} 换算示意图

断路器、隔离开关及熔断器的选择

6.4.1　高压断路器的选择

1. 形式的选择

断路器应根据安装地点、周围环境和使用技术条件等要求选择其种类和形式，还要便于施工、调试和运行维护。少油断路器制造简单、价格便宜，原来广泛使用在 6～220kV 电压等级中，但少油断路器用油作灭弧介质，油有火灾和爆炸危险，故目前已经很少采用。一般在电压不大于 35kV 系统中以真空断路器替代少油断路器；对于电压为 110～330kV，当少油断路器技术性能不满足要求时，可选用压缩空气断路器或 SF_6 断路器；电压为 500kV 的系统中一般采用 SF_6 断路器。

2. 额定电压的选择

断路器的额定电压 U_n 不小于断路器所在电网的额定电压 U_{nS}。

$$U_n \geqslant U_{nS}$$

3. 额定电流的选择

断路器的额定电流 I_n 不小于断路器所在回路的最大持续工作电流 I_{max}。

$$I_n \geqslant I_{max}$$

4. 开断电流的选择

断路器的额定开断电流 I_{nbr} 不小于实际开断瞬间的短路电流周期分量 I_{pt}。

$$I_{nbr} \geqslant I_{pt} \tag{6.34}$$

当断路器的 I_{nbr} 较系统短路电流大很多时，为简化计算，也可用次暂态短路电流进行 I'' 的选择，即

$$I_{nbr} \geqslant I'' \tag{6.35}$$

一般断路器开断单相短路电流的能力比开断三相短路电流要大约 15%，因此只有单相短路电流比三相短路电流大 15% 以上时才按单相短路校验。

我国生产的断路器在做型式试验时仅计入了 20% 的非周期分量，一般中、慢速的断路器由于开断时间较长（$\geqslant 0.1s$），短路非周期分量衰减较多，能满足国家规定的非周期分量幅值 20% 的要求。对于快速保护和高速断路器，其开断时间小于 $0.1s$，当在电源附近短路时短路电流的非周期分量可能超过 20%，因此需要验算。要使 $I_{nbr} \geqslant I_k$，短路全电流 I_k 为

$$I_k = \sqrt{I_{pt}^2 + (\sqrt{2} I'' e^{-\frac{\omega t_{br}}{T_a}})^2} \tag{6.36}$$

式中，I_{pt}——开断瞬间短路电流周期分量有效值，当开断时间小于 $0.1s$ 时 $I_{pt} \approx I''$；

t_{br}——断路器全开断时间；

T_a——非周期分量衰减时间常数，$T_a = x_\Sigma / r_\Sigma$（rad），其中 x_Σ、r_Σ 为电源至短路点的短路回路总电抗和总电阻。

若计算结果非周期分量超过 20% 以上时，订货时应向制造部门提出要求。

装有自动重合闸的断路器，当操作循环符合厂家规定时其额定开断电流不变。

5. 短路关合电流的选择

当断路器合闸于预伏故障时，断路器动、静触头在未接触时即有短路电流通过（预击穿），更易发生触头熔焊和遭受电动力损坏。断路器在关合短路电流后又将自动跳闸，此时还要求能够切除短路电流。因此，额定关合电流是断路器的重要参数之一。为保证断路器在关合短路电流时的安全，断路器的额定关合短路电流 i_{ncl} 不应小于短路电流最大冲击值 i_{im}，即

$$i_{ncl} \geqslant i_{im} \tag{6.37}$$

6. 热稳定校验

$$I_t^2 t \geqslant Q_k$$

7. 动稳定校验

$$i_{es} \geqslant i_{im}$$

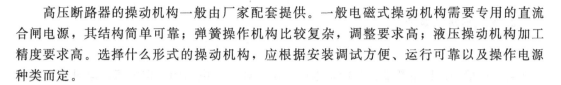

高压断路器的操动机构一般由厂家配套提供。一般电磁式操动机构需要专用的直流合闸电源，其结构简单可靠；弹簧操作机构比较复杂，调整要求高；液压操动机构加工精度要求高。选择什么形式的操动机构，应根据安装调试方便、运行可靠以及操作电源种类而定。

6.4.2　隔离开关的选择

1. 形式的选择

隔离开关的形式较多，按安装地点不同可分为户内式和户外式，按绝缘支柱数目又分为单柱式、双柱式和三柱式。隔离开关对配电装置的布置、占地面积有很大影响，选择形式时应根据配电装置的特点和使用要求以及技术经济条件来确定。

由于隔离开关没有灭弧装置，不能用来开断和接通负荷电流及短路电流，故不用进行开断电流和关合电流的校验。隔离开关的额定电压、额定电流选择和热稳定、动稳定校验项目与断路器相同。

2. 额定电压的选择

$$U_n \geqslant U_{nS}$$

3. 额定电流的选择

$$I_n \geqslant I_{max}$$

4. 热稳定校验

$$I_t^2 t \geqslant Q_k$$

5. 动稳定校验

$$i_{es} \geqslant i_{im}$$

6.4.3　高压熔断器的选择

1. 形式的选择

高压熔断器是最简单的保护电器，多用于保护电压互感器、电力电容器和小容量配电变压器。高压熔断器可以分为两种类型：一类是户内熔断器，最高电压能达 $35kV$，常用的型号有 RN_1、RN_2、RN_3、RN_5 等，主要用于保护电力线路、电力变压器和电力电容器等设备的过载和短路；RN_2 型额定电流均为 $0.5A$，为保护户内电压互感器的专用熔断器。另一类是户外熔断器，常用的有 RW_3、RW_4、RW_5、RW_7 等跌落式熔断器，其作用除与 RN_1 型相同外，在一定条件下还可以分断和关合空载架空线路、空载变压器和小负荷电流，RW_{10}-35/0.5 型专用于保护户外电压互感器。

2. 额定电压的选择

$$U_n \geqslant U_{nS}$$

对于一般的高压熔断器，其额定电压一定不能小于电网的额定电压。但对于充填石英砂的限流型熔断器，只能按 $U_n = U_{nS}$ 的条件选择，这种情况下熔断器熔断产生的最大过电压倍数限值在规定的 2.5 倍相电压，此值不会超过同一电压等级电器的绝缘水平。如果熔断器使用在工作电压低于其额定电压的电网中，过电压倍数可能达 3.5～4 倍，会大大损害电器的绝缘。

3. 额定电流的选择

熔断器的额定电流的选择包括熔断器熔管的额定电流和熔体的额定电流的选择。

1）熔管额定电流的选择。为了保证熔断器壳不致损坏，高压熔断器的熔管额定电流 I_{nrg} 应大于、等于熔体的额定电流 I_{nrt}。

$$I_{nrg} \geqslant I_{nrt} \tag{6.38}$$

2）熔体额定电流的选择。为了防止熔体在通过变压器励磁涌流和保护范围以外的短路及电动机自起动等冲击电流时误动作，保护 35kV 及以下电力变压器的高压熔断器，其熔体的额定电流可按下式选择，即

$$I_{nrt} = K I_{max} \tag{6.39}$$

式中，K ——可靠系数，不计电动机自起动时 $K = 1.1～1.3$，考虑电动机自起动时 $K = 1.5～2.0$；

I_{max} ——电力变压器回路最大工作电流。

用于保护电力电容器的高压熔断器的熔体，当系统电压升高或波形畸变引起回路电流增大或运行过程中产生涌流时不误熔断，其熔体按下式选择，即

$$I_{nrt} = K I_{nc} \tag{6.40}$$

式中，K ——可靠系数，对限流型高压熔断器，当一台电力电容器时 $K = 1.5～2.0$，当一组电容器时 $K = 1.3～1.8$；

I_{nc} ——电力电容器回路的额定电流。

4. 熔断器开断电流校验

$$I_{nbr} \geqslant I_{im}（或 I''） \tag{6.41}$$

对于无限流作用的熔断器，选择时用冲击电流的有效值 I_{im} 进行校验；对于有限流作用的熔断器，在电流达最大值之前已截断，故可不计非周期分量的影响，而采用 I'' 进行校验。

5. 熔断器选择性校验

为了保证前后两级熔断器之间或熔断器与电源（或负荷）保护装置之间动作的选择性，应进行熔体选择性校验。各种型号熔断器的熔体熔断时间可在由厂家提供的安秒特性曲线上查出。

6.5

电流互感器和电压互感器的选择

6.5.1 电流互感器的选择

1. 形式的选择

电流互感器品种繁多，其形式应根据安装使用条件和产品情况选择，根据安装地点选择户内或户外式，根据安装方式选择支持式、装入式（装在变压器套管或多油断路器套管中）和穿墙式（兼作穿墙套管），根据一次绕组匝数可选择单匝式（用于大电流）、多匝式（用于小电流）和母线式（用于大电流）。

6~10kV 及以下的电流互感器均为户内式，一般采用瓷绝缘或树脂浇注绝缘结构的产品。另外，要充分利用变压器和 35kV 多油开关内的装入式电流互感器，并充分利用穿墙式互感器兼作穿墙套管。

2. 额定电压的选择

$$U_n \geqslant U_{nS}$$

3. 额定电流的选择

（1）一次额定电流的选择

测量时，电流互感器的正常工作电流 I_w 应尽量为其额定一次电流的 2/3，以保证仪表的最佳工作，并在过载时使仪表有适当的指示；同时，电流互感器回路的最大持续工作电流不超过额定一次电流，即

$$I_n \geqslant (1.2 \sim 1.5)I_w \tag{6.42}$$

且

$$I_n \geqslant I_{max} \tag{6.43}$$

（2）二次额定电流的选择

一般强电系统用 5A，弱电系统用 1A。

4. 按电流互感器准确度等级及二次负荷阻抗校验

为了保证测量仪表的准确度，互感器的准确度等级不得低于所供仪表的准确级。当所供仪表要求不同的准确度级时，应按相应最高级别来确定电流互感器的准确度等级。

为了保证互感器的准确度级，互感器二次所接负荷 S_2 应不大于额定二次负荷阻抗 S_{n2}，即

$$S_{n2} \geqslant S_2 = I_{n2}^2 Z_2 \qquad (6.44)$$

电流互感器因一次侧接入的是定流源，故其二次侧负荷可用 Ω 表示。

互感器二次负荷（忽略电抗）包括测量表计电流线圈电阻 r_a、继电器电阻 r_{re}、连接线电阻 r_l 和接触电阻 r_c，即

$$Z_2 = r_a + r_{re} + r_l + r_c \qquad (6.45)$$

其中，r_a、r_{re} 可由回路中所接仪表和继电器的参数求得，一般 r_c 为 0.1Ω，仅连接导线的 r_l 为未知值。将式（6.45）代入式（6.44），得

$$r_l \leqslant \frac{S_{n2} - I_{n2}^2(r_a + r_{re} + r_c)}{I_{n2}^2} \qquad (6.46)$$

因为

$$S = \rho \frac{L_c}{r_l} \qquad (6.47)$$

所以

$$S \geqslant \frac{I_{n2}^2 \rho L_c}{S_{n2} - I_{n2}^2(r_a + r_{re} + r_c)} = \frac{\rho L_c}{Z_{n2} - (r_a + r_{re} + r_c)} \qquad (6.48)$$

式中，S —— 连接导线的截面面积，m^2；

L_c —— 连接导线的计算长度，m；

ρ —— 导线的电阻率，对于铜 $\rho = 1.75 \times 10^{-2}$，Ω/m。

式（6.48）表明在满足电流互感器额定容量的条件下如何选择二次导线的允许最小截面。

式（6.48）中 L_c 与仪表到电流互感器的实际距离 L 及电流互感器的接线方式有关，用一台电流互感器测量一相电流时，$L_c = 2L$；当三台单相的电流互感器接成 Y 形接线测量三相电流时 $L_c = L$；当两台单相的电流互感器接成不完全 Y 形接线时 $L_c = \sqrt{3} L$。

根据机械强度的要求，电流互感器的连接导线应选用铜芯控制电缆，且截面面积不小于 $2.5 mm^2$。

5. 动稳定校验

电流互感器的动稳定能力常用允许通过的动稳定电流 i_{es} 或动稳定电流倍数 $K_{es}(K_{es} = i_{es}/\sqrt{2} I_{n1})$ 表示，故电流互感器动稳定条件为

$$i_{es} \geqslant i_{im} \quad （或 \sqrt{2} I_{n1} K_{es} \geqslant i_{im}） \qquad (6.49)$$

由于邻相电流的相互作用，电流互感器绝缘瓷帽上受到外力的作用，因此对于瓷绝缘型电流互感器应校验瓷套管的机械强度。瓷套管上的作用力可由一般电动力公式计算，故外部动稳定应满足

$$F_{al} \geqslant 0.5 \times 1.73 \times 10^{-1} i_{im}^2 \cdot l/a \qquad (6.50)$$

式中，F_{al} —— 作用于电流互感器瓷帽端部的允许力，N；

l —— 电流互感器出线端至最近一个母线支柱绝缘子之间的跨距，m。

式（6.50）中系数 0.5 表示互感器瓷套端部承受该跨距上电动力的一半。

对于瓷绝缘的母线型电流互感器，其端部作用力可用式（6.14）计算，并按下式校

验，即

$$F_{\text{al}} \geqslant 1.73 \times 10^{-1} i_{\text{im}}^2 L_c / a \quad (\text{N}) \tag{6.51}$$

6．热稳定校验

电流互感器的热稳定校验只对本身带有一次回路导体的电流互感器进行。电流互感器热稳定能力常以 1s 允许通过的热稳定电流 I_t 或热稳定电流倍数 $K_t (K_t = I_t / I_{\text{n1}})$ 来表示，故热稳定应按下式校验，即

$$I_t^2 \geqslant Q_k \quad \text{或} \quad (K_t I_{\text{n1}})^2 \geqslant Q_k \quad (t = 1\text{s}) \tag{6.52}$$

6.5.2　电压互感器的选择

电压互感器的二次负荷阻抗很大，一次电流很小，故不需选择额定电流。外部电网短路电流不通过电压互感器，也不需进行短路稳定性校验。电压互感器的内部短路故障一般由专用的熔断器来切除。

1．形式的选择

电压互感器应根据装设地点和使用条件进行选择，一般在 6～35kV 户内配电装置中使用浇注式电压互感器，110～220kV 配电装置通常采用串级式电磁式电压互感器，当容量和准确度等级满足要求时也可采用电容式电压互感器。当需要测量零序电压时，6～20kV 可以采用三相五柱式三绕组电压互感器，也可以采用三台单相式三绕组电压互感器。35kV 及以上电压等级只有单相式电压互感器。

2．额定电压的选择

（1）一次额定电压的选择

电压互感器一次侧的额定电压应大于等于所接电网的额定电压，但电网电压的变动范围应满足下列条件，即

$$0.8 U_n < U_{\text{nS}} < 1.2 U_n \tag{6.53}$$

（2）二次额定电压的选择

电压互感器的二次侧额定电压应满足保护和测量使用标准仪表的要求。电压互感器的二次侧额定电压按表 6-5 选择。

表 6-5　电压互感器二次侧额定电压选择

接线方式	电网电压	型式	基本二次绕组电压	辅助二次绕组电压
Y/Y	3～35	单相式	100	无此绕组
$Y_0/Y_0/\triangle$	110～500J	单相式	$100/\sqrt{3}$	100
	3～60	单相式	$100/\sqrt{3}$	$100/\sqrt{3}$
	3～15	三相五柱式	100	100/3（每相）

3. 按容量和准确度等级选择

电压互感器准确度等级选择的原则可参照电流互感器。选定准确度级后，在此准确度等级下的额定二次容量应不小于互感器的二次负荷，即

$$S_{n2} \geqslant S_2 \tag{6.54}$$

$$S_2 = \sqrt{\left(\sum S_0 \cos\varphi\right)^2 + \left(\sum S_0 \sin\varphi\right)^2} = \sqrt{\left(\sum P_0\right)^2 + \left(\sum Q_0\right)^2} \tag{6.55}$$

式中，S_0、P_0、Q_0——各仪表的视在功率、有功功率和无功功率；

$\cos\varphi$——各仪表的功率因数。

由于电压互感器的三相负荷常不平衡，为了满足准确度的要求，通常以最大相负荷进行比较。计算电压互感器各相的负荷时，必须注意互感器和负荷的接线方式。表 6-6 列出了互感器和负荷接线方式不一致时每相负荷的计算公式。

表 6-6　互感器和负荷接线方式不一致时每相负荷的计算公式

接线方式	(a)	(b)		(c)
A 相	$P_A = \dfrac{1}{\sqrt{3}}[S_{ab}\cos(\varphi_{ab}-30°) + S_{ca}\cos(\varphi_{ca}+30°)]$ $Q_A = \dfrac{1}{\sqrt{3}}[S_{ab}\sin(\varphi_{ab}-30°) + S_{ca}\sin(\varphi_{ca}+30°)]$	$P_A = \dfrac{1}{\sqrt{3}}S_{ab}\cos(\varphi_{ab}-30°)$ $Q_A = \dfrac{1}{\sqrt{3}}S_{ab}\sin(\varphi_{ab}-30°)$	AB 相	$P_{AB} = \sqrt{3}\,S\cos(\varphi+30°)$ $Q_{AB} = \sqrt{3}\,S\sin(\varphi+30°)$
B 相	$P_B = \dfrac{1}{\sqrt{3}}[S_{ab}\cos(\varphi_{ab}+30°) + S_{bc}\cos(\varphi_{bc}-30°)]$ $Q_B = \dfrac{1}{\sqrt{3}}[S_{ab}\sin(\varphi_{ab}+30°) + S_{bc}\sin(\varphi_{bc}-30°)]$	$P_B = \dfrac{1}{\sqrt{3}}[S_{ab}\cos(\varphi_{ab}+30°) + S_{bc}\cos(\varphi_{bc}-30°)]$ $Q_B = \dfrac{1}{\sqrt{3}}[S_{ab}\sin(\varphi_{ab}+30°) + S_{bc}\sin(\varphi_{bc}-30°)]$	BC 相	$P_{BC} = \sqrt{3}\,S\cos(\varphi-30°)$ $Q_{BC} = \sqrt{3}\,S\sin(\varphi-30°)$
C 相	$P_C = \dfrac{1}{\sqrt{3}}[S_{bc}\cos(\varphi_{bc}+30°) + S_{ca}\cos(\varphi_{ca}-30°)]$ $Q_C = \dfrac{1}{\sqrt{3}}[S_{bc}\sin(\varphi_{bc}+30°) + S_{ca}\sin(\varphi_{ca}-30°)]$	$P_C = \dfrac{1}{\sqrt{3}}[S_{bc}\cos(\varphi_{bc}+30°)]$ $Q_C = \dfrac{1}{\sqrt{3}}[S_{bc}\sin(\varphi_{bc}+30°)]$	—	

注：表中 S_{ab}、S_{bc}、S_{ca} 及 S 为对应相各仪表消耗的总视在功率。

一般小型水电站二次侧负荷不大，电压互感器大多能满足要求，故可不必校验此项。

6.6　实例电站电气设备选择

根据实例电站原始资料，结合附录 1 的附图 1-1 实例电站电气主接线图及 2.9 节实例电站短路电流计算结果进行主接线上一次设备的选择。

6.6.1　发电机回路电气设备选择

1. 选择计算条件

1) 发电机回路工作电流。

$$I_{Gn} = \frac{20}{\sqrt{3} \times 10.5 \times 0.8} \approx 1.375(\text{kA})$$

$$I_{max} = 1.05 \times 1.375 \approx 1.444(\text{kA})$$

2) 取短路计算点为图 2-24 中 k_1 点，发电机回路通过的短路电流为除本回路发电机外的所有电源供给的短路电流之和，即

$$I'' = 28.31 - \frac{1}{2} \times 15.21 = 20.71(\text{kA})$$

同理可得 $I_{p0.1s} = 18.67\text{kA}$，$I_{p0.2s} = 18.41\text{kA}$，$I_{p1s} = 18.0\text{kA}$，$I_{p2s} = 17.75\text{kA}$，$I_{p4s} = 17.54\text{kA}$，$i_{im} = 53.77\text{kA}$。

3) 短路计算时间。根据现在流行配置及各条件，初步选择富士电机公司生产的中置式高压开关柜用 HS 型中压真空断路器 HS3110M-16MF-C，其额定电压为 12kV，额定电流为 1600A，额定开断电流为 31.5kA，额定开断时间不大于 0.06s，则验算电力电缆的热稳定计算时间 $t_{js} = t_b + t_{br} \approx 0.2\text{s}$，验算电器的热稳定计算时间 t_{js} 约为 2s。

2. 断路器和隔离开关的选择、校验

根据 $U_{nS} = 10\text{kV}$ 和 $I_{max} = 1.443\text{kA}$ 的正常工作条件，查《电力工程设计手册》及厂家产品样本，可选富士电机公司 HS3110M-16MF-C 型真空开关。

而短路电流的热效应为

$$Q_k = \frac{20.71^2 + 10 \times 18.0^2 + 17.75^2}{12} \times 2 + 20.71^2 \times 0.05 \approx 685.44(\text{kA}^2 \cdot \text{s})$$

按短路条件选择和校验的列表如表 6-7 所示。

选用的设备合格，真空断路器配直流电磁操作机构。

表 6-7　选择和校验表

计算数据		技术数据	
计算参数	计算值	额定参数	HS3110M-16MF-C 保证值
I''/kA	20.71	$I_{\mathrm{nbr}}/\mathrm{kA}$	31.5
$i_{\mathrm{im}}/\mathrm{kA}$	53.77	$i_{\mathrm{es}}/\mathrm{kA}$	80
$Q_{\mathrm{k}}/(\mathrm{kA}^2 \cdot \mathrm{s})$	685.44	$I_t^2 t/(\mathrm{kA}^2 \cdot \mathrm{s})$	$42^2 \times 1 = 1764$（$\mathrm{kA}^2 \cdot \mathrm{s}$）

3. 导线的选择

根据发电机回路最大工作电流 $I_{\max} = 1.443\mathrm{kA}$，已经选不到电缆，因此只能选择硬母线。根据环境条件和工作电压 10kV 选用 GFM-10/2000 全封闭空气加强绝缘型高压母线槽，然后对所选母线槽进行热稳定校验：

短路电流热效应

$$Q_{\mathrm{k}} = \frac{20.71^2 + 10 \times 18.67^2 + 18.41^2}{12} \times 0.2 + 20.71^2 \times 0.05 \approx 92.34(\mathrm{kA}^2 \cdot \mathrm{s})$$

而 GFM-10/2000 母线槽 4s 热稳定电流为 40kA，其能承受的短路热效应为 $4 \times 40^2 = 6400$（$\mathrm{kA}^2 \cdot \mathrm{s}$），所以热稳定满足要求。

动稳定校验：GFM-10/2000 母线槽额定动稳定电流为 100kA，远大于发电机回路最大冲击短路电流 53.77kA，满足动稳定要求。

4. 电流互感器选择

根据电流互感器的用途、持续工作电流、工作电压等条件查得选用 AS12/185h/2（相当于 LZZBJ9-12Q/185h/2 型），2000/5A，0.5/10P20/10P20 电流互感器，可供给测量和差动保护装置用，并查得 3s 热稳定电流有效值 $I_t = 50\mathrm{kA}$，动稳定电流峰值 $i_{\mathrm{es}} = 125\mathrm{kA}$。

热稳定校验：$I_t^2 t = 50^2 \times 3 = 7500$（$\mathrm{kA}^2 \cdot \mathrm{s}$）$> 685.44\mathrm{kA}^2 \cdot \mathrm{s}$。

动稳定校验：$i_{\mathrm{es}} = 125\mathrm{kA} > i_{\mathrm{im}} = 53.77\mathrm{kA}$。

所以选用 AS12/185h/2，2000/5A，0.5/10P20/10P20 型电流互感器。

6.6.2　发电机电压母线及支柱绝缘子选择

1. 选择计算条件

1）发电机电压母线上通过的最大持续工作电流假定按主接线图所示的潮流分布而定，即

$$I_{\max} = 2 \times 1.443 = 2.886(\mathrm{kA})$$

2）短路计算点确定为 2.9 节图 2-24 中 k_1 点，短路电流见表 2-9 "合计" 栏。

3）母线没有装设专门的继电保护装置，母线短路时由发电机过电流保护最后动作才

切除故障，因此主母线热稳定计算时间 t_{js} 同发电机回路电器，为 2s。

2. 母线的选择

1）按长期发热条件选择截面。根据 $I_{max}=2.886\mathrm{kA}$，查得当选用 2（TMY-100×10）mm^2 矩形铜母线，40℃时 $I_n=2940\mathrm{A}>I_{max}=2×1.443=2.886$（kA），故初步选用 2（TMY-100×10）$\mathrm{mm}^2$ 矩形铜母线。

2）热稳定校验。短路热效应 Q_k 为

$$Q_k=\frac{28.31^2+10×22.89^2+22.4^2}{12}×2+28.31^2×0.05≈1130.5(\mathrm{kA}^2\cdot\mathrm{s})$$

热稳定系数按表查得 $C=171$，$\frac{\sqrt{1130.5}}{171}×10^3≈196.6$（$\mathrm{mm}^2$）＜100×10$\mathrm{mm}^2$，合格，所选母线满足热稳定要求。

3）动稳定校验。查《电力工程设计手册》知，只要最大跨距 $l_{max}≤\frac{892}{i_{im}}\sqrt{a\cdot W}=\frac{892}{28.31}×\sqrt{25×0.333×1×10^2}≈909.1$（cm），即满足动稳定要求。因此，选择 2（TMY-100×10）mm^2 矩形铜母线作为发电机电压母线。

6.6.3　母线电压互感器回路设备选择

1. 选择计算条件

1）选择隔离开关的短路计算点为 k_3 点，其短路电流值与热稳定计算时间和主母线选择相同。

2）选择高压熔断器和连接导线的短路计算点为 k_4 点。

2. 电压互感器的选择

根据母线电压互感器的用途、装于高压开关柜以及工作电压，查手册选用 REL-10，$\frac{10}{\sqrt{3}}\Big/\frac{0.1}{\sqrt{3}}\Big/\frac{0.1}{3}\mathrm{kV}$ 单相三绕组电压互感器三台，接成万能接线形式，可满足测量、保护和绝缘监察的需要。

3. 高压熔断器的选择

选用专用的 $\mathrm{RN_2}$-10，0.5A 型熔断器，查得 $I_{br}=50\mathrm{kA}>I''=28.31\mathrm{kA}$，可满足起短路保护作用。

由于采用限流型熔断器，连接导体可不必进行动、热稳定校验，选最小规格的母线即可。

6-1　长期发热与短时发热各有何特征？限制电气设备短时发热与长期发热最高温度的目的是什么？

6-2　什么叫动稳固性？什么叫热稳固性？电气设备的允许电流 I_{al} 与额定电流 I_N 之间存在何种关系？

6-3　电气设备选择的原则是什么？

6-4　短路计算条件按什么原则确定？

6-5　试以表格形式总结归纳高压电气设备选择及校验项目。

6-6　课程 DIO 项目之 I 任务：若让你进行实例电站电气主接线图上一次电气设备的选择，你会如何选？选择的依据是什么？试与设计院出图进行比照，并分析各自的优劣。

7 单元

操作电源

◎ **学习任务**

会选择电站、变电所操作电源，为专业典型工作任务之电气二次监测、控制、信号回路的安装接线等专业能力打基础。

◎ **重点知识**

1. 操作电源的作用、要求及种类。
2. 全密封免维护酸性蓄电池直流系统，蓄电池容量概念、浮充电法含义。
3. 硅整流型直流电源基本工作情况。
4. 交、直流绝缘监视原理。

◎ **难点知识**

1. 交流不间断电源（uninterrupted power supply，UPS）的基本构成与工作情况。
2. 直流系统绝缘状况判断。
3. 交流系统绝缘状况判断。

◎ **可持续学习**

操作电源发展前景。

概　　述

7.1.1　操作电源的作用和要求

在发电厂和变电所中，供给二次回路的电源称为操作电源。操作电源的作用主要是供电给继电保护装置、自动装置、信号装置、断路器控制等二次回路，供电给操动机械和调节机械的传动机构；在交流厂用电源中断时，给事故照明、直流油泵及交流不停电电源等负荷供电，以保证事故保安负荷的工作。所以，操作电源必须充分可靠，具有独立性。

对操作电源有以下要求。

1）供电可靠。应尽可能保持对交流电网的独立性（如蓄电池直流操作电源），避免因交流电网故障影响操作电源的正常供电。

2）具备足够的容量。满足全厂（所）事故停电时直流电源负荷、最大冲击负荷及1h事故照明等用电需要，且能保证直流母线电压在规定的额定值（正常运行时操作电源母线电压波动范围小于5％额定值；事故时操作电源母线电压不低于90％额定值；失去浮充电源后在最大负载下的直流电压不低于80％额定值）时波纹系数小于5％。

3）经济性和实用性。使用寿命长、维护工作量小、设备投资小、占地面积小、噪声干扰小等。

7.1.2　操作电源的种类

操作电源可采用交流电源，也可采用直流电源。常见的操作电源主要有交流操作电源、直流操作电源、整流操作电源、交流不间断电源等种类。

交流操作电源直接使用交流电源，分为"电流源"和"电压源"两种。电流源型操作电源通过电流互感器获得操作电源；电压源型操作电源通过电压互感器获得操作电源，交流操作电源往往只提供事故跳闸所需电源，若要进行合闸操作，则必须与其他操作电源相配合。

直流操作电源主要指蓄电池组直流操作电源，是一种独立电源。蓄电池是一种化学电源，它能把电能转变为化学能并储存起来，使用时再把化学能转换为电能供给负载，其变换过程是可逆的。当蓄电池由于放电而出现电压和容量不足时，可以用适当的反向电流通入蓄电池，使蓄电池重新充电。充电就是将电能转化为化学能并储存起来。蓄电池的充电放电过程可以重复循环，所以蓄电池又称为二次电源。

整流操作电源的基本过程是将交流电源整流后以直流电源的形式供给负载使用，主要包括硅整流电容储能操作电源与复式整流操作电源。整流操作电源在中小型变电站中

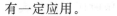

有一定应用。

交流不间断电源是一种含有储能装置、以逆变器为主要元件、稳压稳频输出，在正常、异常和供电中断等情况下均能向负载提供安全、可靠、稳定、不间断、不受倒闸操作影响的电源的交流电源。目前，交流不间断电源已成为发电厂和变电站的计算机、监控仪表、信息处理系统等重要负荷不可缺少的供电装置。

目前发电厂和变电所一般均采用直流操作电源，因为直流电能可通过蓄电池存储，可看成是与发电厂、变电所一次电路无关的独立电源。另外，保护、操作用的直流型电器结构简单，动作可靠。

操作电源直流系统的电压等级较多，一般强电回路采用110V或220V，弱电回路采用24V或48V。

7.1.3 直流负荷的分类

发电厂和变电站的直流负荷按其用电特性可分为经常负荷、事故负荷和冲击负荷三类。

1. 经常负荷

经常负荷是指在正常运行时带电的负荷，包括经常带电的直流继电器、信号灯、位置指示器，直流照明灯、自动装置、远动装置等，以及经常由逆变电源供电的计算机、巡回检测装置等。一般来说，经常负载在总的直流负载中所占的比重是比较小的。

2. 事故负荷

事故负荷是指正常运行由交流电源供电，当发电厂或变电站失去交流电源后由直流系统供电的负荷，包括事故照明和以直流系统作为备用电源的、正常由厂用交流电源供电的事故保安负荷。

3. 冲击负荷

冲击负荷是指直流电源短时所承受的冲击电流，如断路器的合闸电流等。

上述三种负载是选择直流电源的主要依据。

 **7.2**

蓄电池直流操作电源

蓄电池直流操作电源是一种与电力系统运行方式无关的独立电源，它可在电网事故的情况下向继电保护、自动装置和事故照明供电，因此具有很高的供电可靠性。此外，蓄电池电压平稳、容量较大，适用于各种直流负荷，可提供断路器合闸时所需的较大短时冲击电流，并可作为事故保安负荷的备用电源，所以在电力系统中得到广泛的使用。蓄电池的主要缺点是寿命较短、价格昂贵。

发电厂和变电站中的蓄电池组是由多个蓄电池相互串联而成的，串联的个数取决于直流系统的工作电压。电力系统常用的蓄电池有酸性蓄电池（铅酸蓄电池）和碱性蓄电池（镉镍蓄电池）两种，目前多用酸性蓄电池。

7.2.1 铅酸蓄电池的结构和工作原理

发电厂和变电所使用的铅酸蓄电池有固定型防酸式普通铅酸蓄电池和固定型密封式免维护铅酸蓄电池。

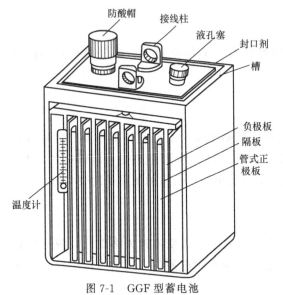

图 7-1　GGF 型蓄电池

图 7-1 所示 GGF 型防酸隔爆式普通蓄电池主要由正副极板、容器和电解液等组成。

正、副极板浸于电解液中，电解液采用 27%～37% 的稀硫酸，其液面应比正极板高出 10mm，以防极板翘曲；同时其液面又应比容器上沿低出 15～20mm，以免运行中电解液因沸腾而溢出。

电解液的容器用透明塑料制成，内部装有温度计和密度计，密度计可用来判断蓄电池的电势，因为蓄电池的电势主要决定于电解液的密度。

放电时，蓄电池储存的化学能转化为电能。电解液分别与正、副极板上的 PbO_2 和 Pb 反应，生成 $PbSO_4$ 并析出水，使电解液的比值减小。充电时将外电源供给的电能转化为化学能储存起来，正、副极板上的硫酸铅和电解液中的水被分解，正极板上的硫酸铅被硫酸根氧化失去电子还原成 PbO_2 并析出氧，副极板上的硫酸铅被氢离子还原成 Pb 并溢出氢。$PbSO_4$ 消失，吸收了水，电解液比值增大，蓄电池的电势上升。

铅酸蓄电池充、放电时的化学总反应式为

$$\underset{(正极)}{PbO_2} + \underset{(负极)}{Pb} + \underset{(电解液)}{2H_2SO_4} \underset{充电}{\overset{放电}{\rightleftharpoons}} \underset{(正极)}{PbSO_4} + \underset{(电解液)}{2H_2O} + \underset{(负极)}{PbSO_4} \tag{7.1}$$

此种蓄电池容量大，冲击放电电流大，端电压也相对较高（2.15V），电压稳定，价格便宜，但其寿命较短（一般为 8～10 年），占地面积大，充电时会逸出有害的硫酸气体，维护工作量大。

近几年，固定型密封免维护铅酸蓄电池（简称阀控电池）开始广泛用于电力系统，阀控式蓄电池单体结构如图 7-2 所示，几个单体可组成组合式阀控电池，如由 3 个 2V 单

体可组成 6V 电池等。这种固定型阀控密
封式铅酸蓄电池工作原理与普通铅酸蓄电
池基本相同。阀控密封式铅酸蓄电池由
于采用了无锑合金，提高了负极析氢过
电位，抑制了氢气的析出；采用特制安
全阀，使电池保持一定内压；采用超细
玻璃纤维隔板，并在隔板中预留气体通
道，使正极产生的氧气沿气道传递至负
极，在负极析氢前发生化学反应生成水，
实现氧氢循环复合，达到氢体内部自我
吸收，可以实现蓄电池密封，不需维护。
阀控密封式蓄电池由于自身结构上的优

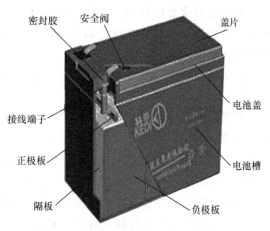

图 7-2 阀控式蓄电池单体结构

势，电解液的消耗量非常小，在使用寿命内基本不需要补充蒸馏水。阀控密封式蓄电
池除了具备普通蓄电池也具有的容量大的特点外，还具有耐振、耐高温、体积小、自
放电小的特点，使用寿命比普通铅酸蓄电池高，可达 10～15 年。

7.2.2 镉镍蓄电池的结构和工作原理

镉镍蓄电池与普通铅酸蓄电池相比具有体积小、质量小、占地面积小、操作简便、
寿命长（15～20 年）等优点。镉镍蓄电池按外形结构分为开口式和密封式，按极板结构
可分为袋式、烧结式、半烧结式和粘结式，按放电电流的大小可分为低倍率、中倍率、
高倍率和超高倍率蓄电池。

水电站常用的半烧结式镉镍蓄电池由正极板、负极板、隔板和电池槽组成。正、副
极板由镉、镍的氢氧化物制成，中间以塑料膜隔开，装入塑料制成的电池槽内，其电解
液为氢氧化钾的水溶液，电解液只作为电流的传导液，并不参与化学反应，其浓度并不
变化，因此不能根据电解液的比值来鉴定蓄电池所储存的容量。

镉镍蓄电池充电和放电的化学反应方程式为

$$2NiO(OH) + Cd + 2H_2O \underset{充电}{\overset{放电}{\rightleftharpoons}} 2Ni(OH)_2 + Cd(OH)_2 \tag{7.2}$$

镉镍蓄电池的额定电压为 1.2V，浮充电时充电终止电压为 1.5～1.6V，放电终止电
压小电流放电时为 1V、仅为浮充电时的 62.5%，大电流放电时为 0.9V。铅酸蓄电池浮
充电时的平均电压为 2.15V，放电终止电压为 1.75V，为浮充电电压的 81.4%。因此，
在相同额定电压的直流系统中，蓄电池用碱性蓄电池需要的个数比铅酸蓄电池需要的个
数多，而且镉镍蓄电池本身价格较昂贵。

7.2.3 蓄电池的容量

蓄电池的容量是指蓄电池放电到某一最小允许电压（称为终止电压）时所放出的电
量 Q，即放电电流安培数与放电时间小时数的乘积，用安时（A·h）表示，蓄电池的容

量是蓄电池的重要特征值，它与许多因素有关，如极板的类型、面积大小和数目、电解液的比重和数量、放电电流、最终放电电压及温度等。蓄电池放电至终止电压的时间称放电率，单位为 h（小时）。

蓄电池的容量一般分为额定容量和实际容量两种。额定容量是指充足电的蓄电池在 25℃ 时以 10h 放电率放出的电能。

采用不同的放电率，其蓄电池的容量是不同的，铅酸蓄电池规定以 10h 放电率为标准放电率。以 10h 放电率放电到终止电压的容量约是以 1h 放电率放电到终止电压时容量的 2 倍。如 GGF-100 型蓄电池，若其以 10A 恒定电流持续放电 10h，其放电容量为 $Q_N = 10 \times 10 = 100 A \cdot h$ 且终止电压不低于规定值。如果放电电流大于 10A，则放电时间就小于 10h，而放出的容量就要小于额定容量。相反，若放电电流小于 10A，则放电时间就大于 10h，此时放出的容量就允许大于额定容量。

蓄电池不允许用过大的电流放电，但是它可以在几秒的短时间内承担冲击电流，此电流可以比长期放电电流大得多，因此可作为电磁型操作机构的合闸电源。每一种蓄电池都有其允许的最大放电电流值，其允许的放电时间约为 5s。

7.2.4　蓄电池的运行方式

蓄电池的运行方式有充电放电方式和浮充电方式两种，目前电力系统广泛采用浮充电运行方式。

1. 充电放电运行方式

充电放电运行方式就是将蓄电池组充好电，然后断开充电装置，由蓄电池组对直流负荷供电。充电放电运行方式需要两组蓄电池、一台充电机。当蓄电池放电到其额定容量的 75%～80% 时，为保证直流供电系统的可靠性，即自行停止放电，准备充电，改由已充好电的另一组蓄电池供电。

在给蓄电池充电时，充电机除向蓄电池组充电外，同时还供给经常性的直流负荷用电。

蓄电池在充电和放电过程中，端电压的变化范围很大。为了维持母线电压恒定，在充、放电过程中必须调整电压。一般将全组蓄电池分为两部分，一部分是固定不调的基本电池，另一部分是可调的端电池，在充放电过程中借减少或增加端电池的数目达到维持母线电压基本稳定。

充电放电运行方式需要频繁地充电，极板的有效物质损伤极快，在运行中若不按时充电，过充电或欠充电更易缩短蓄电池的寿命，而且运行中操作复杂，所以使用较少。

2. 浮充电运行方式

浮充电法是先将蓄电池充好电，然后将浮充电设备和蓄电池并联工作，浮充电设备既给直流母线上的经常性负荷供电，又以不大的电流［约等于 $0.03 \times (Q_n/36)$ A，Q_n 为蓄电池额定容量］向蓄电池浮充电，用来补偿蓄电池由于漏电而损失的能量，使蓄电池经

常处于满充电状态，延长了蓄电池的寿命。浮充电运行的蓄电池组能承担短时冲击负荷（如断路器合闸脉冲电流）和事故负荷。

按浮充电方式运行的蓄电池一般需要两套充电装置，容量较大的一套对蓄电池初充电或放电后的充电，容量较小的一套对蓄电池浮充电。小容量的发电厂、变电所也可主充和浮充合用一套装置。

蓄电池按浮充电方式运行时，应定期进行核对性放电，放电完成后应进行一次均衡充电（又称过充电），以避免浮充电流控制不准，造成极板上硫酸铅沉积而影响蓄电池的容量和寿命。

根据发电厂、变电所容量大小和断路器控制方式不同，直流电压有 220V、110V、48V、24V 等种类。考虑到线路压降损失，为保证负荷端电压为额定值，需要将直流母线电压抬高 5% 运行。对于 110V 直流系统，母线电压为 115V，总电池数目为 115V/1.75V≈66 个（普通酸性蓄电池经 10h 放电完毕时单体电池端电压为 1.75V），基本电池数为 115V/2.7V≈43 个（普通酸性蓄电池充足电时单体电池端电压为 2.7V）；对于 220V 直流系统，母线电压为 230V，总电池数目为 230V/1.75V≈132 个，基本电池数为 230V/2.7V≈86 个。

7.2.5　传统蓄电池直流系统

图 7-3 为按浮充电法进行运行的传统蓄电池直流系统原理接线图。图 7-3 中有一组浮充电硅整流器、一组端电池浮充电硅整流器和一组主充电硅整流器。容量较大的主充电硅整流器作充电用；容量较小的浮充电硅整流器作浮充电用；端电池浮充电硅整流器为小型整流器，用于对端电池进行浮充电。

当整流器的输出开关置 1、3 位置运行时，整流器一方面供电给直流负荷，同时又对蓄电池进行浮充电，但放电手柄 1P 与充电手柄 2P 间的端电池得不到充电，它们处于自放电状态，会因硫化而影响蓄电池寿命，因此配备专用端电池浮充电硅整流器。整流器的输出电压要满足浮充电的要求（通常每只普通酸性蓄电池取 2.15V，每只碱性蓄电池取 1.35～1.45V）。当整流器停止运行时，蓄电池转入放电状态。为了维持母线电压，要随时调整放电手柄 1P。

当整流器的输出开关置 2、4 位置运行时，整流器一方面供电给直流负荷，同时向包括端电池在内的所有蓄电池浮充电，这有可能使端电池过充电，可考虑在端电池两端并联可调电阻进行分流，解决端电池过充问题。

蓄电池直流系统按浮充电法运行，不仅可提高工作可靠性、经济性，还可减少运行维护工作量，在电力系统中广泛应用。

7.2.6　智能微机直流系统

现今使用的蓄电池直流系统一般采用智能微机直流系统。以 GZDW-I 型智能微机直流充放电装置为例，该装置是专门为蓄电池的各种需要而设计的电源设备。其控制芯片系以美国 INTEL 公司的 80C196 十六位单片微机为核心，辅以几片大规模集成电路而组

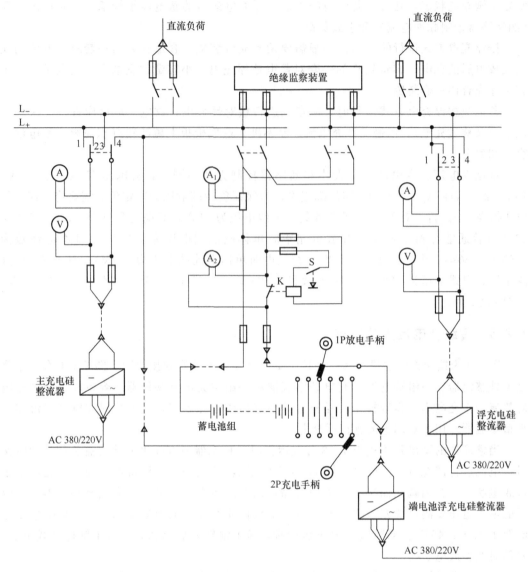

图 7-3　蓄电池直流系统原理接线图

合，功率单元采用三相全控桥式整流电路组成。

装置有程控和键控两种工作方式。在程控方式下，该装置能对蓄电池进行自动充电；在键控方式下，设置有稳压限流（浮充）、稳流限压（均充）、电池初充、逆变放电等功能，可用于蓄电池的常规充电、浮充电、安时容量测量放电等场合。装置具有编程功能，可对控制、保护参数及充电过程进行编程，能实现市电恢复后自动开机，自动选择充电方式，自动定时均衡充电，使蓄电池放出的能量能及时得到补充。

GZDW-I 型直流电源成套装置型号含义为

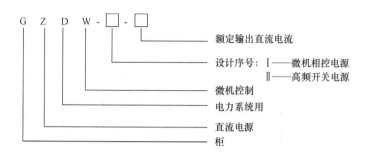

图 7-4 所示为 GZDW-I 型直流电源成套装置工作原理框图,三相交流电 380V 经过整流变压器降压后,经三相全控(或半控)桥式整流电路和 R、L、C 滤波器电路成一直流电压,接上 220V(或 110V)蓄电池。晶闸管的触发角由 80C196 单片机控制,按所设定的充电方式运行。

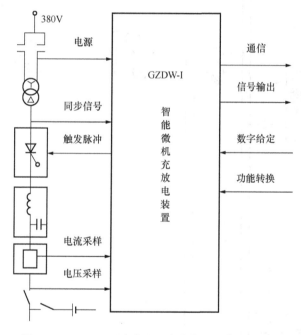

图 7-4　GZDW-I 型直流电源成套装置工作原理框图

如图 7-5 所示为 GZDW-I-21 型直流电源成套装置,它由一组蓄电池、单母线、两台充放电装置、直流绝缘监测装置组成。两台充放电装置均具有浮充、均充、逆变放电等功能,而且互为备用。

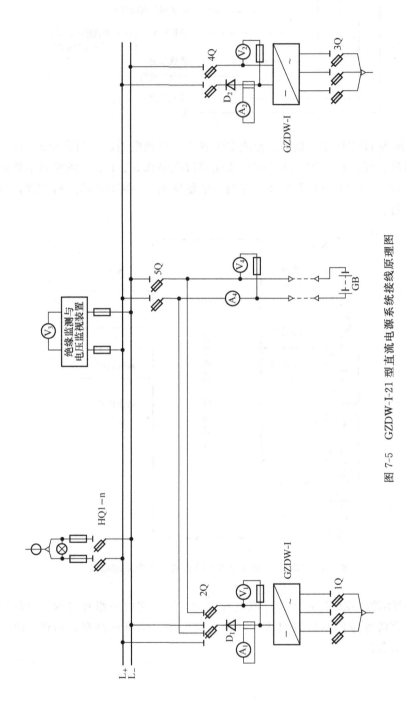

图 7-5　GZDW-I-21 型直流电源系统接线原理图

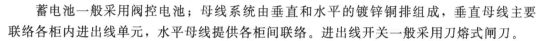

蓄电池一般采用阀控电池；母线系统由垂直和水平的镀锌铜排组成，垂直母线主要联络各柜内进出线单元，水平母线提供各柜间联络。进出线开关一般采用刀熔式闸刀。

两台充放电装置静态特性好、精度高、灵敏度高、动态响应好。其主要功能有：

1）程控功能，能自动实现从厂用电恢复后根据蓄电池电压自动选择充电电压。

2）浮充功能，在浮充方式下能稳压限流运行。

3）主充功能，在主充方式下能稳流限压运行。

4）逆变功能，能把蓄电池的能量反馈到系统中去。

5）保护功能，在装置过流、过电压时自动退出装置，同时发出信号。

6）断相指示和欠电压指示功能。

7）在线可修改各种控制参数的功能。

8）具有 RS232 通信口，可将直流系统的状态和工作方式及各种模拟量送至计算机监控系统上位机。

直流绝缘监测装置采用微机控制，利用支路差流检测原理对直流系统进行在线监测，可监测直流系统电压、绝缘和各分支的绝缘状况。当直流系统发生接地时，可准确显示接地的直流回路编号、接地极性及接地电阻值，并有两对告警接点引出，但不对被测直流系统施加任何信号，对直流系统不产生任何影响。

7.3 硅整流型直流操作电源

硅整流直流操作电源包括硅整流电容储能式操作电源和复式整流操作电源。

7.3.1 硅整流电容储能式操作电源

如图 7-6 为硅整流电容储能式操作电源原理接线。正常时它将厂用交流低压电源变成直流电源供电给操作、保护和信号回路，并向电容器组充电。当电力系统发生故障时可能会引起厂用电源电压下降，整流后的直流电压也相应下降，但已充足电的电容器组能对继电保护装置和断路器跳闸线圈放电，使断路器可靠跳闸，从而保证电站运行的安全。采用硅整流电容储能装置后，要求厂用电源很可靠，一般应有两个独立电源供电，一个接硅整流装置，一个备用。

图 7-6 中的装置由两组硅整流器组成，硅整流器 I 为三相桥式整流，作为断路器的合闸动力电源，并可向操作、信号回路供电；硅整流器 II 为单相桥式整流，向操作、保护和信号回路供电。两组硅整流器都设有 RC 阻容吸收器，作为硅整流器的过电压保护。在两组硅整流器间接入电阻 R_1 和二极管 D_3。二极管 D_3 用来防止合闸回路或合闸母线故障时硅整流器向合闸母线供电，以保证操作电源的可靠性。电阻 R_1 用来限制操作供电系统

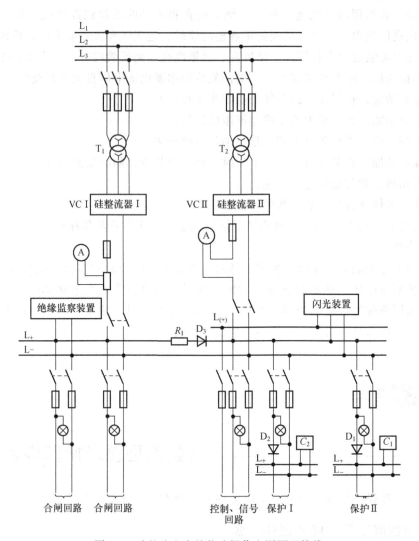

图 7-6　硅整流电容储能式操作电源原理接线

的短路电流。

图 7-6 采用分散储能的方式，即各个回路均设储能电容器，保证本回路的供电可靠性。D_2、D_3 使每组电容器仅对本回路供电，回路故障互不干扰。电容器中所储的能量与其充电电压的平方成正比，即

$$A_c = \frac{1}{2} C U_c^2 \times 10^{-6} \quad (J) \tag{7.3}$$

式中，U_c——充电电压；

　　　C——电容器的电容量。

由此可见，选用较高的充电电压，可以减少电容量。考虑到设备绝缘水平，一般 U_c 不超过 400V。

电容器的储能应大于继电保护和跳闸线圈所需能量。继电保护发出跳闸命令时，电容器组的端电压应能保证跳闸全过程中均大于断路器跳闸线圈的最低动作电压（$65\% U_n$），以保证跳闸机构可靠地跳闸。

7.3.2　复式整流操作电源

复式整流操作电源由电压源和电流源两部分组成。电流源一般取 2～3 个，可接在发电机中性点处的电流互感器，或者接在与系统联络套管式电流互感器上，电流源经铁磁谐振稳压器稳压后整流供电。电压源一般设 2 个，单相电压源一般取自对侧有电源的 6～35kV 线路，经单相全波整流和电抗器滤波后接到直流母线；三相电压源可取自自用电低压电源，经隔离变压器、整流器接到母线。

正常情况下，电压源和电流源并联运行，整流后供电给控制、保护和信号回路。当线路或母线发生故障时，电压源的电压显著下降，则此时由于短路电流很大，电流源可满足继电保护和断路器跳闸的需要。

复式整流装置按接线可分为单相式和三相式两种。单相复式整流装置的电压源和电流源的直流输出，可以并联起来接至直流母线，也可以串联起来接至直流母线。并联复式整流装置的电压源与电流源都采用磁饱和稳压器，输出电压较平稳，适用于对直流系统要求高的晶体管保护。串联复式整流的电压源采用普通变压器，电流源采用速饱和变压器，其输出电压将随一次电流变化，但其制作、调试比前简单，能满足一般要求。图 7-7 为单相串联复式整流的原理接线。

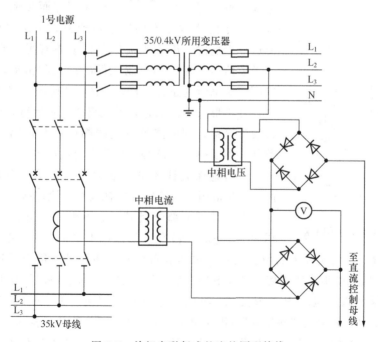

图 7-7　单相串联复式整流的原理接线

串联复式整流装置使用中应注意电压源和电流源的输出直流极性应互相符合，否则相互抵消，使电压过低而破坏配合关系。电压源和电流源还应取自同一相，这样才能保证在不同短路故障条件下提供可靠和合适的输出能量。此外，由于电流源是用来补偿电压源电压衰减的，因而整流电压源和整流电流源应接在同一系统上，否则就破坏了它们之间的配合。

三相复式整流装置原理基本与单相式相同，但其输出功率大，接线较复杂，所用设备多。

7.4 电气接线的绝缘监视

电气接线的绝缘监视包括直流系统绝缘监视和交流小电流接地系统的绝缘监视，因为交、直流系统绝缘水平的高低直接影响到发电厂、变电所的安全运行。

7.4.1 直流绝缘监视

发电厂、变电所的直流供电网络分布广，特别是要用很长的控制电缆与户外配电装置相连，如断路器的操动机构、隔离开关的电锁等，较易受潮，因此容易引起直流回路绝缘水平下降，甚至会发生绝缘损坏而接地。当直流系统只有一点接地时并不构成电流通路，系统可以照常运行，但这样很危险。因为直流回路内若再有另一点接地时，就会导致信号、保护和控制元件的误动和拒动，从而破坏发电厂、变电所的正常运行。如图 7-8 所示，当 1 点发生接地时，并不形成短路回路，系统仍能正常运行，而后若在 2 点又发生接地，则断路器跳闸线圈中就有短路电流通过，导致断路器误跳，因此必须设置直流绝缘监视。

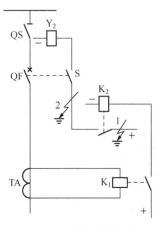

图 7-8　两点接地误跳闸

直流绝缘监视随电站的大小和自动化程度不同而异。图 7-9 为常用的直流绝缘监视装置的原理接线，它由电压测量和绝缘监视两部分组成。电压测量由切换开关 SA_2 和电压表 V_2 完成。切换开关 SA_2 有"断开""正对地""负对地"三个位置，随切换开关的位置切换，电压表可测量正极对地、负极对地、直流母线间电压。绝缘监视由绝缘监视切换开关 SA_1、信号继电器 K、母线电压切换开关 SA_2 的触点 9-11，电压表 V_1、电阻 R_1、R_2、R_3 组成。绝缘监察切换开关 SA_1 有三个位置，即"测量Ⅰ"（图中Ⅰ表示）、"测量Ⅱ"（图中Ⅱ表示）、"信号"（图中 0 表示），平时 SA_1 置于"信号"位，其触点 7-5、9-11 接通，同时切换开关 SA_2 在"断开"位置，其触点 9-11 接通并接地，信号继电器 K 投入工作，以便在直流母线绝缘电阻降低时发出信号。

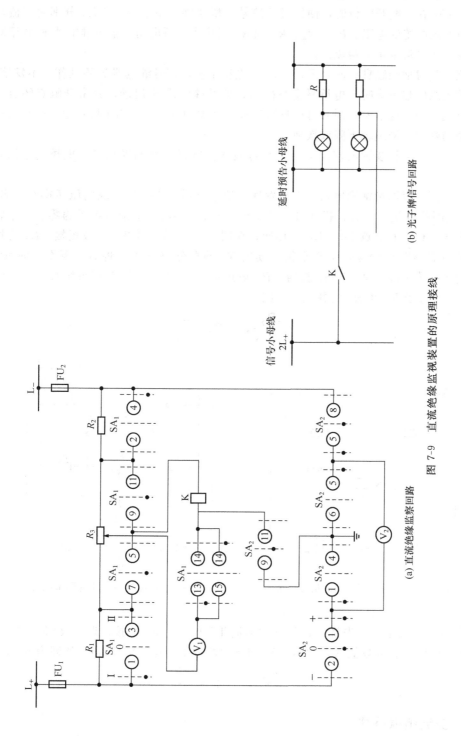

(a) 直流绝缘监察回路

(b) 光子牌信号回路

图 7-9 直流绝缘监视装置的原理接线

绝缘监视的动作原理为直流电桥原理，见图 7-10。$R_1 = R_2 = R_3 = 1k\Omega$。$SA_1$ 在"信号"位，SA_2 在"断开"位时，便组成了信号电桥回路，图中 R_+ 和 R_- 分别为直流母线正、副极对地的绝缘电阻。R_1、R_2、R_+ 和 R_- 组成了电桥电路，信号继电器 K 置于对角线上，相当于直流电桥的检流计。

直流母线对地绝缘良好时，$R_+ = R_-$，电桥平衡，信号继电器 K 不动作，不发信号。当某极的绝缘电阻下降时，电桥平衡被破坏，信号继电器 K 启动，其常开触点闭合，发出相应直流系统接地信号，同时可通过转换控制开关和电压表检测正极对地、地对负极电压，从而判断哪一极绝缘下降或接地。

此直流绝缘监视装置的缺陷为当直流母线两极绝缘下降幅度相同时电桥仍平衡，不能发信号。

此装置还可以测量绝缘电阻。如当发现接地信号后，先操作母线电压切换开关 SA_2，借助 V_2 判断哪极接地。若正极接地，正极绝缘电阻下降，V_1 指示不再为零。SA_1 转换到"测量 I"位，其触点 1-3、13-14 接通，在图 7-11 所示电路中 R_1 被短接。R_3 为可调电阻，调节 R_3 使 V_1 为零，电桥平衡，读出 R_3 的百分数值 X。将 SA_1 转到"测量 II"位，此时 SA_1 的触点 2-4、14-15 接通，R_2 被短接，V_1 指示值即直流系统总的对地绝缘电阻 R_Σ，它等于 R_+ 和 R_- 的并联值，则

$$R_+ = \frac{2R_\Sigma}{2-X}, \qquad R_- = \frac{2R_\Sigma}{X}$$

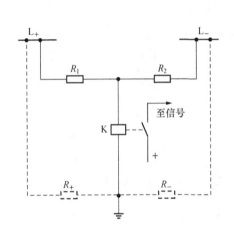

图 7-10　绝缘检察装置的信号电桥

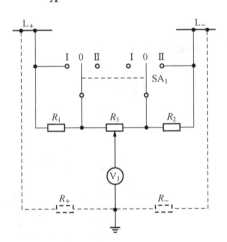

图 7-11　绝缘检察装置的测量电桥

如果是负极接地，则先将 SA_1 转到"测量 II"位，将 R_2 短接，调节 R_3 使电桥平衡，读调节电阻 R_3 的百分数值 X，再将 SA_1 转到"测量 I"位，V_1 的指示值即为 R_Σ，则

$$R_+ = \frac{2R_\Sigma}{1-X}, \qquad R_- = \frac{2R_\Sigma}{1+X}$$

7.4.2　交流绝缘监视

按我国的电力运行规程规定，小电流接地系统发生单相接地故障后仍能带故障运行

两个小时，无须停电。但长期带单相接地故障运行可能引起非故障相绝缘薄弱的地方损坏而造成相间短路，因此必须装设交流绝缘监视装置。

图 7-12 为交流绝缘监视装置原理接线，它由电压测量和绝缘监视两部分组成。为了反映各相对地电压的变化，电压互感器一次绕组必须接在相与地之间，因此高压侧三相绕组接成 Y 形，中性点必须接地。电压互感器有两个二次绕组，一个是工作二次绕组，一个是辅助二次绕组。工作二次绕组接成 Y 形，且有中性线引出。正常时，三只电压表读数为相电压。当电网中一相接地时，接地相电压表的读数下降，极限值为零，未接地相的电压表读数升高，极限值为线电压。根据电压表指示可判断绝缘损坏的程度和相别。

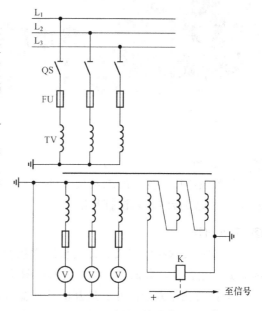

辅助二次绕组接成开口三角形，在三角形的两端接一继电器。正常运行时，三相电压对称，开口三角形开口端无电压，电压继电器不动作。当电网中某相发生完全接地时，三相对地电压就不对称了，在

图 7-12 交流绝缘监视装置原理接线

开口三角形两端有电压，金属性接地时，此电压为相电压的 3 倍。若电压互感器的变比为 $\dfrac{U_n}{\sqrt{3}} \Big/ \dfrac{100}{\sqrt{3}} \Big/ \dfrac{100}{3}$，则开口三角形两侧会出现约 100V 的零序电压，使过电压继电器动作，其常开触点闭合，接通预告信号回路，警铃响，单相接地光字牌亮。

为了防止在电压互感器一、二次绕组间的绝缘被击穿时高电压窜入二次绕组，危及设备和人身安全，两个二次绕组必须接地。

◀◀◀◀◀ 思 考 与 练 习 ▶▶▶▶▶

7-1 什么叫操作电源？它的作用是什么？目前常用的有哪几种？

7-2 电容储能式整流电源有何优缺点？其电路结构有何特点？

7-3 复式整流电源有何特点？在正常和事故情况下各部分承担什么样的任务？

7-4 铅酸蓄电池的工作原理是怎样的？

7-5 什么是主充电方式？什么是浮充电方式？各有何优缺点？

7-6 镍镉蓄电池有何特点？怎样使用和维护？

7-7 直流绝缘监视装置是怎样工作的？

7-8 在小电流接地系统中为何要装设交流绝缘监视装置？

7-9 采用三相五柱式电压互感器为什么也能够监视单相接地故障？

7-10 为什么蓄电池要进行核对性放电和均衡充电？

8 单元

发电厂和变电所电气二次系统

>>>>

◎ **学习任务**

　　掌握发电厂、变电所二次接线的种类、特点及作用，为专业典型工作任务之电气二次设计、安装接线、调试打基础。

◎ **重点知识**

　　1. 掌握二次接线定义、二次接线常用图形文字符号，熟悉二次典型回路编号，知道相对编号法含义，会识读二次接线原理图及安装接线图。

　　2. 熟悉测量系统流互、压互的常规配置，了解测量仪表的配置。

　　3. 熟悉断路器控制回路基本要求，掌握常用断路器控制回路的工作原理。

　　4. 掌握信号的种类及重复动作的中央信号回路工作原理。

　　5. 掌握同期的含义、种类及特点，同期点设置的原则，会识读手动准同期装置接线图并掌握其原理。

◎ **难点知识**

　　1. 端子排图和屏背面接线图的识读。

　　2. 音响监视的断路器控制回路工作原理。

　　3. 主变高压侧断路器的同期。

◎ **可持续学习**

　　电站微机监测、控制、同期。

二次接线的基本知识

二次设备通过电压互感器和电流互感器与一次系统相关联，二次设备包括测量表计、继电保护、控制、信号和自动装置等。

二次设备经导线或控制电缆以一定方式互相连接所构成的电气回路称为二次回路（又称二次接线），其主要任务是反映一次系统的工作状态，并对一次系统进行控制、保护和调节等。

二次接线图常用原理接线图（归总式）、展开式接线图和安装接线图三种方式表达。

二次接线图中各元器件和设备均采用国家统一规定的图形文字符号表达，其常用图形文字符号详见附表 2-17。

1. 原理接线图

原理接线图（归总式原理接线图）将二次回路及与之有关的一次设备都画在一起，以整体图形符号表示二次设备，按电路实际连接关系绘制。图 8-1 表示 35kV 线路电流保护原理图。

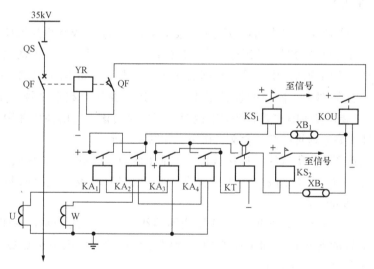

图 8-1　35kV 线路电流保护原理图

从图 8-1 中可以看出，整套保护装置由 8 只继电器组成。电流继电器 KA_1、KA_3 和 KA_2、KA_4 的线圈分别接在 U、W 相电流互感器的二次线圈回路中。其动作原理如下：

电流继电器 KA_1、KA_2 和信号继电器 KS_1 构成电流速断保护，当输电线路首端发生短路，流过 KA_1 或 KA_2 线圈的电流超过其动作整定值时，KA_1 或 KA_2 的触点闭合，接

通信号继电器 KS_1 的线圈、保护出口继电器 KOU 的线圈回路，KS_1 和 KOU 的线圈同时励磁动作，信号继电器 KS_1 的触点闭合发出信号，保护出口继电器 KOU 动作，使得跳闸线圈 YR 励磁动作，使断路器 QF 跳闸，跳闸后 QF 的常开辅助触点断开，切断跳闸回路。

电流继电器 KA_3 与 KA_4、时间继电器 KT 及信号继电器 KS_2 构成定时限过电流保护，当输电线路末端发生短路或输电线路首端发生短路且电流速断保护拒动，流过 KA_3 或 KA_4 线圈的电流超过其动作整定值时，KA_3 或 KA_4 的触点闭合，接通时间继电器 KT 的线圈回路，直流电源电压加在时间继电器 KT 的线圈上，时间继电器启动；经过一定时限后其延时触点闭合，把信号继电器 KS_2 的线圈、保护出口继电器 KOU 线圈回路接通，KS_2 和 KOU 同时励磁动作，信号继电器 KS_2 的触点闭合发出信号，保护继电器 KOU 动作，使得跳闸线圈 YR 励磁动作，使断路器 QF 跳闸，跳闸后 QF 的常开辅助触点断开，切断跳闸回路。

原理接线图主要用来表示继电保护和自动装置的工作原理和构成这套装置所需的设备，它可以作为二次回路设计的原始依据。由于原理图上各元件之间的联系是整体连接表示的，对一些细节未表示清楚，如图中未画出二次设备的内部接线、元件接线柱编号和回路编号，直流操作电源只标明其极性，没有标明从哪一组熔断器向下引出，信号部分只标出"至信号"，无具体接线。在二次回路比较复杂时，绘图和阅图比较困难，图纸中的缺陷和错误不易发现和寻找，在实际工作时检查接线、查找故障比较困难。

2. 展开式接线图

展开式接线图是将整个二次回路按顺序分成交流电流回路、交流电压回路、直流操作回路和信号回路等进行绘制的图，其用分开表示法绘制，同一仪表或继电器的电流线圈、电压线圈和触点出现在不同的回路中时采用相同的文字符号表示（如 KA_1 线圈、KA_1 触点等）。如果在同一展开接线图中，同样的设备不止一个，还需要加上数字序号（如 KA_1、KA_2、KA_3、KA_4 等）。展开接线图右侧加以文字说明，用来说明该回路的性质和用途，帮助阅读图纸，使读者能更好地理解图纸的含义、作用，如图 8-2 所示。

图 8-2 是根据图 8-1 所示的原理接线图而绘制的展开接线图，左侧是主接线示意图，右侧是保护回路展开图。从图 8-2 中可以看出，展开接线图由交流电流回路、直流操作回路和信号回路三部分组成。

比较图 8-1 和图 8-2 可以知道，展开接线图接线清晰，层次分明，易于阅读、查线，便于了解整套装置的动作程序和工作原理，特别是在复杂的图纸中优点更为突出，因此它在实际工程中得到广泛的应用。

3. 安装接线图

安装接线图是二次接线的主要施工图纸，也是提供厂家进行屏柜加工、安装、配线的图纸，它包括屏面布置图、屏背面接线图和端子接线图。

安装接线图涉及内容知识点较多，8.2 节专门讲述。

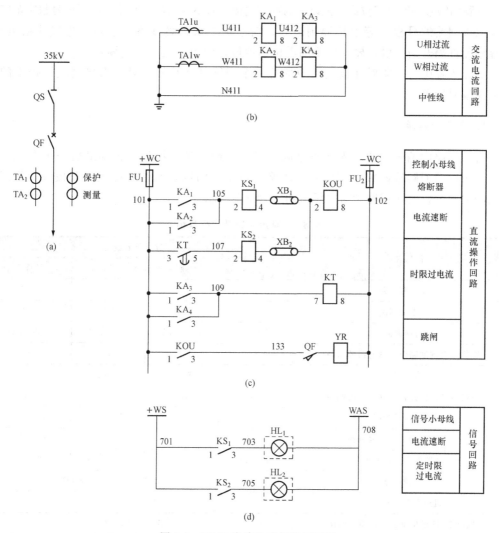

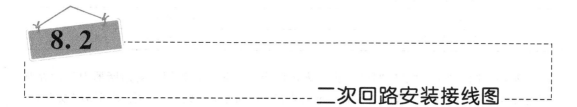

图 8-2　35kV 线路电流保护展开图

8.2 二次回路安装接线图

8.2.1 二次回路的编号

为了便于安装施工和维护检修,在二次接线图中应对回路进行编号。编号的目的是便于了解该回路的性质和用途,进行正确的接线,便于安装、施工和运行、检修。

回路的编号一般由三位或三位以下的数字组成，对不同用途的回路规定了编号数字范围。

二次回路编号根据等电位原则进行，对于由二次设备线圈、触点、连接片或电阻、电容等元件隔开的线段，要看作不同电位的线段，给予不同的数字编号。

实际工程中，并非展开接线图中的每一个回路都要编号，只对引接到端子排上的回路标注编号即可。

1. 直流回路编号

直流回路的编号方法：先从正电源出发，以奇数顺序编号，直到最后一个有压元件为止。负电源回路按偶数顺序编号，回路经过主要的压降元件后即改变其极性，回路编号也随之改变。直流回路的数字标号组如表 8-1 所示。

表 8-1　直流回路数字标号组

回路名称	数字标号组			
	I	II	III	IV
正电源回路	1	101	201	301
负电源回路	2	102	202	302
合闸回路	3～31	103～131	203～231	303～331
绿灯或合闸回路监视继电器的回路	5	105	205	305
跳闸回路	33～49	133～149	233～249	333～349
红灯或跳闸回路监视继电器的回路	35	135	235	335
备用电源自动合闸回路	50～69	150～169	250～269	350～369
开关器具的位置信号回路	70～89	170～189	270～289	370～389
事故跳闸音响信号回路	90～99	190～199	290～299	390～399
保护回路	01～099（或 J1～J99、K1～K99）			
机组自动控制回路	401～599			
机组 LCU 模拟量输入、输出回路	JM100～JM599			
机组 LCU 开关量输入、输出回路	JK100～JK599			
励磁控制回路	601～649			
发电机励磁回路	651～699			
信号及其他回路	701～999			

表 8-1 中的 "I" "II" "III" "IV" 表示四个标号组，每组用一对熔断器引下的控制回路编号，例如一台三绕组的变压器，每侧装有一台断路器，则 QF_1 的控制回路应取 101～199，QF_2 的控制回路应取 201～299，QF_3 的控制回路应取 301～399。

为了便于安装、检修和运行，对于一些比较重要的常见回路（如跳闸、合闸回路，直流电源回路，信号回路等）都给予了固定编号，如正电源回路用 1、101、201、301 表示，负电源回路用 2、102、202、302 表示，合闸回路用 3～31、103～131、203～231、303～331 表示；跳闸回路用 33～49、133～149、233～249、333～349 表示等。

2. 交流回路编号

交流回路数字标号组如表8-2所示。交流回路编号为了区分相别，数字前面加上 U、V、W、N（中性线）、Z（零线）等文字符号。交流电流回路使用数字范围是 400～599，交流电压回路使用数字范围是 600～799。

表 8-2　交流回路数字标号组

回路名称	互感器的文字符号	回路标号组				
		U 相	V 相	W 相	中性线	零线
保护装置及测量表计的电流回路	TA	U401～U409	V401～V409	W401～W409	N401～N409	Z401～Z409
	TA_1	U411～U419	V411～V419	W411～W419	N411～N419	Z411～Z429
	TA_2	U421～U429	V421～V429	W421～W429	N421～N429	Z421～Z429
保护装置及测量表计的电压回路	TV	U601～U609	V601～V609	W601～W609	N601～N609	Z601～Z609
	TV_1	U611～U619	V611～V619	W611～W619	N611～N619	Z611～Z619
	TV_2	U621～U629	V621～V629	W621～W629	N621～N629	Z621～Z629
控制保护及信号回路绝缘监察电压表公共回路		U1～U398 U700	V1～V398 V700	W1～W398 W700	N1～N398 N700	

3. 小母线编号

小母线的作用是使二次回路接线清晰和便于接线，提高二次回路工作的可靠性。小母线的文字标号及数字标号如表8-3所示。

表 8-3　小母线标号

小母线名称	文字标号	数字标号
合闸小母线	＋WCL；－WCL	
控制电源小母线	＋WC；－WC	1，101；2，202
信号电源小母线	＋WS；－WS	701；702
事故音响小母线	WAS	708
故障音响小母线	WFS	709
闪光信号小母线	WF	100
灯光信号小母线	WL	726
同期合闸小母线	1WSCB；2WSCB	719；720
待并系统同期电压小母线	WSTCu；WSTCv；WSTCw	U610；V610；W610
运行系统同期电压小母线	WOSu；WOSw	U620；V620
公共的 V 相电压小母线	WBV	V600
转角变压器辅助小母线	WTAu；WTAv；WTAw	U790；V790；W790

4. 二次回路编号举例

相应的二次回路编号如图 8-2 所示，图中回路 U412、W412、105、107、109 等的编号可以省略，因为这些回路是屏内设备之间的连接，不需通过端子进行连接。

5. 电缆编号

安装在各处的屏柜和设备是用电缆联系起来的，由于发电厂中电缆众多，为便于安装、运行和检修，应对电缆进行编号。电缆的编号通常采用文字和数字的组合，用以表示电缆的序号、用途、敷设的场所和走向等。

电缆编号的组成格式为

一般情况下序号 01～099 表示电力电缆，100～999 表示控制电缆。

电缆两端均有标志牌，标志牌的内容有电缆编号、型号及规格、电缆走向等。比如，有一根控制电缆连接发电机保护屏和发电机开关柜上的二次设备，则应有两块电缆标志牌，分别挂在电缆的两端，见图 8-3。

图 8-3　两块电缆标志牌

8.2.2　安装接线图

安装接线图一般包括三种图，即屏面布置图、端子接线图、屏背面接线图。

1. 屏面布置图

根据展开接线图设计相应屏的屏面布置图，它是为屏面开孔及安装设备用的。因此，屏面布置图中设备尺寸及间距都要求按实际大小和比例用简易外形图画出，并附有设备表。

对各种屏台的设计、安装、布置总体要求为便于监视，操作调节方便，安装检修调试易行，整体美观、清晰，适当紧凑、用屏量少。

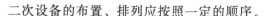

二次设备的布置、排列应按照一定的顺序。

同类安装单位的屏面布置应一致,当不同安装单位的设备装在同一块屏(台)上时宜按纵向划分。各屏上设备的横向装设高度应整齐一致,屏内设备不宜前后双层布置,当需要双层布置时必须考虑到运行维修的方便。

(1)屏的形式

直立屏:常用型号为 PK 系列,屏高 2200mm,深 600mm,宽有 800mm。根据需要可以做成控制屏、保护屏、机旁屏等。

集控台:除了控制屏外,某些电站还采用桌式的集控台,便于值班员在中控室控制。集控台台面上可布置模拟主接线、开关、按钮、表计、指示灯。为便于检修,台面可向上打开。

图 8-4 所示为 35kV 线路保护屏的屏面布置图,表 8-4 为图 8-4 屏面布置图的设备。

表 8-4   35kV 线路保护屏设备

编号	符号 安装单位十A3	名称	型号	技术特性	数量	备注
1、2	KA₁、KA₂	电流继电器	DL-31/20	10~20A	2	
3、4	KA₃、KA₄	电流继电器	DL-31/10	5~10A	2	
5	KT	时间继电器	DS-32	220V	1	
6	KOU	出口中间继电器	DZ-202	220V	1	
7、8	KS₁、KS₂	信号继电器	DX-31	0.5A	2	
9、10	XB₁、XB₂	连接片			2	
11、12	FU₁、FU₂	熔断器	R1-10/1A	250V	2	装屏后

(2)项目代号

在电气图上通常用一个图形符号表示基本件、部件、组件、功能单元、设备、系统等,如电阻、连接片、集成电路、端子板、继电器、发电机、放大器、电源装置、开关设备等都可称为项目。

项目代号在我国是一个新的概念,它和原国家标准中的文字符号在结构上有很大区别。项目代号是用以识别图、图表、表格和设备上的项目种类,并提供项目的层次关系、实际位置等信息的一种特定的代码。在不同的图、图表、表格、说明书中的项目和设备中的该项目均可通过项目代号相互联系。为了便于维护,在设备中往往把项目代号的全部或一部分表示在该项目上或其附近。

完整的项目代号包括四个具有相关信息的代号段。每个代号段都用特定前缀符号加以区别。每代号段的字符都包括拉丁字母或阿拉伯数字,或由字母和数字共同组成。完整的设备项目代号由高层代号段、位置代号段、种类代号段和端子代号段四部分组成。

第一段为"高层代号",高层代号表示设备安装单元,一般按主设备划分,用前缀符号"="表示。例如,"=GS₁"表示一号发电机系统;"=T₂"表示二号变压器系统。

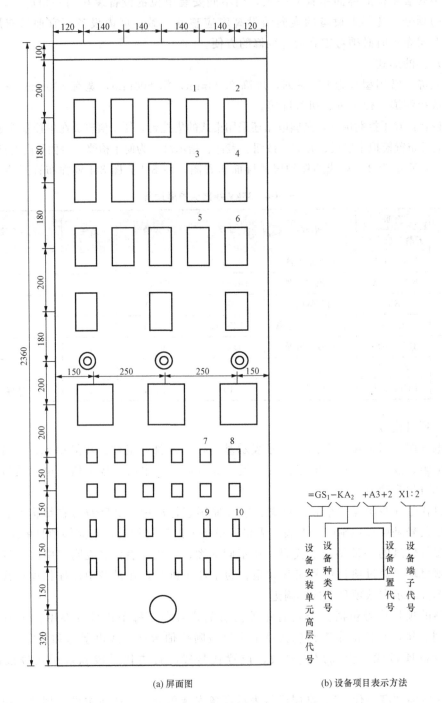

(a) 屏面图

(b) 设备项目表示方法

图 8-4　35kV 线路保护屏屏面布置图

第二段为"种类代号"，主要用以识别项目种类的代号，用前缀符号"－"表示。例如，"－KA_2"表示设备种类为电流继电器的第 2 个电流继电器。

第三段为"位置代号"，表示项目在组件、设备、系统或建筑物中的实际位置的代号，用前缀符号"＋"表示。例如，"＋A3＋2"，"＋A3"表示该设备在屏 A 列的 3 号屏上；"＋2"表示该设备在屏上的位置顺序为 2 号。

第四段为"端子代号"，为同外电路进行电气连接的电器导电件的代号，用前缀符号"："表示。例如，"X1：2"表示端子板 X1 的 2 号接线端子。

图 8-4（b）所示为一个元器件项目代号的全部内容。屏面布置图上的项目代号意义应和单元安装接线图上的代号一致，以便于相互对照、查阅。图 8-4（b）上位置代号"＋A3＋2"中的"＋2"顺序号应和设备表中的顺序号一致，以便在设备表中查出这个设备的名称、型号和规范。如 2 号设备在设备表上查得为电流继电器，其型号为 DL-31/20，技术特性为 10～20A。此外，在屏面布置图上还要标出每一安装单元名称及有关展开图的图号，以便查询。

2. 端子接线图

根据展开接线图和屏面布置图设计端子接线图。

（1）接线端子的分类及用途

接线端子是二次接线中不可缺少的配件。二次回路中不同屏的设备之间应通过控制电缆和端子来连接。许多端子组合在一起时构成端子排，端子排一般都安装在屏后两侧。接线端子允许电流一般为 10A。

端子主要由绝缘座和导电片组成。绝缘座一般由胶木粉压制而成，其作用是绝缘导电片与接线端子的固定槽板，另外也可避免端子接线时误碰到邻近端子上的导电部分。在绝缘座的下部有一锁扣弹簧，是供接线端子固定在槽板内用的。图 8-5 所示为不同类型的接线端子导电片和端子板，常用的端子按用途可以分为以下几种类型。

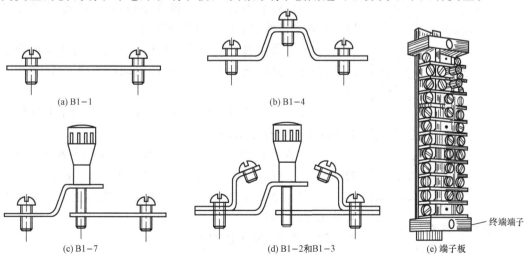

(a) B1—1　　(b) B1—4　　(c) B1—7　　(d) B1—2和B1—3　　(e) 端子板

图 8-5　不同类型端子的导电片和端子板

1）一般端子（B1-1 型）：供一般连接用，是用得最多的端子，其导电片如图 8-5（a）所示。

2）连接端子（B1-4 型）：通过绝缘座上部的中间缺口用导电片把两个端子连在一起，使各种回路并头或分头，其导电片如图 8-5（b）所示。

3）试验端子（B1-2 型）：用于需要接入试验仪表的电流回路中，可以在不开断电流互感器二次侧情况下测量电流，其导电片如图 8-5（d）所示。

4）连接试验端子（B1-3 型）：它同时具有试验端子和连接端子的作用，和试验端子相似。所不同的是其绝缘座上部的中间有一缺口，应用在彼此连接的电流试验回路中，其导电片如图 8-5（d）所示。

5）特殊端子（B1-7 型）：用于需要很方便地断开的回路中，其导电片如图 8-5（c）所示。

6）终端端子（B1-5 型）：用于固定或分离不同安装单元的端子排用，如图 8-5（e）所示。

（2）应经过端子排连接的回路

包括屏内与屏外二次回路的连接，同一屏上各安装单位之间的连接及转接回路等；柜（箱）面上和柜（箱）内设备的连接，屏内设备和屏顶设备（如熔断器、附加电阻、小母线等）的连接。电流互感器二次回路应经过试验端子连接屏内外设备。

（3）端子排的排列顺序

端子排的排列应使运行、检修、调试方便，适当地照顾端子排与设备相对应，即当设备位于屏的上部时，其端子排也最好排于上部，这样可以节省材料。每个安装单元都有独立的端子排，端子排垂直布置时，排列由上而下；水平布置时，排列自左至右。排列顺序一般为交流电流回路、交流电压回路、直流控制回路、交流控制回路、信号回路、其他回路等。

设计端子排时还需考虑下列因素：

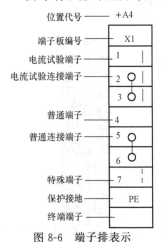

图 8-6　端子排表示
方法示意图

1）每个安装单元的端子排在最后留 2～5 个端子作备用，在端子排的两端用终端端子固定。

2）正、负电源之间，经常带电的正电源与跳闸或合闸回路之间，为防止短路及断路器误动，常以一个空端子隔开。

3）每个端子的每一侧只宜接一根导线。端子上导线的截面面积不应超过 $6mm^2$。

4）电流回路的连接线至少选用截面面积不小于 $4mm^2$ 的铜导线，电压回路的导线截面面积不小于 $2.5mm^2$。

5）当一个安装单元的端子过多或一块屏上只有一个安装单元时，可将端子布置在屏的两侧。

端子排的表示方法如图 8-6 所示。

3. 屏背面接线图

屏背面接线图是制造厂生产过程中配线的依据，也是施工和运行的重要参考图纸。屏背面接线图是以展开图、屏面布置图和端子接线图作为原始资料，由制造厂的设计部门绘制提供的，它用来表明屏内设备之间的连接情况及其和端子排的连接情况。

（1）屏背面展开图

屏背面接线图和屏面布置图从两个相反方向来表示设备的排列，所以屏背面接线图中设备的位置排列应与屏面布置图中设备排列相反。

屏的结构在屏背面接线图是以展开平面图形式表示的，即从屏的后面将其立体结构向上和向左右展开为屏背面、屏左侧、屏右侧、屏顶四部分。

屏背面部分：是装设各种控制和保护设备用的，如测量仪表、控制开关、继电器及信号设备等。

屏侧部分：是装设端子排用的，分左侧端子排和右侧端子排。

屏顶部分：装设各种小母线、熔断器、附加电阻、警铃等，以便于操作、调整。

（2）二次设备在屏背面接线图上的表示

1）屏背面接线图上设备的相对位置与实际的安装位置相符合，但不需再按比例画出。

2）屏背面接线图上设备外形与实际形状相符合，只画出设备引出线的端子和端子编号。背视图看得见的设备轮廓框线用实线表示，看不见的设备轮廓框线用虚线表示。对有些元件可用简化的外形或图形符号表示，如电阻、熔断器等。

3）屏背面接线图上的设备符号和标号必须和展开图及屏面布置图上的一致。设备的标号方法与屏面布置图的一样，如图 8-4 所示。为了使接线图清晰明了，可用简化的项目代号表示，即在设备轮廓线上按照从左到右、从上到下的顺序，用阿拉伯数字给每一个设备编号，但编号应和屏面布置图上的编号一致。

（3）单元接线图

设备与设备、设备与端子排等之间的连接常用单元接线图表示，单元接线图的表示方法有连接线表示法和中断线表示法两种，如图 8-7 所示。两连接端子之间导线用连续线条表示的称连接线表示法，只适用于较简单接线情况；中断线表示法即两连接端子之间导线用中断线条表示，在中断处必须标明导线的去向，即远端标记法，这种表示法也称为相对编号法。相对编号法指若甲、乙两端子互连，则在甲端子旁标注乙端子的编号，乙端子旁标注甲端子的编号。例如，连接项目 A 的端子 6 与项目 X 的端子 1 之间的 86 号线，其两端分别标注对端的端子号 "X：1" 和 "A：6"。中断线表示法省略了导线的线条，使接线图清晰，故在实际工程中广泛应用。

在实际安装配线时，相对编号的数字写在特制的白色塑料套管上（简称方向套），然后套在导线的两端，便于安装、运行和检修时查找接线。

（4）单元接线表

单元接线表包括线缆号、线缆型号及规格、项目代号、两端连接端子号和其他说明等内容。单元接线表是对相应的单元接线图所表示内容的归纳和总结，是单元接线图的重要补充。一般情况下单元接线表与接线图同时给出，对一些项目较少、接线简单的单元也可只给出单元接线表。表 8-5 示出了与图 8-7 对应的单元接线表。

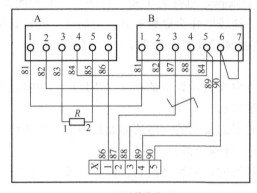 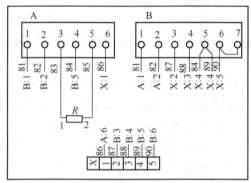

(a) 用连接线表示　　　　　　　　　　(b) 用中断线表示

图 8-7　单元接线示意图

表 8-5　单元接线表

线缆号	线号	线缆型号及规格	连接点 I			连接点 II			附注
			项目代号	端子号	参考	项目代号	端子号	参考	
	81	BX-1.5	A	1		B	1		
	82	BX-1.5	A	2		B	2		
	83	BX-1.5	A	3		R	1		
	84	BX-1.5	A	4		B	5	89	
	85	BX-1.5	A	5		R	2		
	86	BX-1.5	A	6		X	1		
	87	KVB-2×1.5	B	3		X	2		绞线 T1
	88	KVB-2×1.5	B	4		X	3		绞线 T1
	89	BX-1.5	B	5	84	X	4		
	90	BX-1.5	B	5		X	5		
	—		B	6		B	7		连接

表 8-5 中表头的含义如下。

线缆号：表示连接导线所属的电缆、线束编号，如为单根导线，不分线束，则不表示。本例属于这一情况。

线号：导线标号，即导线的独立标记号，也可用文字、字母表示。

线缆型号及规格：电缆或导线的型号、截面面积大小等。

连接点 I、II：连接线两端与设备、元器件连接点，包括项目代号、接线端子号及

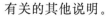

有关的其他说明。

附注：与连接线有关的其他说明。

（5）安装接线图识图举例

图 8-8 为图 8-2 所示的 35kV 线路电流保护的安装接线图，它包括屏侧端子接线、屏体背面的设备安装接线和屏顶设备的接线。

识图步骤如下。

第一步：参照图 8-2，了解该单元接线的设备组成及工作原理，明确各设备安装地点。从图 8-8 可以看出，此保护屏上装有 12 个项目，包括：电流继电器 KA_1、KA_2、KA_3、KA_4，时间继电器 KT，保护出口继电器 KOU，信号继电器 KS_1、KS_2，连接片 XB_1、XB_2，以及熔断器 FU_1、FU_2。设备项目代号简化编为 1～12。屏顶部分有控制母线＋WC、－WC，信号母线＋WS，事故母线 WAS，故障母线 WFS。屏右侧装有 18 个端子组成的端子排 X1。

电流互感器 TA_1 和断路器 QF 装于＋B1（B 列 1 号开关柜）；光字牌 HL_1、HL_2 装于＋C2（C 列 2 号屏）上，即线路控制台上。注意线路控制台上无法设置屏顶小母线，在信号回路连接上需注意这点。

第二步：参照图 8-2，电流互感器 TA_1 接成不完全 Y 形，通过控制电缆 JK121 的三根芯线 1 号、2 号、3 号连接到 X1 端子排的 1、2、3 试验端子上，然后通过连线号为 U411、W411、N411 的导线分别接到 1∶2、2∶2、3∶8 设备的端钮上。1∶2 表示连接到项目代号 1 的端钮 2 上。然后经过项目 1、2 的线圈再连接到 3∶2、4∶2 上，最后项目 3 和项目 4 的端钮 8 并接到端子排 X1 的 3 端子上，从而构成了保护的交流启动回路。

第三步：参照图 8-2，控制电源从屏顶小母线＋WC、－WC 经过熔断器 FU_1、FU_2 分别引到端子排 X1 的 6、8 端子，其导线编号为 101、102。端子排 X1 的 6 号端子与项目代号为 1 的端钮 1 连接，同时项目 1 的端钮 1 要和项目 2 的端钮 1 连接，因此在项目 1 的端钮用相对编号法标出 X1∶6、2∶1，而在项目 2 的端钮 1 上标出 1∶1。然后正电源通过屏内设备之间的相互连接分别通到 1∶1、2∶1、3∶1、4∶1、5∶3、6∶1 上，其他相应回路按展开接线图予以接通。另外，133、102 回路需和屏外设备（开关柜操动机构）相连，通过 X1∶10、X1∶9 端子引出，最后通过电缆 JK122 连接到＋B1 柜上。然后根据图 8-2 展开图，按照先上后下、先左后右的原则一行一行对回路进行分析。

第四步：参照图 8-2，从屏顶信号小母线＋WS 和 WAS 连接到端子排 X1 的 11、12 号端子上，X1 的 11 端子连接到项目 7 端钮 1 上，项目 7 端钮 1 和项目 8 端钮 1 相互连接，项目 7 的端钮 3 和项目 8 端钮 3 分别连接到 X1 的 14、15 端子上，通过电缆 JK123 连接到＋C2 屏上的光字牌。端子 13 起转接过渡作用，即 708 回路需通过本屏转接，这样可以节省控制电缆。

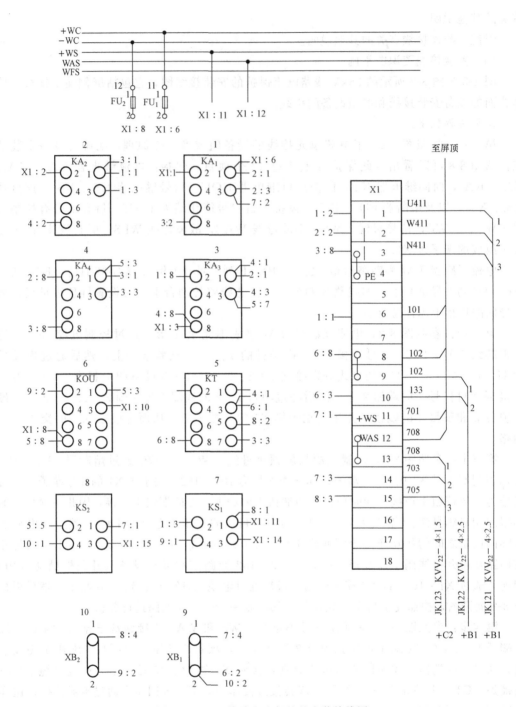

图 8-8　35kV 线路电流保护的安装接线图

8.3 测量系统

电气测量仪表常接自电流互感器和电压互感器的二次绕组，而互感器在主接线中的配置与测量仪表、同期点选择、保护和自动装置的要求及主接线的形式有关。

8.3.1　互感器的配置

发电厂互感器配置示意图如图 8-9 所示。

1. 电流互感器的配置

(1) 发电机电流互感器的配置

一般在发电机中性点和引出线上按三相配置电流互感器，两组电流互感器的型号、变流比相同。发电机中性点侧的电流互感器其二次绕组一组供差动保护用，另一组供其他保护用。发电机引出线上的电流互感器二次绕组一组供差动用，另一组绕组供发电机测量用。有时视具体情况再配置一组电流互感器供其他保护用。发电机励磁用的电流互感器其型号、配置的相数由励磁装置厂家配套供给。

(2) 主变压器电流互感器的配置

主变高、低压侧电流互感器均按三相配置，主要供给测量表计、纵差保护和后备保护用。

(3) 10kV 和 35kV 线路电流互感器的配置

电流互感器一般按两相配置，且配置在 U、W 两相上，其中一组绕组供保护用，另一组供测量用。

(4) 110kV 及以上线路电流互感器的配置

电流互感器一般按三相配置，其中一组绕组供保护用，一组供测量用，另一组供线路计量用。

2. 电压互感器的配置

(1) 发电机电压互感器的配置

发电机一般在出口处装三组电压互感器。一组（△-Y 接线）用于自动调节励磁装置，发电机励磁用的电压互感器由励磁装置厂家配套供给；一组供测量仪表、同期和继电保护使用，该组电压互感器一般配置三台带接地保护的单相电压互感器，采用 Y_0-Y_0-△ 接线方式，辅助绕组接成开口三角形，供绝缘监察用；另一组用一只单相的电压互感器跨接于 U、V 相上，专供微机调速器使用，用来测量发电机的频率。

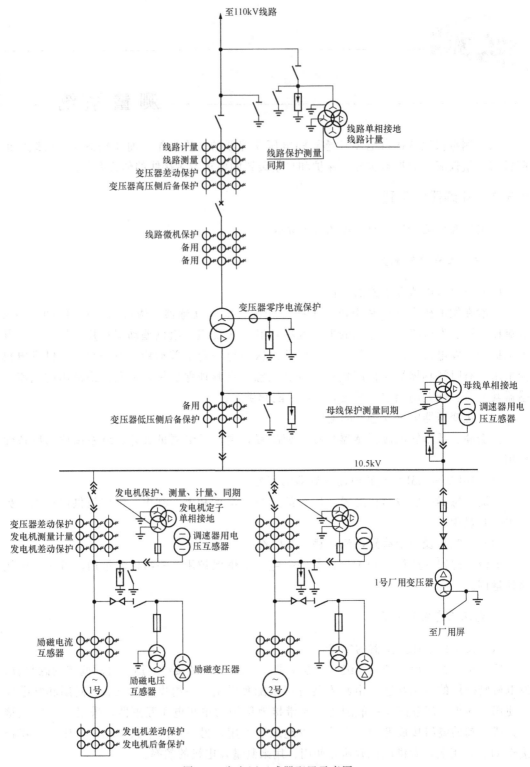

图 8-9　发电厂互感器配置示意图

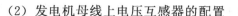

（2）发电机母线上电压互感器的配置

发电机母线上一般配置两组电压互感器。一组配置三台单相电压互感器，采用 Y_0-Y_0-$\triangle$接线方式，供母线测量、同期和绝缘监察用；另一组用一只单相的电压互感器跨接于 U、V 相上，专供微机调速器使用，用来测量系统的频率。

（3）35kV 母线上电压互感器的配置

35kV 母线上一般配置三台单相电压互感器，采用 Y_0-Y_0-$\triangle$接线方式，供母线测量、保护、同期和绝缘监察用。

（4）10kV 和 35kV 出线电压互感器的配置

对侧有电源的 10kV 和 35kV 出线上一般配置一台单相电压互感器，接于 U、V 两相线电压间，作同期检测用。

（5）110kV 及以上母线上电压互感器的配置

110kV 及以上母线上一般配置三台单相电压互感器，采用 Y_0-Y_0-Y-$\triangle$接线方式，供母线测量、保护、同期用。

8.3.2　测量仪表的配置及用途

1. 发电厂常规电测量装置的配置

电测量装置的配置应根据电站运行监视要求，做到技术先进、经济合理、准确可靠和监视方便，并符合有关电测量装置规程的规定。发电厂常规电测量装置可按表 8-6 来配置。

表 8-6　发电厂常规电测量仪表配置一览

测量回路	仪表种类及数量	备注
发电机	定子：电流表、电压表、频率表、有功功率表、无功功率表、有功电能表、无功电能表 转子：电流表、电压表	有的表计如频率表、交流电压表、有功功率表等在机旁也应该装设
主变压器	电流表、有功功率表、无功功率表	如需计送出电能，则装电能表
厂用变压器	电流表 3 只，电压表、有功电能表各 1 只	表计在低压侧
6kV、10kV、35kV 母线	电压表、频率表各 1 只	电压表配换相测量转换开关
10kV、35kV 线路	电流表、有功功率表、无功功率表各 1 只	如需计算电能可加装电能表
同期系统	电压表、频率表各 2 只、同期表 1 只；或采用组合式同期表 1 只	现广泛采用 1 只组合式同期表

2. 采用计算机监控系统的测量

随着计算机技术的快速发展，发电厂中电参数可通过计算机监控系统进行监测和记录，可不单独装设记录型仪表，要求测量的量均应根据需要且可以有更多的量（包括非电量）进入计算机监控系统，其中要求在中央控制室测量的量均能在中央控制室计算机监控系统的屏幕显示器予以显示。当采用计算机监控系统时厂用配电屏上应保留必要的测量表计或监测单元。发电厂常用计算机监控系统的测量图表如表 8-7 所示。

表 8-7　发电厂常用计算机监控系统测量图

名称		控制室计算机监控系统	机旁屏	电能计量
母线发电机	发电机侧	I_U、I_V、I_W、P、Q、U_{UV}、U_{VW}、U_{WU}、U_0、f、$\cos\varphi$	P、f	W_1、W_{Q1}
扩大单元机组	发电机侧	I_U、I_V、I_W、P、Q、U_{UV}、U_{VW}、U_{WU}、U_0、f、$\cos\varphi$	P、f	W_1、W_{Q1}
发电机-双绕组变压器组	发电机侧	I_U、I_V、I_W、P、Q、U_{UV}、U_{VW}、U_{WV}、U_0、f、$\cos\varphi$	P、f	W_1、W_{Q1}
	高压侧	I_U、I_V、I_W、P、Q	—	W_1、W_{Q1}
双绕组变压器	高压侧	I_U、I_V、I_W、P、Q	—	W_1、W_{Q1}
	低压侧	—	—	—
3～66kV 输电线路	单侧电源	I、P、Q	—	W_1、W_{Q1}
	双侧电源	I、P、Q、U_X	—	W_1、W_{Q1}、W_2、W_{Q2}

注：U_0 为发电机零序电压；U_X 为线路电压；P 为双向三相有功功率表；W_1 为正向三相有功电能；W_2 为反向三相有功电能；W_{Q1} 为正向三相无功电能；W_{Q2} 为反向三相无功电能。

计算机监控不设模拟屏时，控制室常用电测量仪表宜取消；计算机监控设模拟屏时，模拟屏上的常用电测量仪表应精简，并可采用计算机驱动的数字式仪表。通常在模拟屏上装设以下测量仪表：发电机及发电机变压器组的有功功率表、无功功率表（或定子电流表），条件允许的情况下也可以增设定子电流表和转子电流表等；110kV 及以上电压线路的有功、无功功率表，条件允许的情况下可以增设单相电流表，35kV 及以上、110kV 及以下电压线路的有功功率表或单相电流表；变压器及母线断路器的单相电流表；全厂总有功功率表、无功功率表，主要高压母线的频率、电压，水位（上游水库、必要时的下游水库及水头）表；其他测量仪表。

8.3.3　测量回路接线举例

图 8-10 （a）为发电机模拟电气测量仪表接线图，该接线图用于电站有中央控制室的情况，因此在配置仪表时，有功功率表、电压表、频率表各配置 2 个，一个装在中央控制室控制屏上，一个装在机旁屏上，这样便于在机旁开机时观察发电机情况；电流表、电压表、有功功率表、无功功率表、频率表各 1 只，装在中央控制室的发电机控制屏上，有功电能表、无功电能表装在发电机保护屏后面。

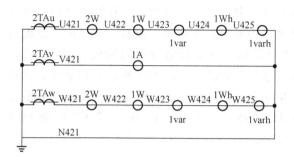

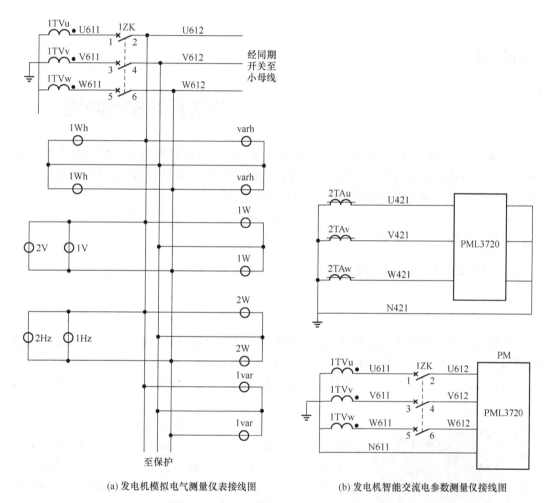

(a) 发电机模拟电气测量仪表接线图　　　　(b) 发电机智能交流电参数测量仪接线图

图 8-10　发电机模拟电气测量仪表接线图

8.3.4　智能交流电参数测量仪

随着计算机技术的发展，电力系统中传统的模拟测量仪表已逐步被智能交流电参数测量仪所取代。图 8-10（b）为发电机智能交流电参数测量仪接线图，无须经过变送器，直接从压互、流互二次采集交流量并加以处理，利用微处理器的软件计算出电压、电流有效值以及有功、无功功率的有效值及其他有关参数，既减少了投资，又保证了系统监察的精度和稳定性。目前电力系统中广泛应用的智能交流电参数测量仪有 PML3720、PM130E、PAMAC9900、EPM420 等型号，这些智能仪表可以实时测量三相电压、三相电流、有功功率、无功功率、视在功率、功率因数、有功电能、无功电能和频率等所有交流量，测量的电气参数可达上百个，一般带液晶显示屏，配置 RS232 或 RS485 通信接口，能很方便地和上位计算机之间进行通信，实现电力参数的快速采集、实时视频监控，极大地减轻值班员的工作强度。

8.4 断路器的控制回路

断路器一般都在远程中控室内进行集中控制，在中央控制室的集控台上装有对断路器进行合闸和跳闸的控制开关或按钮。控制开关与断路器操动机构箱之间用控制电缆联系，操作控制开关即可控制断路器跳、合闸，即远程控制。

某些不重要或不需经常监视回路的断路器也可在安装地点进行控制，对这些断路器的控制称为就地控制，如 10kV 线路及厂用负荷等。

8.4.1 断路器控制回路的组成

1. 控制元件

控制元件由手动操作的控制开关 SA 和自动操作的自动装置与继电保护装置的相应继电器触点构成，后者由其他课程讲授，此处不再讲述。

目前发电厂 220V 强电控制电路中应用比较多的手动操作控制开关为 LW 系列组合式万能转换开关。

图 8-11 LW12-16 型控制
开关的外形

图 8-11 为 LW12 系列转换开关的外形。正面有一个操作手柄，安装于屏前，与手柄固定连接的转轴上装有数节触点盒（触点盒的节数及形式可根据控制回路的需要进行组合），触点盒安装于屏后。每个触点盒中都有四个固定触点和两个动触点，动触点随轴转动，固定触点分布在触点盒的四角，触点盒外有供接线用的四个引出端子。

按照动触点凸轮与簧片的形状及安装位置不同，可以构成十四种形式的触点盒。其中代号为 1、1a、2、4、5、

6、6a、7、8 等九种形式的触点盒其动触点随轴一起转动；代号为 10、40、50 等三种形式的触点盒其动触点在轴上有 45°的自由行程，即手柄转动角度在 45°自由行程内，动触点可以保持在原来位置上不动；20 型式动触点有 90°自由行程；30 型式动触点有 135°自由行程。

LW12 系列转换开关是旋转式的，可将操作手柄旋转 45°或 90°一个定位。操作手柄可以做成操作后自动复归，即操作手柄转动后，若松开手柄，自动恢复到原来的位置；也可以做成不能自动复归的，即操作后不能恢复到原来位置。

表明转换开关在不同工作位置、触点通断情况的图表称为触点图表。表 8-8 是一种触点图表形式，表中"×"表示触点通，"—"表示触点断开。

表 8-8　LW12-16Z/4.0011.1T 控制开关触点图表

符号	标注	功能	把手位置	触点	
				1-2	3-4
SA	合闸	合闸	↗	×	—
		切除	↑	—	—
	分闸	分闸	↖	—	×

表 8-8 中手柄有三个位置，手柄默认在中间位置，其触点 1-2、3-4 断开；手柄顺时针转 45°为合闸操作，此时触点 1-2 接通；手柄逆时针转 45°为跳闸操作，此时触点 3-4 接通，操作后手柄即自动回到默认中间位置。

为使绘制和阅读电路方便，控制开关触点通断情况也可在原理图中简易地表示出来，见图 8-12。图中 6 条虚线（示位线）代表手柄的 6 个不同位置，分别是分后（TD）、预分（PT）、分闸（T）、合后（CD）、预合（PC）、合闸（C）。在示位线上（触点标号的下方）画有黑点的，表示与控制开关相对应的位置时触点是闭合接通的；在示位线上没有黑点的则表示触点是打开的。

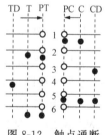

图 8-12　触点通断图形符号

2. 中间环节

中间环节指连接控制、信号、保护、自动装置、执行和电源等元件所组成的控制电路。根据操动机构和控制距离的不同，控制电路的组成也不尽相同。

3. 操动机构

断路器的控制回路在很大程度上取决于被控制断路器的操动机构形式，目前在发电厂中一般常采用电磁操动机构和弹簧操动机构。通常分闸线圈和弹簧操动机构的合闸线圈所需功率较小，电压为 110～200V 时，电流只有 0.5～5A，因此电磁操动机构的跳闸线圈和弹簧操动机构的合闸线圈可直接接在控制回路中；而电磁操动机构的合闸线圈所需功率较大，当电压为 110～220V 时合闸线圈的电流为 35～250A，因此必须通过合闸接触器去接通合闸线圈，并由专门的合闸母线供电。

操动机构除分闸、合闸线圈外，还有和传动部分联动的辅助触点，在二次回路中可利用这些辅助触点通过信号灯指示出设备的分、合闸位置，或及时切断分、合闸线圈回路，使分闸、合闸线圈不长期带电等。

8.4.2 对断路器控制回路的基本要求

1）操动机构的合闸线圈与分闸线圈都是按短时通过电流设计的，因此在完成断路器合闸或分闸操作后应能立即自动断开，以免烧坏线圈。

2）断路器不仅能利用控制开关进行手动合闸与分闸，而且应有继电保护和自动装置实现自动分闸与合闸。

3）应有表示断路器处于"合闸"或"分闸"状态的位置信号，红灯亮表示断路器处于合闸状态，绿灯亮表示分闸状态。

4）当断路器的操动机构不带防止断路器"跳跃"的机械连锁机构或机械"防跳"不可靠时必须装设电气"防跳"装置。

5）应能监视电源及下次操作时合闸回路和分闸回路的完整性。

6）需要同期合闸的断路器，还要加入"同期联动"，以避免非同期合闸。

7）断路器的控制回路接线应简单可靠，操作方便。

8.4.3 断路器常见的控制回路

1. 具有灯光监视的弹簧操动机构断路器控制回路

如图 8-13 所示，±WC 为控制小母线，由直流系统供电，电压通常为 110V 或 220V；YO 为合闸线圈，YR 为跳闸线圈；HG 为绿灯，HR 为红灯；K1 为自动装置引出触点，起自动合闸作用；KOU 为继电保护引出触点，起到自动跳闸作用；SA 为控制开关（LW2-W-2/F6 型），用来手动控制断路器；QF_1 为断路器常闭辅助触点，QF_2 为断路器常开辅助触点，当 QF 在跳闸位置时 QF_1 接通、QF_2 打开，当 QF 在合闸位置时 QF_1 打开、QF_2 接通。

弹簧操动机构平时由电动机将弹簧拉紧储能，合闸时弹簧释放，将断路器合上。弹簧操动机构的跳闸、合闸线圈的动作电流较小（0.5～2A），可用控制开关或中间继电器触点直接控制，不需要通过接触器间接控制。

弹簧操动机构断路器控制回路的动作原理如下。

（1）合闸动作原理

当机构处于未储能状态时，行程开关的常闭触点 SP_1 闭合，按下弹簧储能按钮 SB，则中间继电器 KA 线圈励磁动作，其常开触点 KA_2 闭合，电动机与电源（可以用直流或交流电源）接通而运转，将弹簧逐渐拉紧储足能后 SP_1 断开，切断电动机电源。同时，SP_2 闭合，白灯 HW 亮，表示操动机构已处于储能状态。当弹簧未拉紧时，触点 SP_3 闭合，发出"弹簧未拉紧"信号。弹簧储能结束后，KA 线圈失电返回，KA_1 的常闭触点闭合。这时若断路器处于分闸位置，只要将 SA 投向"合"位置，断路器合闸线圈 YO 通电励磁，断路器合闸。断路器合闸后，辅助触点 QF$_1$ 打开，自动切断合闸回路电流；QF$_2$ 闭合，电流经过红灯 HR 及附加电阻 R、QF$_2$ 常开触点、断路器跳闸线圈 YR 回路，红灯 HR 亮，表示断路器已在合闸位置而且控制电源及跳闸回路完好。

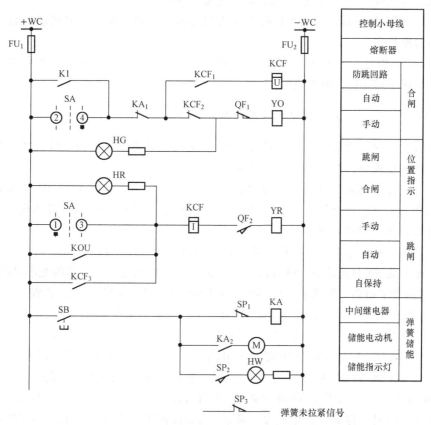

图 8-13　弹簧操动机构的控制回路

另外，自动装置触点 K1 闭合，其作用和 SA 触点 2-4 接通相同，使得断路器合闸。

在弹簧储能过程中，KA 的常闭触点 KA$_1$ 是断开的，这时即使将 SA 投向"合"的位置，YO 也不能通电，断路器不会合闸。

（2）分闸动作原理

把 SA 手柄逆时针转 45°，此时触点 1-3 接通，红灯 HR 及电阻 R 被短接，由于断路器已经合闸，其辅助触点 QF$_2$ 闭合，全部直流控制电压加到跳闸线圈 YR 上，此时 YR 线圈中通过足够大的电流使断路器跳闸。断路器跳闸后，辅助触点 QF$_2$ 打开，自动切断跳闸回路；QF$_1$ 闭合，绿灯 HG 亮，表示断路器已在分闸位置而且控制电源及合闸回路完好。

另外，当继电保护动作时，保护出口中间继电器 KOU 触点闭合，其作用和 SA 触点 1-3 接通相同，使得断路器跳闸。

（3）电气防跳原理

当控制开关 SA 或自动装置触点 K1 合闸于短路故障上时，继电保护将动作，出口继电器 KOU 触点闭合，接通断路器跳闸回路，使断路器跳闸；同时，跳闸电流也流过防跳继电器 KCF 的电流启动线圈，使 KCF₁ 动作，其常开触点 KCF₁ 接通 KCF_V 电压线圈起自保持作用，其常闭触点 KCF₂ 断开合闸回路，使断路器不能再次合闸，避免断路器在短时间内发生多次合、分（即跳跃现象），达到防跳目的。

只有当合闸脉冲解除后，KCF 的电压线圈失电，控制回路才恢复到跳闸状态，才能再次进行合闸操作。

KCF₃ 的作用是保护 KOU 触点，防止在故障切除后 KOU 的触点比断路器辅助触点断开快的情况下使 KOU 触点烧毁。

2. 具有音响监视的电磁操动机构断路器控制回路

具有音响监视的断路器控制回路如图 8-14 所示。所谓音响监视，就是利用分、合闸位置继电器来监视分、合闸回路的完好性。

图 8-14 中 SA 为控制开关，采用的是 LW2-Z-1a，4，6a，40，20，20/F1 型，其触点通断位置图表可自行查资料。KCT 为分闸位置继电器，KCC 为合闸位置继电器，KM 为合闸接触器，其余元件同图 8-13。

具有音响监视的电磁操作机构断路器控制回路的动作过程如下。

将控制开关 SA 打到预备合闸（PC）位，SA 的 13-14 节点通，接通闪光小母线 WF，电从＋WS 经闪光继电器至闪光小母线 WF，经过 SA 的 13-14 节点，经 KCT 常开接点（分闸时闭合），经 SA 的 2-4 节点直至－WS，则灯闪光。再将 SA 打到合闸（C）位，其 9-12 节点通，电从＋WC 经过 SA 的 9-12 节点，经过常闭节点 KCF₂，经过 QF₁，再经过合闸接触器线圈 KM，直至－WC，则合闸接触器 KM 励磁，KM 的常开节点闭合，图 8-14（c）合闸回路接通，YO 励磁，断路器合闸。合闸后，电从＋WC 流经 KCC 线圈，经过继电器 KCF 电流线圈，经过 QF₂，再经过跳闸线圈 YR，直至－WC，因为 KCC 的内阻比 KCF、YO 的内阻大得多，故电压基本降在 KCC 线圈上，则 KCC 励磁，KCC 常开接点闭合，合闸后 SA 的 17-20 节点通，电从＋WS 经过 SA 的 17-20 节点，经过 KCC 常开接点，再经过 SA 的 2-4 节点，直至－WS，则灯发平光。

当继电保护动作，断路器自动分闸时，KCT 励磁，KCT 常开触点闭合，而控制开关 SA 处于合闸后的不对应位置，其触点 13-14 接通，则灯闪光。因为 KCT 常开触点闭合，控制开关的触点 5-7、23-21 接通，则发出事故音响信号，引起值班人员注意。

自动装置动作，断路器自动合闸时，KCC 励磁，KCC 常开触点闭合，而控制开关 SA 处于分闸后的不对应位置，其触点 18-19 接通，则灯闪光。因此，根据信号灯闪光与否，只能判断是手动还是自动操作，断路器的实际位置还要根据信号灯发平光时的控制开关把手位置判断。

当操作回路断线或熔断器 FU₁、FU₂ 熔断时，两个位置继电器 KCT 和 KCC 长期断电，其常闭触点闭合，利用 KCT 和 KCC 的常闭触点闭合串联接通控制回路断线音响回路，如图 8-14（d）所示，发出"断线"信号。

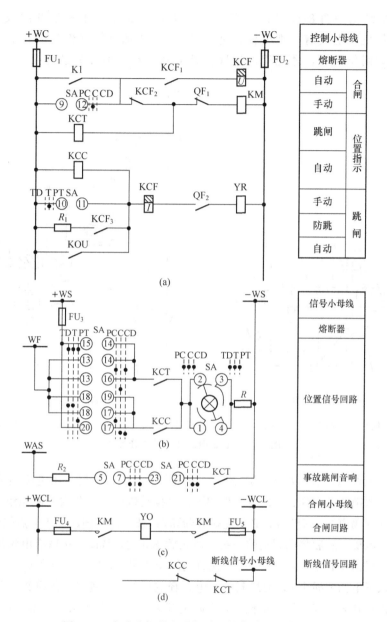

图 8-14　音响监视的电磁操动机构断路器控制回路

8.4.4　断路器和隔离开关的操作闭锁

为防止发生带负荷拉、合隔离开关等误操作，对隔离开关应设专门闭锁装置。闭锁装置主要有机械闭锁和电气闭锁两种。机械闭锁装置利用设备的机械传动部位的互锁来实现，是最简单而有效的闭锁方式，用于结构上直接相连的设备之间的闭锁；电气闭锁装置通常采用电磁锁实现操作闭锁。

电磁锁的结构如图 8-15（a）所示，其主要由电锁 I 和电钥匙 II 组成。在每个隔离开关的操作机构上装有一把电锁，全厂备有 2～3 把电钥匙作为公用。只有在相应断路器处于跳闸位置时，才能用电钥匙打开电锁，对隔离开关进行拉、合操作。

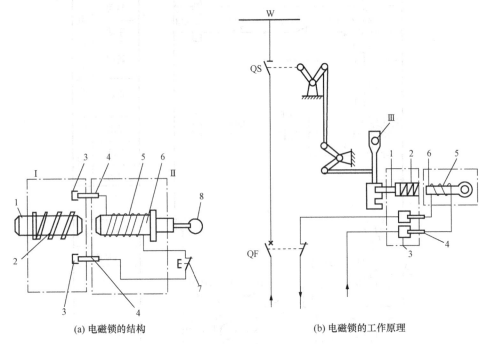

(a) 电磁锁的结构　　　　　　　　　(b) 电磁锁的工作原理

1—锁芯；2—弹簧；3—插座；4—插头；5—线圈；6—电磁铁；7—解除按钮；8—钥匙环。

图 8-15　电磁锁的结构及工作原理

电磁锁的工作原理如图 8-15（b）所示，在无拉、合闸操作时，用电磁锁锁住操动机构的转动部分，即锁芯 1 在弹簧 2 的压力作用下锁入操动机构的小孔内，使操作手柄 III 不能转动。当需要断开隔离开关 QS 时，必须先跳开断路器 QF，使其辅助常闭触点闭合，给插座 3 加上直流操作电源，然后将电钥匙的插头 4 插入插座 3 内，线圈 5 中就有电流流过，使电磁铁 6 被磁化，吸出铁心 1，锁就打开了。此时利用操作手柄 III 即可拉开隔离开关。隔离开关被拉开后，取下电钥匙插头 4，使线圈 5 断电，释放锁芯 1，锁芯 1 在弹簧 2 压力作用下又锁入操作机构小孔内，锁住操作手柄。合上隔离开关的操作过程同断开隔离开关 QS 相同。

8.5 中央信号回路

在发电厂、变电所中为了及时掌握电气设备的工作状态，须用信号显示当时的情况。

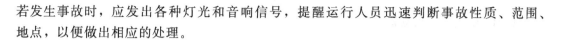

若发生事故时，应发出各种灯光和音响信号，提醒运行人员迅速判断事故性质、范围、地点，以便做出相应的处理。

8.5.1　信号的分类

1. 位置信号

位置信号用来指示发电厂内各种机电设备的位置状态。所有在中央控制室监视、操作、调整的设备均应设置自动变换的位置信号。位置信号可以由信号灯、位置指示器等表示。如红灯表示断路器合闸、闸门开启、灭磁开关投入、发电机发电状态等，绿灯表示断路器分闸、闸门关闭、灭磁开关断开、发电机静止状态等，白灯表示机组开机准备状态、弹簧操动机构已储能状态等，蓝灯表示发电机调相运行状态等。

2. 事故信号

事故信号用于表示发电厂机电设备发生事故，事故信号采用电笛（或蜂鸣器）发出音响信号。事故信号由音响、光字牌（由文字加信号灯组成）和掉牌信号继电器（一旦动作掉牌后便维持在掉牌位置，只有通过手动才能复归）三部分组成。例如，发电机过电压、定子线圈短路，主变压器差动、重瓦斯，机组轴承温度过高、机组过速、调速器油压过低等均属于事故信号。

3. 故障信号

故障信号（又称预告信号）用来反映机组或设备运行时出现的不正常运行状态。故障信号采用电铃发出音响信号，也由音响、光字牌和掉牌信号继电器三部分组成。例如，过负荷、转子一点接地、操作电源消失、机组轴承温度升高、冷却水中断等，发生这些不正常情况后，在一般情况下设备还能运行一段时间，但是应提醒值班员注意，要及时采取措施消除设备的不正常运行状态。

4. 指挥信号

指挥信号用于主控室向其他控制室发出操作命令，如主控室向机炉房发出"增负荷""减负荷""发电机已合闸"等命令。

8.5.2　由冲击继电器构成的重复动作的中央信号

中央信号由故障信号、事故信号两部分组成。按动作性能中央信号分为重复动作和不重复动作两种。在第一个事故（或故障）产生、音响复归而事故仍存在时，第二个事故仍能起动音响、点亮光字牌的称为重复动作中央信号；第二个事故只能点亮相应光字牌而不能起动音响的称为不重复动作的中央信号。一般都采用重复动作的中央信号。现以 ZC-23 型冲击继电器构成的中央信号装置为例，讲述其重复动作原理。

1. ZC-23 型冲击继电器

冲击型继电器有 JC 型、ZC 型、BC 型等。图 8-16（a）为 ZC-23 型冲击继电器的内部电路图，图中 TA 为脉冲变流器，KR_1 为执行元件（单触点干簧继电器），KR_2 为出口中间继电器（多触点干簧继电器），D_1、D_2 为二极管，C 为电容器。执行元件 KR_1 的结构原理如图 8-16（b）所示，它主要由线圈和干簧继电器组成。

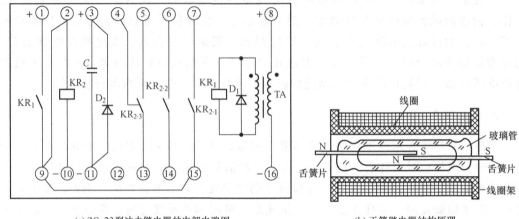

(a) ZC-23 型冲击继电器的内部电路图   (b) 干簧继电器结构原理

图 8-16　ZC-23 型冲击继电器的内部电路图和执行元件的结构原理

干簧管是密封的玻璃管，其舌簧触点烧结在与舌簧片热膨胀系数相适应的玻璃管中，管内通常充以氮等不活泼气体，以减少对触点的污染与腐蚀。舌簧片由坡莫合金做成，具有良好的导磁性能，又富弹性。舌簧片既是导电体又是导磁体，当线圈中通入电流时，在线圈内部有磁通穿过，使舌簧片磁化，其自由端所产生的磁极性正好相反。当通过的电流达到继电器的启动值时，舌簧片靠磁的"异性相吸"而闭合，将外电路接通；当线圈中电流降低到继电器的动作返回值时，舌簧片靠本身的弹性而返回，使触点断开。二极管 D_1 的作用是将由于一次回路电流突然减少而产生的反方向电动势所引起的二次电流旁路掉，使其不流入 KR_1 的线圈。干簧继电器不同于极化继电器，其本身没有极性，所以任何方向的电流都能使其动作。D_2 和电容 C 在电路中与脉冲变流器 TA 的一次侧并联，起抗干扰作用。

2. 由 ZC-23 型冲击继电器构成重复动作的中央事故信号

图 8-17 为由 ZC-23 型冲击继电器组成的事故信号原理图，其动作程序如下。

当事故小母线 WAS 与信号小母线－WS 间有不对应回路接通（即图上 SB_1 按下）时，在脉冲变流器 TA 一次绕组中有电流通过，二次绕组中感应出脉冲电动势，使二极管 D_1 截止，干簧继电器线圈启励，KR_1 常开触点闭合，启动继电器 KR_2。KR_2 有三对常开触点，其中 $KR_{2\cdot1}$ 与 KR_1 并联，以实现自保持；$KR_{2\cdot2}$ 启动蜂鸣器 HA_1；$KR_{2\cdot3}$ 启动时间继电器 KT。KT 是为了自动解除音响而设的，经整定时限后，KT 的延时触点闭合，启动中间继电器 KM，KM 的常闭触点切断继电器 KR$_2$ 的线圈回路，使其返回，音响停止，整个装置复归到原来状态。第二次按下 SB$_1$，又有一脉冲加在脉冲变流器 TA 的一次绕组上，其二次侧感应出电动势使二极管 D$_1$ 截止，使干簧继电器线圈启励，KR$_1$ 常开接点闭合，启动 KR$_2$，重复前述动作过程，如此实现重复动作。

图 8-17 中 SB$_2$ 为手动解除音响按钮。K55 引自故障信号回路，用于启动 KT，使故障音响自动解除。

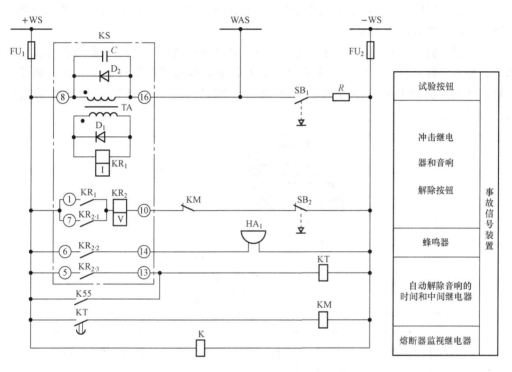

图 8-17   ZC-23 型冲击继电器组成的事故信号原理

预告信号有瞬时动作和延时动作两类。轻瓦斯动作、温度升高属于瞬时动作，过负荷属于延时动作。为防止二次回路转换过程中信号元件误动作而错发信号，要求预告信号达到冲击自动复归不发音响信号的要求。用两只 ZC-23 型冲击继电器反向连接，即可达到冲击自动复归（假故障不发信），这里不再赘述。

8.5.3 新型中央信号装置介绍

冲击继电器构成的中央信号，信号动作次数有限，只能接受十多个信号；而现在由微机闪光报警装置构成的中央信号，由单个元件构成积木式结构，接受信号数量没有限制。

微机闪光报警器除具有普通报警功能外，还具备报警信号的追忆、记忆信号的掉电保护、报警信号的双音双色、报警音响的自动消音等特殊功能。装置的控制部分由微处理器、程序存储器、数据存储器、时钟源、输入输出接口等组成微机专用系统。装置的显示部分（光字牌）采用新型固体发光平面管（冷光源）。该装置的特殊功能如下。

1）双音双色：光字牌的两种颜色分别对应两种报警音响，从视觉、听觉上可明显区别事故信号和故障信号。报警时，灯光闪亮，同时发出音响；确认后，灯光平光，音响停；正常运行为暗屏运行。

2）动合、动断触点可选择：可对64点输入信号的动合、动断触点状态以8位的倍数进行设定，由控制器的主板上拨码器控制。

3）自动确认：信号报警器不按确认键，能自动确认，光字信号由闪光转为平光、音响停止，自动消音时间可控制。

4）通信功能：控制器具有通信线，可与计算机进行通信，将断路器动作情况通过报文形式报告给计算机。当使用多个信号装置时，通信线可并网运行，由一台控制器作为主机，其他控制器分别作为子机，且子机的计算机地址各不相同。其连接示意图如图8-18所示。

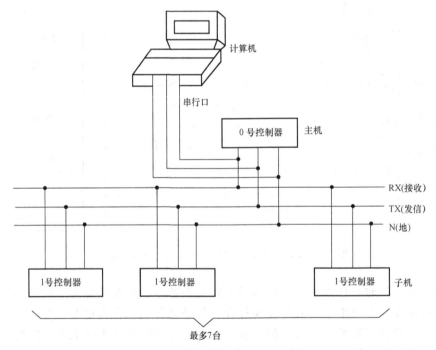

图 8-18　多台控制器连接示意图

5）追忆功能：报警信号可追忆，按下"追忆"键，已报警的信号按其报警先后顺序在光字信号上逐个闪亮（每秒一个），最多可记忆2000个信号，追忆中报警优先。

6）清除功能：若需要清除报警器内记忆信号，操作"清除"键即可。

7）掉电保护功能：报警器若在使用过程中断电，记忆信号可保存60天。

8）触点输出功能：在报警信号输入的同时，对应输出一动合触点，可起辅助控制的作用。

8.6 同期回路

将一台单独运行的发电机投入到运行中的电力系统参加并列运行的操作，或两台发电机之间进行并列运行的操作，称为发电机的同期操作。

8.6.1 同期方式与同期点的设置

1. 同期方式

按同期操作时投入励磁的先后次序不同可分为准同期方式和自同期方式两类，按操作自动程度分为手动、半自动和自动三种。

（1）准同期方式

所谓准同期方式，就是先给发电机加励磁，然后对发电机电压、频率进行调节，待符合准同期条件（同期两侧电压大小、相位、频率相等）后将发电机断路器合闸，合闸瞬间发电机定子电流接近于零。实际上，发电机在同期合闸瞬间不可能做到频率、电压、相位与系统绝对一致，一般情况下允许电压差不超过 10%，频率差不超过 $0.2Hz$，相位差不应超过 $10°$；事故时允许电压差不超过 20%，频率差不超过 $0.5Hz$，相位差不超过 $20°$。

准同期并网合闸时冲击电流小，不会引起系统电压降低，但并网时间长，易发生非同期并列，在系统事故情况下系统频率和电压变化大，同期更加困难。

非同期合闸，发电机将出现比发电机出口短路还要大的冲击电流和电磁转矩，它对定子线圈端部的绝缘和接头以及发电机机械结构产生破坏作用，同时还可能会引起系统振荡，破坏电力系统的稳定性。

（2）自同期方式

自同期方式是发电机在进行同期合闸前未加励磁电流，当发电机转速升高接近额定转速时，先合上发电机断路器，由断路器常开辅助触点联动合上灭磁开关，然后给发电机加上励磁电流，由系统强行把发电机拉入同步。

自同期的优点：同期并列快，特别是在系统事故情况下能使机组迅速并入系统；操作简单，不会发生非同期并列；容易实现操作自动化，接线简单。自同期的缺点：合闸时冲击电流大，振动大，可能对机组某些部位有一定的影响，对电网影响大，合闸时使电网电压短时降低。

2. 同期点的设置

并非每台断路器都可用于并列。只有当断路器断开时，其两侧均有三相交流电，而且有可能不同期（电压来自不同的电源），则这台断路器要设为同期点。

发电厂中的同期点设置要考虑：待并发电机经简捷的操作就能与电力系统并列，在事故跳闸后，经最少的倒闸操作就能与系统并列，在最短时间内恢复供电。一般情况下：

1）发电机引出端断路器或发电机-变压器组的高压侧断路器应设同期点。

2）三绕组变压器有电源的各侧断路器应设同期点。

3）对侧有电源的双绕组变压器的低压侧或高压侧断路器应设同期点。

4）接在母线上对侧有电源的线路断路器应设同期点。

8.6.2　同期电压的引入及同期表接线

传统设计中，发电厂的同期操作集中在一块公用屏上进行，全厂公用一套同期装置，因此必须设置公用的同期电压小母线，将同期装置接在公用同期电压小母线上，使每个同期点的断路器都能通过同期开关，将其两侧的同期电压引接到同期电压小母线上后占用同期装置进行同期。

1. 同期电压的引入

（1）发电机出口断路器同期电压的引入

发电机出口断路器为同期点，其同期电压分别取自发电机出口电压互感器和母线电压互感器，此时发电机为待并系统，母线为运行系统。同期电压的引入如图 8-19 所示，图中 SAS_1 为 QF_1 的同期开关，1WSCB、2WSCB 为同期合闸小母线。

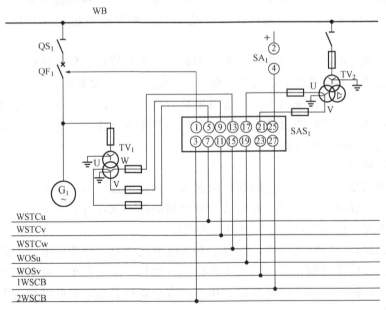

图 8-19　发电机断路器同期电压的引入

待并系统发电机的电压通过电压互感器 TV_1 的二次电压来反映，其中 U、V、W 三相电压通过同期开关 SAS_1 的触点 5-7、9-11、13-15 接到待并系统同期电压小母线

WSTCu、WSTCv、WSTCw 上。运行系统母线侧的电压则通过母线电压互感器 TV_2 的二次电压来反映，其 U、V 两相电压通过同期开关 SAS_1 的触点 17-19、21-23 接到运行系统同期电压小母线 WOSu、WOSv 上。

（2）主变高压侧断路器同期电压的引入

当同期点在主变高压侧断路器处时，同期电压的引入如图 8-20 所示。同期点选择在主变高压侧 QF_2 处，此时 6.3kV 母线为待并系统，35kV 母线为运行系统。运行系统 35kV 母线电压由电压互感器 TV_3 的二次电压来反映，待并系统 6.3kV 母线电压由电压互感器 TV_2 的二次电压来反映。

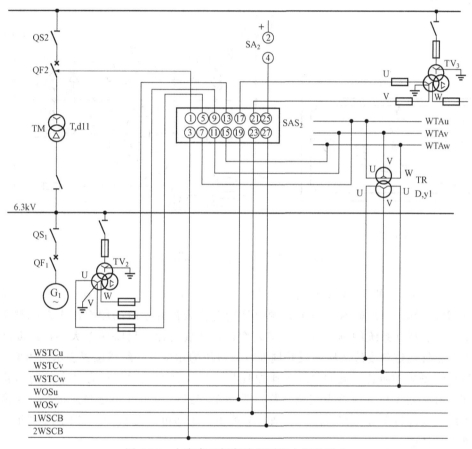

图 8-20　主变高压侧断路器同期电压的引入

由于主变 TM 的接线组别为 Y，d11，而电压互感器 TV_2、TV_3 的接线组别为 Y，y12，因此 TV_3 的二次电压滞后 TV_2 二次电压 30° 相角差，所以同期电压不能直接采用电压互感器二次线电压，而须采用转角变压器 TR 对此相位进行补偿。

转角变压器是一台普通的三相中间变压器，接线组别为 D，y1，变压比为 100/100V，容量约为 50V·A，将它与 TV_2 串联（转角变压器一般接在待并侧），即可补偿 30° 相角差，取得相同相位的同期电压。

在同期接线图中，同期开关只有"接通"和"断开"两个位置。平时同期开关操作手柄在断开位置，其所有触点均在断开位，同期电压小母线不带电；当要进行同期操作时，把同期开关操作手柄投入，转到接通位置，此时该同期开关的所有奇数触点均接通，把待并系统和运行系统电压引到相应同期电压小母线上。

2. 组合式同期表及其接线

（1）组合式同期表

组合式同期表有三相和单相两种，目前发电厂广泛采用 MZ-10 型组合式同期表，它由频率差表、电压差表和同期表三部分组成，其外形及内部电路图见图 8-21。

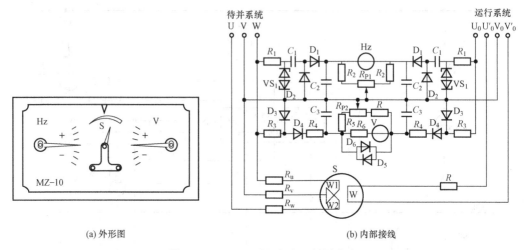

(a) 外形图　　　　　　　　　　　　　(b) 内部接线

图 8-21　MZ-10 型组合式三相同步表

图 8-21（a）中的 Hz 代表待并系统与运行系统的频率差，V 代表电压差，S 为同期表，其指针旋转方向反映频差方向，顺时针旋转代表待并系统的频率高于系统频率，逆时针旋转代表待并系统的频率低于系统频率；指针旋转速度反映频差大小，速度越快频差越大；指针离红刻度线的距离反映同期双方电压的相位差，红线位置表示同相位。

MZ-10 型单相组合式同期表的工作原理与三相式基本相同，只有其中的同期表 S 为单相式。频率差表和电压差表完全一样。采用单相式同期表可简化同期接线，无论是从待并系统还是运行系统，都只需要引来一个单相电压即可。图 8-22 为 MZ-10 型组合式同期表外部接线图。

（2）组合式同期表的同期接线

图 8-23 为采用组合式三相同期表的同期接线图。其中 1SASC 为同期表计切换开关，其有"断开""粗略同期""精确同期"三个位置，平时此开关操作手柄在"断开"位置，同期装置不投入。KSY 为同期检查继电器，两个线圈分别接到待并系统和运行系统两个电源中，当同期点两侧电压大小相等、相位接近时（相位差小于 20°），两线圈所产生的磁通大小相等、方向相反，继电器不动作，其常闭触点闭合，接通同期合闸小母线 1WSCB、2WSCB，使合闸脉冲回路接通，允许断路器合闸。相反，当同期条件不满足

时，同期检查继电器动作其常闭触点断开，使断路器不能合闸，避免非同期并网。T 为隔离变压器，变压比为 100V/100V，容量为 50V·A，精确度为 0.5 级。因为电压互感器二次侧采用中性点接地，从图 8-22（b）中可以知道，在电压差表和频率差表中 V_0 接线柱（待并系统电压）和 V'_0 接线柱（系统电压）直接连在一起。若没有隔离变压器 T，当

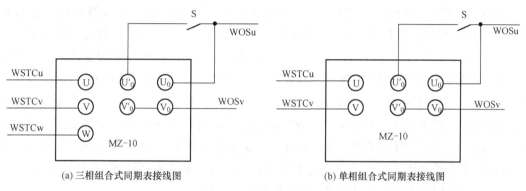

(a) 三相组合式同期表接线图　　　(b) 单相组合式同期表接线图

图 8-22　MZ-10 组合式同期表外部接线图

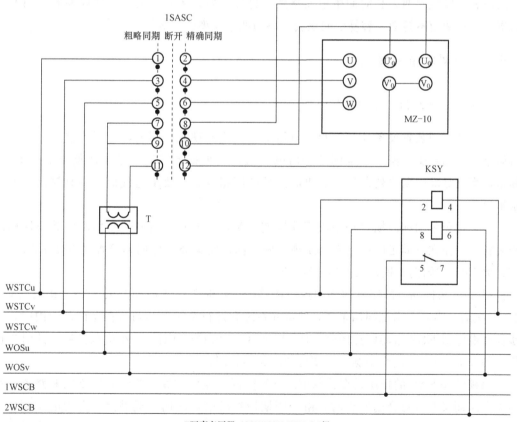

T隔离变压器 100V/100V,50VA,0.5级

图 8-23　组合式三相同期表的同期接线图

同期表计转换开关将待并系统电压和运行系统电压引接到组合式同期表时，将引起电压互感二次侧 V 相短路，从而烧毁组合式同期表，另外引起电压互感二次侧 V 相熔断器熔断，因此隔离变压器 T 主要用来避免两组电压互感器通过组合式同期表构成短路回路，从而起到保护组合式同期表的作用。

当准备同期并列时，先将同期开关 SAS 投入，使同期电压小母线带电，然后将 1SASC 转至"粗略同期"位置，这时触点 1-2、3-4、5-6、7-8、11-12 接通，投入频率差表和电压差表，指针开始指示，反映出待并系统和运行系统的频率差和电压差。此时值班员调整待并系统的电压及频率，当频率差表和电压差表的指针接近于零位时，将 1SASC 转至"精确同期"位置，这时触点 1-2、3-4、5-6、7-8、9-10、11-12 接通，将同期表投入，同期表指针开始转动。当同期表的指针顺时针方向缓慢转动快要达到同步线（一般提前 5°～10°）时，手动发出合闸命令，将断路器合闸。若断路器合闸并网成功，则一方面同期表指针稳定地停在同步线上不动；另一方面断路器的位置指示灯红灯亮。若并网失败，则同期表指针继续转动，同时断路器的绿灯亮。

同期表计切换开关 1SASC 在"粗略同期"位置时切断同期表线圈回路，其目的是保护同期表，以免同期表长时间带电而烧毁；另外，当频率差太大时接通同期表，同期表的指针会抖动而不转动，容易引起误会，以为两者频率已相等。

8.6.3 同期装置的接线

1. 同期点断路器的合闸控制回路

手动准同期装置设备比较简单，只需要组合式同期表、同期转换开关组成。由于设备简单，缺陷较少。但手动准同期是由电气值班员根据上述表计指示调整发电机电压、频率，当满足准同期并列条件时发出断路器合闸指令，这要求电气值班员有较高的操作水平。

为了避免手动准同期过程中出现非同期合闸，在断路器合闸控制回路中装设同期闭锁装置，以便在不满足同期条件时闭锁合闸。同期闭锁装置由同期检查继电器 KSY、同期开关 SAS 和同期闭锁开关 SAL 等组成。

图 8-24 为同期点断路器的合闸控制回路。操作时先投入同期开关 SAS，其触点 3-1、25-27 接通，当基本满足同期条件，即待并系统和运行系统的相角差在允许范围内时，同步检查继电器 KSY 常闭触点闭合，使 1WSCB、2WSCB 同期合闸小母线接通，此时再操作控制开关 SA，发出合闸脉冲，便可使断路器合闸。

闭锁开关 SAL 的作用是在特殊情况下解除同期闭锁回路。当设置同期的断路器一侧暂无电压而又要进行合闸操作时，由于同期检查继电器的两个线圈因一方无电压而使其常闭触点打开，此时只有操作闭锁开关 SAL，使其触点 1-3 接通，解除 KSY 的闭锁作用，为接通合闸回路做好准备。

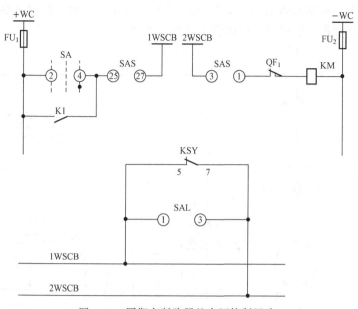

图 8-24　同期点断路器的合闸控制回路

2. 手动准同期装置接线

图 8-25 为手动准同期装置系统接线图。图中有 2 台 6.3kV 的发电机，经升压变压器将电压升高为 35kV 后与系统相连接，主接线采用发电机变压器组接线，发电机 G_1、G_2 的主断路器 QF_1、QF_2 为同期点。发电机进行手动准同期并列操作过程如下：

1）先将发电机的同期开关 SAS_1 投入，然后开机升速，机组达到起动开度，当机组转速大于 95%（或 90%）额定转速时，对发电机起励、建压，使发电机电压升至接近系统电压。

2）检查发电机三相电压是否平衡、额定空载励磁电流及励磁电压是否正常。

3）检查闭锁开关 SAL 是否在同期闭锁投入位置，即 SAL 触点 1-3 断开。

4）将同期表计切换开关 1SASC 转至"粗略同期"位置，组合式同期表上的频率差表和电压差表投入工作，指针开始指示。

5）根据频率差和电压差指示，调整发电机的电压及频率，当频率差表和电压差表的指针接近于零位时，将 1SASC 转至"精确同期"位置，将同期表投入，指针开始转动。当指针快要达到同步线时，根据断路器的具体合闸时间准确掌握同期点提前合闸的角度，迅速操作断路器控制开关 SA_1，手动发出合闸命令，将断路器合闸。

6）断路器合闸成功后，将同期开关 SAS_1、同期表计开关 1SASC 转至断开位置，同期装置退出工作，并网结束。

7）根据调度指令带上有功、无功负荷。

发电机的并网操作非常重要，在一定程度上关系到整个发电厂与电网的安危。因此，操作者必须具有丰富的现场经验和实际工作的锻炼，并有一定的理论知识，且在操作时注意力高度集中，密切监视有关表计的变动情况，抓住每一个可能的机会，稳、准地进行发电机的并列操作，以确保发电机安全地并入电网运行。

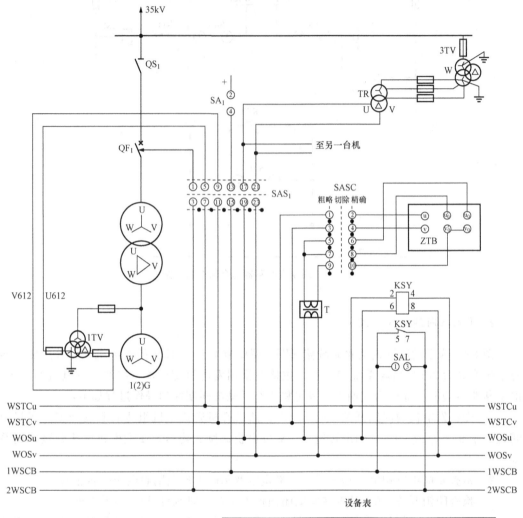

设备表

符号	名称	形式	技术特性	数量	备注
装于机组LCU屏					
ZTB	同期表	MZ—10,100V,单相	1		
KSY	同期继电器	BT—1B/200,DC220V	1		
1SASC	转换开关	LW12—16/4.5722.3T	1		
SAL	闭锁开关	LW12—16/4.0071.1T	1		
SAS₁	同期开关	LW12—16/4.2324.8Y	1		
SA₁	控制开关	LW12—16Z/4.0011.1Q	1		
T	隔离变压器	100V/100V,50VA,0.5级	1		
装于公用LCU屏					
TR	转角变压器	Dy1,100V/100V,50VA,0.5级	1		

图 8-25　手动准同期装置系统接线图

水电站自动化监控系统简介

　　水电站计算机监控是指通过对电站各种设备信息进行采集、处理，实现自动监测、控制、调节和保护，主要通过监测电站设备的运行情况，根据实际水能状况和电力调度要求自动控制和调节机组发电，并通过各项保护措施及时报警或进行故障处理，确保设备与人员安全，具体可分为水电站机组的监控、水电站机组附属设备的监控、水电站升压站设备的监控、水电站辅助设备的监控、水工设施的监控等。

8.7.1　水电站计算机监控的结构

　　水电站计算机监控系统的结构有多种形式，中小型水电站应用最多的是分层分布式结构。分层分布式结构按所实现的功能和任务不同可划分为主控层和现地控制单元（local control unit，LCU），主控层与现地控制单元通过网络协议交换数据完成监控功能。主站完成高级功能，如自动发电控制（automatic generation control，AGC）、自动电压控制（automatic voltage control，AVC）、实时和历史数据库管理、智能分析及安全生产事务管理、自动协调各现地控制单元的实时运行。

　　现地控制单元一般由现地工控机、可编程序控制器（programmable logic controller，PLC）、现场总线、微机调速器、温度巡检、微机保护装置、微机同期装置、智能电参数测量仪以及其他智能设备组成。机组现地控制单元的 PLC 和工控机完成机组的顺序控制、监视和调节功能，可以完成数据的采集及数据预处理。PLC 与电站主控层的工控机脱离联系时，能通过一体化工控机的人机接口或操作开关而独立工作；升压站及公用设备现地控制单元的 PLC 和工控机主要负责主变压器、线路和厂内公用设备（如高/低压气机、球阀油泵、集水井排水泵、厂用电系统）等设备的控制和监视，并完成数据的采集及数据预处理功能。

　　由于现地控制单元的自动化装置种类繁多，在工程上一般把这些装置集中放置在柜子中，称为 LCU 屏。图 8-26 即为某电站分层分布式监控系统工程结构详图。从图 8-26 中可以看出，该电站有两台机组，每台机组有两个 LCU 屏（A 柜和 B 柜），外加公用设备有两个 LCU 屏（A 柜和 B 柜），共六个 LCU 屏。在机组 LCU 屏（A 柜）中放置了微机同期装置和智能电参数测量仪等；在机组 LCU 屏（B 柜）中放置了剪断销信号器、温度巡检装置、手动同期装置、变送器和双供电源等设备；有些不能放置在柜子中的装置如微机调速器装置、励磁装置、微机测速装置以及微机保护装置等，其数据通过现场总线与现地工控机进行连接，并与上位机进行通信。公用 LCU 屏（A 柜）放置了微机同期装置和智能电参数测量仪等；公用 LCU 屏（B 柜）放置了手动同期装置、变送器和双供电源等；有些不能放置在柜子中的公用智能化设备，如变压器保护装置和线路保护装置等，其数据通过现场总线与现地工控机进行连接，并与上位机进行通信。

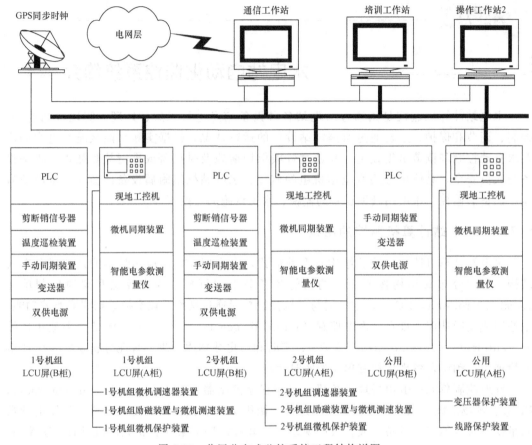

图 8-26　分层分布式监控系统工程结构详图

8.7.2　水电站计算机监控的原理

1. 电站主控层的工作原理

在水电站主控层安装有水电站计算机监控系统的实时数据库、历史数据库、历史数据库管理平台、实时数据库管理平台、上位机（工作站中的工控机）软件系统和人机接口界面等。现地控制单元层的数据首先采集进实时数据库，一方面，上位机软件根据设定的时间，通过实时数据库管理平台定时访问实时数据库的数据，并定时刷新人机接口界面（如每 5s 刷新一次），这样便于操作人员了解整个电站的运行情况；另一方面，实时数据库的数据定时存储入历史数据库，历史数据库可以由历史数据库管理平台进行管理，操作人员可以依次通过人机接口界面、上位机软件和历史数据库管理平台对历史数据进行管理、修改和查询等操作。此外，实时数据库的数据可以通过上位机中的远程通信软件与电网层进行数据交换。电站主控层的工作原理简图参见图 8-27。

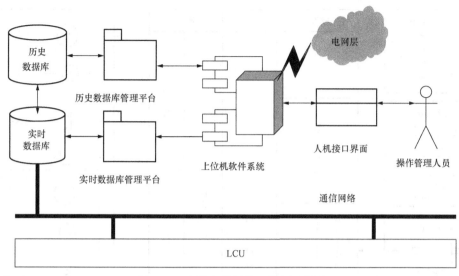

图 8-27　电站主控层的工作原理简图

2. 现地控制单元层的工作原理

水电站计算机监控系统的现地控制单元主要包括机组现地控制单元和升压站及公用设备现地控制单元。

目前在水电站中广泛应用的计算机监控系统现地控制单元是以 PLC 和工控机为控制核心的。PLC 的输入/输出原理如图 8-28 所示。从图 8-28 可知，PLC 一般由 CPU、开关量输入单元（digital input，DI）、模拟量输入单元（analog input，AI）、开关量输出单元（digital output，DO）、模拟量输出单元（analog output，AO）、脉冲量输入单元、脉冲量输出单元、电源单元以及通信接口单元等组成。开关量输入单元采集机组各种开关（ON/OFF）信号，如事故信号、断路器分合信号以及重要继电保护的动作信号等；模拟量输入单元采集电站的电压、电流、水压、油压、水位等模拟信号，如机组励磁电压、励磁电流、调速器油压、蜗壳水压等；开关量输出单元用来执行各类操作控制指令，如机组的自动开停机控制、事故紧急停机控制等；模拟量输出单元用来执行各类调节指令，如机组有功和无功的调节、发电机出口电压的调整、系统频率的调节等。由于 PLC 通信单元的 RS485C 或 RS232C 通信接口只能与上位机进行串行通信，而不能通过以太网进行通信，所以 PLC 对各种采集的信号通过程序进行分析和处理后，需要经现地工控机上网，最终把数据传送到电站主控层的上位机。由于 PLC 的模拟量输入单元价格比较贵，可以采用 PLC 的模拟量输入单元和现地工控机的微机装置共同采集模拟量信号，以减少 PLC 的模拟量输入单元的投资。现地工控机一般接显示器或触摸屏作为现地控制的人机接口。图 8-29 即为某水电站计算机监控系统的现地控制单元工作原理简图。

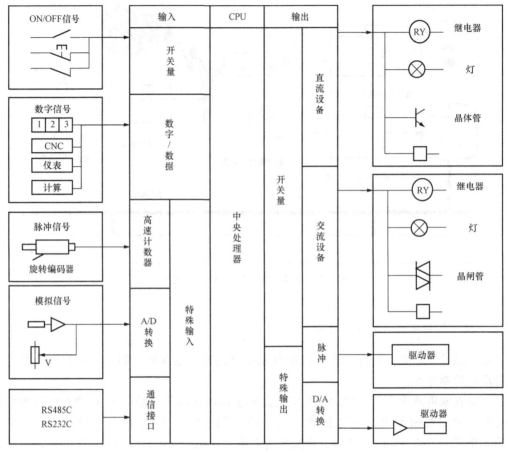

图 8-28　PLC 的输入/输出原理简图

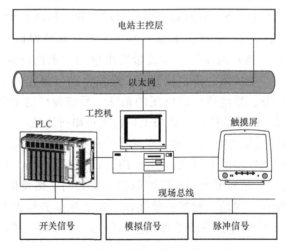

图 8-29　机组现地控制单元工作原理简图

（1）机组现地控制单元

机组现地控制单元主要由现地工控机、PLC、微机调速器、智能电参数测量仪、温度巡检仪、微机同期装置、微机保护装置等组成，这些设备完成了水轮发电机组的测量、控制与调节及保护等功能。

1）水轮发电机组的测量。水轮发电机组的测量包括电量参数的测量和非电量参数的测量，电量参数的测量又包括交流电参数的测量和直流电参数的测量。

① 电量参数的测量。最早电量参数的测量由各种电量变送器经过远程终端单元（remote terminal unit，RTU）的 A/D 采集板采集和预处理后传给计算机监控系统，由于电量变送器存在温漂和零漂，需要定期校验，并且具有监测精度不高、系统设计复杂和运行维护困难等缺点。现今在水电站计算机监控系统中，智能电量参数测量仪逐步代替了电量变送器的使用。早期的智能电量参数测量仪主要用来测量发电机组的交流电参数，包括输出电压、输出电流有效值、有功功率有效值、无功功率有效值、有功电度、无功电度频率以及其他交流电参数。随着微电子技术和集成技术的发展，智能电量参数测量仪除了能测量发电机组的交流电参数以外，还可以测量发电机励磁电压、励磁电流等直流电参数；电站中的直流电参数也可以通过变送器，经机组现地控制单元中的 PLC 进行采集和预处理，也可以直接通过微机励磁装置的通信接口进行读取。对于大中型水电站，大多采用智能电量参数测量仪进行采集和预处理；而对于小型水电站，由于其直流电参数较少，以上三种方式各电站均有采用。

② 非电量参数的测量。水电站中的非电量参数包括油压、油位、气压、水压、水位以及温度等。油压、油位、气压、水压、水位等非电量参数一般通过变送器，经机组现地控制单元中的 PLC 的 A/D 转换模块进行采集和预处理，而温度参数，如轴瓦温度、定子铁心温度、风冷温度等一般由温度巡检仪进行测量。温度巡检仪除了可以测量温度参数外，有些温度巡检仪还具有越限报警、重要瓦温的变化率趋势报警以及实时显示当前最高瓦温和温度的平均值的功能，并通过 RS232C 通信接口或 RS485C 通信接口与机组现地控制单元交换信息。

2）水轮发电机组的控制与调节。水轮发电机组的控制与调节对象包括水电站各机组及其辅助设备等，如水轮机、发电机、调速器及励磁系统等。控制与调节方式包括远程控制方式和现地控制方式两种。远程控制方式能完成自动开停机、自动准同期并网、增减负荷、调节频率和电压、给定负荷或负荷曲线、给定发电机出口电压、给定系统频率等。现地控制方式完成自动开停机、自动准同期并网、机组工况转换、机组负荷调整等。

3）水轮发电机组的保护。为了保证水电站安全可靠地连续运行，水电站要求设立各种保护装置等。随着计算机技术的发展，以微处理器为核心的微机型保护装置在水电站中广泛使用。其结构根据保护功能的不同有很大的差别，这里不做赘述。微机保护装置的配置要考虑的基本性能有绝缘性能、机械性能、抗电气干扰性能以及抗电源影响性能等。微机保护装置按功能可以分为水轮发电机组微机保护装置、主变压器微机保护装置和线路微机保护装置。

（2）升压站及公用设备现地控制单元

升压站及公用设备现地控制单元主要由工控机、PLC、智能电量参数测量仪、微机同期装置、微机保护装置、稳压电源、后备设备、测量表计和机柜等组成。这些设备完成主变压器、厂用变压器以及线路的断路器控制，升压站设备的监控，公用辅助设备的监控以及电站事故和安全报警等功能。

1）数据的采集与预处理。升压站的数据采集与处理主要有升压站电气量的采集与预处理和升压站中断量的采集与预处理。升压站电气量一般由 PLC 或微机电量测量装置采集和预处理，经 RS232C 或 RS485C 串行通信口输入到现地工控机（industrial personal computer，IPC）。微机电量测量装置可测得的电量包括线路电压/电流、有功/无功功率、有功/无功电度和频率等。升压站中断量采用高速中断输入模块，事件顺序记录（sequence of even，SOE）点分辨率需要达到的实时性要求，并与系统时钟同步。

厂用变压器电气量也由 PLC 或微机电量测量装置进行采集和预处理，并经过串行口输入到现地工控机，可测量的量包括厂用变压器电压/电流、有功功率/无功功率、有功电度/无功电度和频率等。

2）控制与调节。升压站现地控制主要包括线路断路器控制、主变压器断路器控制、隔离开关控制、微机自动同期等部分。公用设备现地控制主要包括厂用电系统、厂内检修排水系统、渗漏排水系统、气系统等的自动控制与单步操作、厂用电备用电源自动切换以及安全故障报警等。

思 考 与 练 习

8-1　二次回路接线图如何分类？各有什么用处？

8-2　展开式原理图与归总式原理图有何区别？各有何优、缺点？什么是回路编号？

8-3　接线端子有哪几种？各有何用途？

8-4　安装图包括哪些图纸？何为安装单元？何为相对编号法？元件端子的命名由哪几部分组成？

8-5　发电机定、转子回路应装设哪些测量仪表？其各自的作用是什么？

8-6　对断路器控制回路的基本要求有哪些？灯光监视断路器控制回路是如何实现这些基本要求的？

8-7　中央信号在发电厂和变电所中担负什么任务？中央信号包括哪几种信号？

8-8　在什么情况下应发出事故信号？在什么情况下应发出预告信号？

8-9　采用弱电选线有何意义？断路器"一对一"弱电选控方式与一般强电控制方式有何区别？

8-10　水电站计算机监控的内容有哪些？

附录 1　本书水电站实例附图

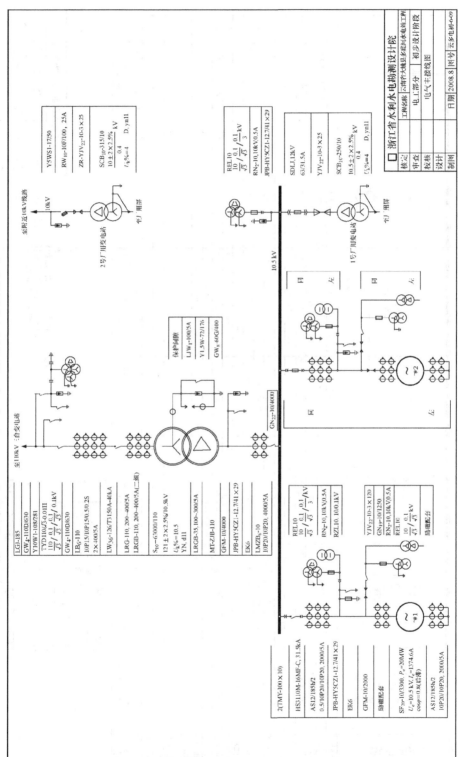

附图 1-1　实例电站电气主接线图

屏号 | 1号 | 2号 | 3号 | 4号 | 5号 | 6号 | 7号

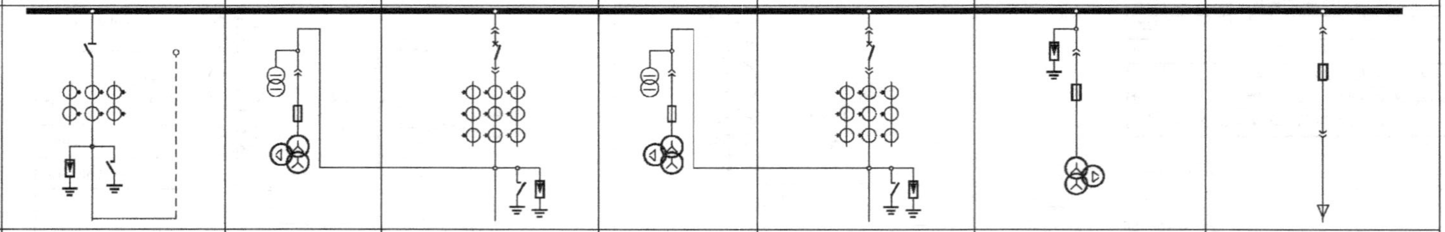

说明：1.操作电源：直流220V。
2.柜中铜排及支持瓷瓶、固定金具，由厂家配套供应出厂。

浙江省水利水电勘测设计院

核定	工程名称 云南省大姚县多底河水电站工程
审查	设计部分 施工图阶段
校核	10kV高压开关柜订货图
设计	
制图	
	日期 2009.01 附号 云多电施-电-103

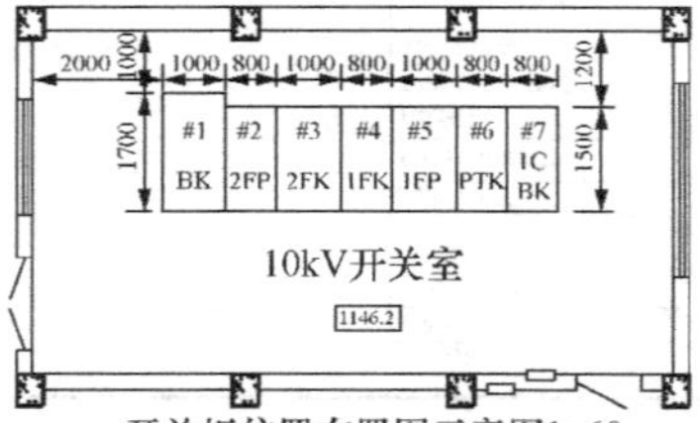

开关柜位置布置图示意图1:60

10kV开关室

附图 1-2 实例电站 10kV 高压开关柜订货图

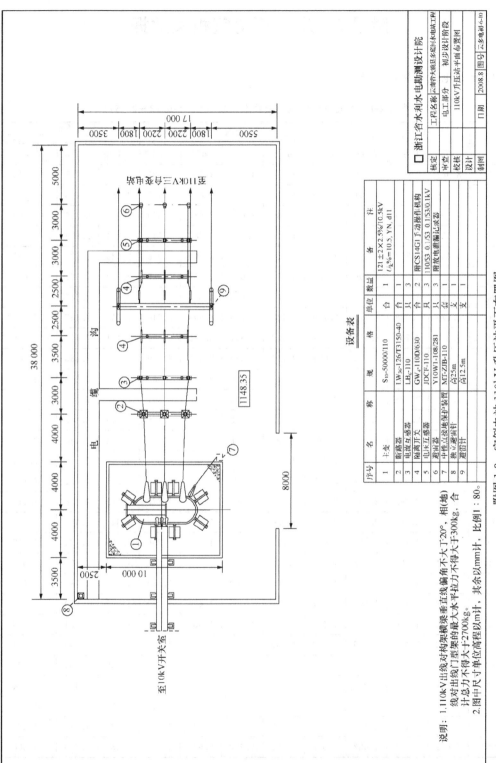

设备表

序号	名 称	规 格	单位	数量	备 注
1	主变	S_{10}-50000/110	台	1	121±2×2.5%/10.5kV U_k%=10.5, YN, d11
2	断路器	LW$_{36}$-126/T3150-40	台	3	
3	电流互感器	LB$_6$-110	只	3	
4	隔离开关	GW$_4$-110D/630	台	3	附CS14G1 手动操作机构
5	电压互感器	JDCF-110	只	3	110/$\sqrt{3}$ 0.1/$\sqrt{3}$ 0.1/53 0.1/53/3 0.1kV
6	避雷器	Y10W1-108/281	只	3	附放电计数记录器
7	中性点放地保护装置	MT-ZJB-110	套	1	
8	独立避雷针	高25m	支	1	
9	避雷针	高12.5m	支	1	

说明：1.110kV出线对构架横梁垂直线偏角不大于20°，相(地)
　　线对出线门型架的最大水平拉力不得大于300kg，合
　　计总力不得大于2700kg。
　　2.图中尺寸单位高程以m计，其余以mm计，比例1：80。

附图 1-3　实例电站 110kV 升压站平面布置图

浙江省水利水电勘测设计院			
工程名称	云南省大理县多舍川水电站工程	初步设计阶段	
电工部分			
	110kV升压站平面布置图		
日期	2008.8	图号	云多电初6-10
核定			
审查			
校核			
设计			
制图			

附录 2　发电厂电气相关数据

1. 短路电流运算曲线数字

附表 2-1　汽轮发电机运算曲线数字表（$X_{c*}=0.12\sim0.95$）

X_{c*}	t/s										
	0	0.01	0.06	0.1	0.2	0.4	0.5	0.6	1	2	4
0.12	8.963	8.603	7.186	6.400	5.220	4.252	4.006	3.821	3.344	2.795	2.512
0.14	7.718	7.467	6.441	5.839	4.878	4.040	3.829	3.673	3.280	2.808	2.526
0.16	6.763	6.545	5.660	5.146	4.336	3.649	3.481	3.359	3.060	2.706	2.490
0.18	6.020	5.844	5.122	4.697	4.016	3.429	3.288	3.186	2.944	2.659	2.476
0.20	5.432	5.280	4.661	4.297	3.715	3.217	3.099	3.016	2.825	2.607	2.462
0.22	4.938	4.813	4.296	3.988	3.487	3.052	2.951	2.882	2.729	2.561	2.444
0.24	4.526	4.421	3.984	3.721	3.286	2.904	2.816	2.758	2.638	2.515	2.425
0.26	4.178	4.088	3.714	3.486	3.106	2.769	2.693	2.644	2.551	2.467	2.404
0.28	3.872	3.705	3.472	3.274	2.939	2.641	2.575	2.534	2.464	2.415	2.378
0.30	3.603	3.536	3.255	3.081	2.785	2.520	2.463	2.429	2.379	2.360	2.347
0.32	3.368	3.310	3.063	2.909	2.646	2.410	2.360	2.332	2.299	2.306	2.316
0.34	3.159	3.108	2.891	2.754	2.519	2.308	2.264	2.241	2.222	2.252	2.283
0.36	2.975	2.930	2.736	2.614	2.403	2.213	2.175	2.156	2.149	2.109	2.250
0.38	2.811	2.770	2.597	2.487	2.297	2.126	2.093	2.077	2.081	2.148	2.217
0.40	2.664	2.628	2.471	2.372	2.199	2.045	2.017	2.004	2.017	2.099	2.184
0.42	2.531	2.499	2.357	2.267	2.110	1.970	1.946	1.936	1.956	2.052	2.151
0.44	2.411	2.382	2.253	2.170	2.027	1.900	1.879	1.872	1.899	2.006	2.119
0.46	2.302	2.275	2.157	2.082	1.950	1.835	1.817	1.812	1.845	1.963	2.088
0.48	2.203	1.178	2.069	2.000	1.879	1.774	1.759	1.756	1.794	1.921	2.057
0.50	2.111	2.088	1.988	1.924	1.813	1.717	1.704	1.703	1.746	1.880	2.027
0.55	1.913	1.894	1.810	1.757	1.665	1.589	1.581	1.583	1.635	1.785	1.953
0.60	1.748	1.732	1.662	1.617	1.539	1.478	1.474	1.479	1.538	1.699	1.884
0.65	1.610	1.596	1.535	1.497	1.431	1.382	1.381	1.388	1.452	1.621	1.819
0.70	1.492	1.479	1.426	1.393	1.336	1.297	1.298	1.307	1.375	1.549	1.734
0.75	1.390	1.379	1.332	1.302	1.253	1.221	1.225	1.235	1.305	1.484	1.596
0.80	1.301	1.291	1.249	1.223	1.179	1.154	1.150	1.171	1.243	1.424	1.474
0.85	1.222	1.214	1.176	1.152	1.114	1.094	1.100	1.112	1.186	1.358	1.370
0.90	1.153	1.145	1.110	1.089	1.055	1.039	1.047	1.060	1.134	1.279	1.279
0.95	1.091	1.084	1.052	1.032	1.002	0.990	0.998	1.102	1.087	1.200	1.200

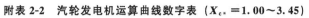
附录2　发电厂电气相关数据

附表 2-2　汽轮发电机运算曲线数字表 ($X_{c*} = 1.00 \sim 3.45$)

X_{c*}	t/s										
	0	0.01	0.06	0.1	0.2	0.4	0.5	0.6	1	2	4
1.00	1.035	1.028	0.999	0.981	0.954	0.945	0.954	0.968	1.043	1.129	1.129
1.05	0.985	0.979	0.952	0.935	0.910	0.904	0.914	0.928	1.003	1.067	1.067
1.10	0.940	0.934	0.908	0.893	0.870	0.866	0.876	0.891	0.966	1.011	1.020
1.15	0.898	0.892	0.869	0.854	0.833	0.832	0.842	0.857	0.932	0.961	0.961
1.20	0.860	0.855	0.832	0.819	0.800	0.800	0.811	0.825	0.898	0.915	0.915
1.25	0.825	0.820	0.799	0.786	0.769	0.770	0.781	0.796	0.864	0.874	0.874
1.30	0.793	0.788	0.768	0.756	0.740	0.743	0.754	0.769	0.831	0.836	0.836
1.35	0.763	0.758	0.739	0.728	0.713	0.717	0.728	0.743	0.800	0.802	0.802
1.40	0.735	0.731	0.713	0.703	0.688	0.693	0.705	0.720	0.769	0.770	0.770
1.45	0.710	0.705	0.688	0.678	0.665	0.671	0.682	0.697	0.740	0.740	0.740
1.50	0.686	0.682	0.665	0.656	0.644	0.650	0.662	0.676	0.713	0.713	0.713
1.55	0.663	0.659	0.644	0.635	0.623	0.630	0.642	0.657	0.687	0.687	0.687
1.60	0.642	0.639	0.623	0.615	0.604	0.612	0.624	0.638	0.664	0.664	0.664
1.65	0.622	0.619	0.605	0.596	0.586	0.594	0.606	0.621	0.642	0.642	0.642
1.70	0.604	0.601	0.587	0.579	0.570	0.578	0.590	0.604	0.621	0.621	0.621
1.75	0.586	0.583	0.570	0.562	0.554	0.562	0.574	0.589	0.602	0.602	0.602
1.80	0.570	0.567	0.554	0.547	0.539	0.548	0.559	0.573	0.584	0.584	0.584
1.85	0.554	0.551	0.539	0.532	0.524	0.534	0.545	0.559	0.566	0.566	0.566
1.90	0.540	0.537	0.525	0.518	0.511	0.521	0.532	0.544	0.550	0.550	0.550
1.95	0.526	0.523	0.511	0.505	0.498	0.508	0.520	0.530	0.535	0.535	0.535
2.00	0.512	0.510	0.498	0.492	0.486	0.496	0.508	0.517	0.521	0.521	0.521
2.05	0.500	0.497	0.486	0.480	0.474	0.485	0.496	0.504	0.507	0.507	0.507
2.10	0.488	0.485	0.475	0.469	0.463	0.474	0.485	0.492	0.494	0.494	0.494
2.15	0.476	0.474	0.464	0.458	0.453	0.463	0.474	0.481	0.482	0.482	0.482
2.20	0.465	0.463	0.453	0.448	0.443	0.453	0.464	0.470	0.470	0.470	0.470
2.25	0.455	0.453	0.443	0.438	0.433	0.444	0.454	0.459	0.459	0.459	0.459
2.30	0.445	0.443	0.433	0.428	0.424	0.435	0.444	0.448	0.448	0.448	0.448
2.35	0.435	0.433	0.424	0.419	0.415	0.426	0.435	0.438	0.438	0.438	0.438
2.40	0.426	0.424	0.415	0.411	0.407	0.418	0.426	0.428	0.428	0.428	0.428
2.45	0.417	0.415	0.407	0.402	0.399	0.410	0.417	0.419	0.419	0.419	0.419
2.50	0.409	0.407	0.399	0.394	0.391	0.402	0.409	0.410	0.410	0.410	0.410
2.55	0.400	0.399	0.391	0.387	0.383	0.394	0.401	0.402	0.402	0.402	0.402
2.60	0.392	0.391	0.383	0.379	0.376	0.387	0.393	0.393	0.393	0.393	0.393
2.65	0.385	0.384	0.376	0.372	0.369	0.380	0.385	0.386	0.386	0.386	0.386

X_{c*}	t/s										
	0	0.01	0.06	0.1	0.2	0.4	0.5	0.6	1	2	4
2.70	0.377	0.377	0.369	0.365	0.362	0.373	0.378	0.378	0.378	0.378	0.378
2.75	0.370	0.370	0.362	0.359	0.356	0.367	0.371	0.371	0.371	0.371	0.371
2.80	0.363	0.363	0.356	0.352	0.350	0.361	0.364	0.364	0.364	0.364	0.364
2.85	0.357	0.356	0.350	0.346	0.344	0.354	0.357	0.357	0.357	0.357	0.357
2.90	0.350	0.350	0.344	0.340	0.338	0.348	0.351	0.351	0.351	0.351	0.351
2.95	0.344	0.344	0.338	0.335	0.333	0.343	0.344	0.344	0.344	0.344	0.344
3.00	0.338	0.338	0.332	0.329	0.327	0.337	0.338	0.338	0.338	0.338	0.338
3.05	0.332	0.332	0.327	0.324	0.322	0.331	0.332	0.332	0.332	0.332	0.332
3.10	0.327	0.326	0.322	0.319	0.317	0.326	0.327	0.327	0.327	0.327	0.327
3.15	0.321	0.321	0.317	0.314	0.312	0.321	0.321	0.321	0.321	0.321	0.321
3.20	0.316	0.316	0.312	0.309	0.307	0.316	0.316	0.316	0.316	0.316	0.316
3.25	0.311	0.311	0.307	0.304	0.303	0.311	0.311	0.311	0.311	0.311	0.311
3.30	0.306	0.306	0.302	0.300	0.298	0.306	0.306	0.306	0.306	0.306	0.306
3.35	0.301	0.301	0.298	0.295	0.294	0.301	0.301	0.301	0.301	0.301	0.301
3.40	0.297	0.297	0.293	0.291	0.290	0.297	0.297	0.297	0.297	0.297	0.297
3.45	0.292	0.292	0.289	0.287	0.286	0.292	0.292	0.292	0.292	0.292	0.292

附表 2-3　水轮发电机运算曲线数字表（X_{c*}＝0.18～0.95）

X_{c*}	t/s										
	0	0.01	0.06	0.1	0.2	0.4	0.5	0.6	1	2	4
0.18	6.127	5.695	4.623	4.331	4.100	3.933	3.867	3.807	3.605	3.300	3.081
0.20	5.526	5.184	4.297	4.045	3.856	3.754	3.716	3.681	3.563	3.378	3.234
0.22	5.055	4.767	4.026	3.806	3.633	3.556	3.531	3.508	3.480	3.302	3.191
0.24	4.647	4.402	3.764	3.575	3.433	3.378	3.363	3.348	3.300	3.220	3.151
0.26	4.290	4.083	3.538	3.375	3.253	3.216	3.208	3.200	3.174	3.133	3.098
0.28	3.993	3.816	3.343	3.200	3.096	3.073	3.070	3.067	3.060	3.049	3.043
0.30	3.727	3.574	3.163	3.039	2.950	2.938	2.941	2.943	2.952	2.970	2.993
0.32	3.494	3.360	3.001	2.892	2.817	2.815	2.822	2.828	2.851	2.895	2.943
0.34	3.285	3.168	2.851	2.755	2.692	2.699	2.709	2.710	2.754	2.820	2.891
0.36	3.095	2.991	2.712	2.627	2.574	2.589	2.602	2.614	2.660	2.745	2.837
0.38	2.922	2.831	2.583	2.508	2.464	2.484	2.500	2.515	2.569	2.671	2.782
0.40	2.767	2.685	2.464	2.398	2.361	2.388	2.405	2.422	2.484	2.600	2.728
0.42	2.627	2.554	2.356	2.297	2.267	2.297	2.317	2.336	2.404	2.532	2.675
0.44	2.500	2.434	2.256	2.204	2.179	2.214	2.235	2.255	2.329	2.467	2.624

X_{c*}	t/s										
	0	0.01	0.06	0.1	0.2	0.4	0.5	0.6	1	2	4
0.46	2.385	2.325	2.164	2.117	2.098	2.136	2.158	2.180	2.258	2.406	2.575
0.48	2.280	2.225	2.079	2.038	2.023	2.064	2.087	2.110	2.192	2.348	2.527
0.50	2.183	2.134	2.001	1.964	1.953	1.996	2.021	2.044	2.130	2.293	2.482
0.52	2.095	2.050	1.928	1.895	1.887	1.933	1.958	1.983	2.071	2.241	2.438
0.54	2.013	1.972	1.861	1.831	1.826	1.874	1.900	1.925	2.015	2.191	2.396
0.56	1.938	1.899	1.798	1.771	1.769	1.818	1.845	1.870	1.963	2.143	2.355
0.60	1.802	1.770	1.683	1.662	1.665	1.717	1.744	1.770	1.866	2.054	2.263
0.65	1.658	1.630	1.599	1.543	1.550	1.605	1.633	1.660	1.759	1.950	2.137
0.70	1.534	1.511	1.452	1.440	1.451	1.507	1.535	1.562	1.663	1.846	1.964
0.75	1.428	1.408	1.358	1.349	1.363	1.420	1.449	1.476	1.578	1.741	1.794
0.80	1.336	1.318	1.276	1.270	1.286	1.343	1.372	1.400	1.498	1.620	1.642
0.85	1.254	1.239	1.203	1.199	1.217	1.274	1.303	1.331	1.423	1.507	1.513
0.90	1.182	1.169	1.138	1.135	1.156	1.212	1.241	1.268	1.352	1.403	1.403
0.95	1.118	1.106	1.080	1.078	1.099	1.156	1.185	1.210	1.282	1.308	1.308

附表 2-4　水轮发电机运算曲线数字表（$X_{c*} = 1.00 \sim 3.45$）

X_{c*}	t/s										
	0	0.01	0.06	0.1	0.2	0.4	0.5	0.6	1	2	4
1.00	1.061	1.050	1.027	1.027	1.048	1.105	1.132	1.156	1.211	1.225	1.225
1.05	1.009	0.999	0.979	0.980	1.002	1.058	1.084	1.105	1.146	1.152	1.152
1.10	0.962	0.953	0.936	0.937	0.959	1.015	1.038	1.057	1.085	1.087	1.087
1.15	0.919	0.911	0.896	0.898	0.920	0.974	0.995	1.011	1.029	1.029	1.029
1.20	0.880	0.872	0.859	0.862	0.885	0.936	0.955	0.966	0.977	0.977	0.977
1.25	0.843	0.837	0.825	0.829	0.852	0.900	0.916	0.923	0.930	0.930	0.930
1.30	0.810	0.804	0.794	0.798	0.821	0.866	0.878	0.884	0.888	0.888	0.888
1.35	0.780	0.774	0.765	0.769	0.792	0.834	0.843	0.847	0.849	0.849	0.849
1.40	0.751	0.746	0.738	0.743	0.766	0.803	0.810	0.812	0.813	0.813	0.813
1.45	0.725	0.720	0.713	0.713	0.740	0.774	0.778	0.780	0.780	0.780	0.780
1.50	0.700	0.696	0.690	0.695	0.717	0.746	0.749	0.750	0.750	0.750	0.750
1.55	0.677	0.673	0.668	0.673	0.694	0.719	0.722	0.722	0.722	0.722	0.722
1.60	0.655	0.652	0.647	0.652	0.673	0.694	0.696	0.696	0.696	0.696	0.696
1.65	0.635	0.632	0.628	0.633	0.653	0.671	0.672	0.672	0.672	0.672	0.672
1.70	0.616	0.613	0.610	0.615	0.634	0.649	0.649	0.649	0.649	0.649	0.649
1.75	0.598	0.595	0.592	0.598	0.616	0.628	0.628	0.628	0.628	0.628	0.628

续表

X_{c*}	t/s										
	0	0.01	0.06	0.1	0.2	0.4	0.5	0.6	1	2	4
1.80	0.581	0.578	0.576	0.582	0.599	0.608	0.608	0.608	0.608	0.608	0.608
1.85	0.565	0.563	0.561	0.566	0.582	0.590	0.590	0.590	0.590	0.590	0.590
1.90	0.550	0.548	0.546	0.552	0.566	0.572	0.572	0.572	0.572	0.572	0.572
1.95	0.536	0.533	0.532	0.538	0.551	0.556	0.566	0.566	0.566	0.566	0.566
2.00	0.522	0.520	0.519	0.524	0.537	0.540	0.540	0.540	0.540	0.540	0.540
2.05	0.509	0.507	0.507	0.512	0.523	0.525	0.525	0.525	0.525	0.525	0.525
2.10	0.497	0.495	0.495	0.500	0.510	0.512	0.512	0.512	0.512	0.512	0.512
2.15	0.485	0.483	0.483	0.488	0.497	0.498	0.498	0.498	0.498	0.498	0.498
2.20	0.474	0.472	0.472	0.477	0.485	0.486	0.486	0.486	0.486	0.486	0.486
2.25	0.463	0.462	0.462	0.466	0.473	0.474	0.474	0.474	0.474	0.474	0.474
2.30	0.453	0.452	0.452	0.456	0.462	0.462	0.462	0.462	0.462	0.462	0.462
2.35	0.443	0.442	0.442	0.446	0.452	0.452	0.452	0.452	0.452	0.452	0.452
2.40	0.434	0.433	0.433	0.436	0.441	0.441	0.441	0.441	0.441	0.441	0.441
2.45	0.425	0.424	0.424	0.427	0.431	0.431	0.431	0.431	0.431	0.431	0.431
2.50	0.416	0.415	0.415	0.419	0.422	0.422	0.422	0.422	0.422	0.422	0.422
2.55	0.408	0.407	0.407	0.410	0.413	0.413	0.413	0.413	0.413	0.413	0.413
2.60	0.400	0.399	0.399	0.402	0.404	0.404	0.404	0.404	0.404	0.404	0.404
2.65	0.392	0.391	0.392	0.394	0.396	0.396	0.396	0.396	0.396	0.396	0.396
2.70	0.385	0.384	0.384	0.387	0.388	0.388	0.388	0.388	0.388	0.388	0.388
2.75	0.378	0.377	0.377	0.379	0.380	0.380	0.380	0.380	0.380	0.380	0.380
2.80	0.371	0.370	0.370	0.372	0.373	0.373	0.373	0.373	0.373	0.373	0.373
2.85	0.364	0.363	0.364	0.365	0.366	0.366	0.366	0.366	0.366	0.366	0.366
2.90	0.358	0.357	0.357	0.359	0.359	0.359	0.359	0.359	0.359	0.359	0.359
2.95	0.351	0.351	0.351	0.352	0.353	0.353	0.353	0.353	0.353	0.353	0.353
3.00	0.345	0.345	0.345	0.346	0.346	0.346	0.346	0.346	0.346	0.346	0.346
3.05	0.339	0.339	0.339	0.340	0.340	0.340	0.340	0.340	0.340	0.340	0.340
3.10	0.334	0.338	0.338	0.334	0.334	0.334	0.334	0.334	0.334	0.334	0.334
3.15	0.328	0.328	0.328	0.329	0.329	0.329	0.329	0.329	0.329	0.329	0.329
3.20	0.323	0.322	0.322	0.323	0.323	0.323	0.323	0.323	0.323	0.323	0.323
3.25	0.317	0.317	0.317	0.318	0.318	0.318	0.318	0.318	0.318	0.318	0.318
3.30	0.312	0.312	0.312	0.313	0.313	0.313	0.313	0.313	0.313	0.313	0.313
3.35	0.307	0.307	0.307	0.308	0.308	0.308	0.308	0.308	0.308	0.308	0.308
3.40	0.303	0.302	0.302	0.303	0.303	0.303	0.298	0.303	0.303	0.303	0.303
3.45	0.298	0.298	0.298	0.298	0.298	0.298	0.298	0.298	0.298	0.298	0.298

2. 常用变压器技术参数

附表 2-5 110kV 双绕组变压器技术数据

型号	额定电压/kV		联结组标号	损耗/kW		空载电流率/%	阻抗电压率/%
	高压	低压		空载	负载		
S$_7$-6300/110				11.6	41	1.1	
S$_7$-8000/110				14.0	50	1.1	
SF$_7$-8000/110				14.0	50	1.1	
SF$_7$-10000/110				16.5	50	1.0	
SF$_7$-12500/110				19.5	70	1.0	
SF$_7$-16000/110				23.5	86	0.9	
SF$_7$-20000/110				27.5	104	0.9	
SF$_7$-25000/110				32.5	125	0.8	
SF$_7$-31500/110				38.5	140	0.8	
SF$_7$-40000/110		11		46.0	174	0.8	
SFP$_7$-50000/110	121±2×2.5%	10.5		55.0	215	0.7	
SFP$_7$-63000/110	110±2×2.5%	6.6		65.0	260	0.6	
SF$_7$-75000/110		6.3		75.0	300	0.6	
SFP$_7$-90000/110				85.0	346	0.6	
SFP$_7$-120000/110				106.0	422	0.6	
SFL$_7$-8000/110				14.0	50	1.1	
SFL$_7$-10000/110				16.5	50	1.0	
SFL$_7$-12500/110				19.5	70	1.0	
SFL$_7$-16000/110				23.5	86	0.9	
SFL$_7$-20000/110				27.5	104	0.9	
SFL$_7$-25000/110			YN, d11	32.5	123	0.8	10.5
SFL$_7$-31500/110				38.5	148	0.8	
SFP$_7$-12000/110	121±2×2.5% 110±2×2.5%	10.5 13.8		106.0	422	0.5	
SFP$_7$-18000/110	121±2×2.5%	15.75		110.0	550	0.5	
SFQ$_7$-20000/110				27.5	104	0.9	
SFQ$_7$-25000/110				32.5	125	0.8	
SFQ$_7$-31500/110	121±2×2.5%			38.5	148	0.8	
SFQ$_7$-40000/110	110±2×2.5%			46.0	174	0.7	
SFQ$_7$-50000/110				55.0	216	0.7	
SFQ$_7$-63000/110				65.0	260	0.6	
SFZL$_7$-8000/110		11		15.0	50	1.4	
SFZL$_7$-10000/110		10.5		17.8	59	1.3	
SFZL$_7$-12500/110		6.6		21.0	70	1.3	
SFZL$_7$-16000/110	121±3×2.5%	6.3		25.3	86	1.2	
SFZL$_7$-20000/110	110±3×2.5%			30.0	104	1.2	
SFZL$_7$-25000/110				35.5	123	1.1	
SFZL$_7$-31500/110				42.02	148	1.1	
SFZL$_7$-50000/110	110±8×1.25%			59.7	216	1.1	
SFZL$_7$-63000/110				59.7	260	1.0	

续表

型号	额定电压/kV		联结组标号	损耗/kW		空载电流率/%	阻抗电压率/%
	高压	低压		空载	负载		
SFZ₇-63000/110	110＋10×1.25% 110－6×1.25%	38.5		71.0	260	0.9	
SFZQ₇-20000/110	110±8×1.25%			30	104	0.9	
SFZQ₇-25000/110				32.5	123	1.2	
SFZQ₇-31500/110				38.5	148	1.1	
SFZQ₇-40000/110				46	174	1.0	
SFZQ₇-31500/110	115±8×1.25%				148	1.1	
SFZQ₇-50000/110					216	1.0	
SFZQ₇-63000/110					260	0.9	
SFZ₉-6300/110		11 10.5 6.6 6.3	YN, d11	10	36.9	0.8	10.5
SFZ₉-8000/110				12	45.0	0.76	
SFZ₉-10000/110				14.24	53.1	0.72	
SFZ₉-12500/110				16.8	63.0	0.67	
SFZ₉-16000/110				20.24	77.4	0.63	
SFZ₉-20000/110				24	93.6	0.62	
SFZ₉-25000/110				28.4	110.7	0.55	
SFZ₉-31500/110	110±8×1.25%			37.76	133.2	0.55	
SFZ₉-40000/110				40.4	156.6	0.5	
SFZ₉-50000/110				47.76	194.4	0.5	
SFZ₉-63000/110				56.8	234.0	0.4	
SFZ₁₀-6300/110				8.75	34.85	0.72	
SFZ₁₀-8000/110				10.50	42.50	0.68	
SFZ₁₀-10000/110				12.46	50.15	0.65	
SFZ₁₀-12500/110				17.70	59.50	0.60	
SFZ₁₀-16000/110				17.71	73.10	0.57	
SFZ₁₀-20000/110				21	88.40	0.56	
SFZ₁₀-25000/110				24.85	104.55	0.50	
SFZ₁₀-31500/110				29.54	125.80	0.50	
SFZ₁₀-40000/110				35.35	147.90	0.45	
SFZ₁₀-50000/110				41.79	183.60	0.45	
SFZ₁₀-63000/110				49.70	221	0.36	

附表 2-6　35kV 配电变压器技术参数

型号	额定容量 /(kV·A)	电压组合			联结组 标号	空载 损耗 /W	负载 损耗 /W	空载 电流率 /%	阻抗 电压率 /%
		高压 /kV	分接头范围	低压 /kV					
SC₉-315/35	80	35 38.5	±5×2.5% 或 ±2×2.5%	0.4	Y, yn0 或 D, yn11	1300	4800	2.0	6
SC₉-400/35	1000					1520	5900		
SC₉-500/35	1250					1750	7200		
SC₉-630/35	1600					2050	8500	1.8	
SC₉-800/35	2000					2400	10 100		

续表

型号	额定容量/(kV·A)	电压组合			联结组标号	空载损耗/W	负载损耗/W	空载电流率/%	阻抗电压率/%
		高压/kV	分接头范围/%	低压/kV					
SC$_9$-1000/35	2500	35 38.5	±5×2.5% 或 ±2×2.5%	0.4	Y，yn0 或 D，yn11	2700	11 700	1.8	6
SC$_9$-1250/35	3150					3150	14 200	1.6	
SC$_9$-1600/35	4000					3600	17 200	1.4	
SC$_9$-2000/35	5000					4250	20 250		
SC$_9$-2500/35	6300					5000	24 250		

附表 2-7　6～10kV 低损耗全密封波纹油箱配电变压器技术参数

额定容量/(kV·A)	联结组标号	电压组合/kV			空载损耗/W	负载损耗/W	空载电流率/%	短路阻抗率/%
		高压	低压	分接范围				
S$_9$-M-30	Y，yn0	6.3 6.6 10 10.5 11	0.4	±5%	0.13	0.60	2.1	4
S$_9$-M-50					0.17	0.87	2.0	4
S$_9$-M-63					0.20	1.04	1.9	4
S$_9$-M-80					0.25	1.25	1.8	4
S$_9$-M-100					0.29	1.50	1.6	4
S$_9$-M-125					0.34	1.80	1.5	4
S$_9$-M-160					0.40	2.20	1.4	4
S$_9$-M-200					0.48	2.60	1.3	4
S$_9$-M-250					0.56	3.05	1.2	4
S$_9$-M-315					0.67	3.65	1.1	4
S$_9$-M-400					0.80	4.30	1.0	4
S$_9$-M-500					0.96	5.10	1.0	4
S$_9$-M-630					1.20	6.20	0.9	4
S$_9$-M-800					1.40	7.50	0.8	4
S$_9$-M-1000					1.70	10.3	0.7	4
S$_9$-M-1250					1.95	12.8	0.6	4
S$_9$-M-1600					2.4	14.5	0.6	4
S$_9$-M-2000					2.85	17.8	0.6	4

3. 常用断路器技术参数

附表 2-8　常用断路器技术参数

型号	额定电压 /kV	额定电流 /A	额定开断电流 /kA	额定短时(4s)耐受电流 /kA	额定峰值耐受电流 /kA	额定短路关合电流 /kA	分闸时间 /ms	合闸时间 /ms	说明
ZN28-12/630	12	630	20/25/31.5	20/25/31.5	50/63/80	50/63/80	t≤60	t≤60（配CT17）	
ZN28-12/1250	12	1250	20/25/31.5	20/25/31.5	50/63/80	50/63/80		t≤150（配CT19、CT8）	
ZN28-12/1600	12	1600	20/25/31.5	20/25/31.5	50/63/80	50/63/80			
ZN28-12/2000	12	2000	40	40	100	100		t≤60（配CD17）	
ZN28-12/2500	12	2500	40	40	100	100			
ZN28-12/3150	12	3150	40	40	100	100			
ZN23A-40.5/1250	40.5	1250	25/31.5	25/31.5	63/80	63/80		t≤100（弹操）	
ZN23A-40.5/1600	40.5	1600	25/31.5	25/31.5	63/80	63/80		t≤150（电操）	
ZN23A-40.5/2000	40.5	2000	25/31.5	25/31.5	63/80	63/80			
ZW27-12/630	12	630	12.5/16/20/25	12.5/16/20/25	31.5/40/50/63	31.5/40/50/63	60≤t≤100	t≤100	户外柱上式
ZW27-12/1000	12	1000	12.5/16/20/25	12.5/16/20/25	31.5/40/50/63	31.5/40/50/63			
ZW27-12/1250	12	1250	12.5/16/20/25	12.5/16/20/25	31.5/40/50/63	31.5/40/50/63			
ZW7-40.5/1250	40.5	1250	25/31.5	25/31.5	63/80	63/80	30≤t≤60	70≤t≤150	
ZW7-40.5/1600	40.5	1600	25/31.5	25/31.5	63/80	63/80	30≤t≤60	70≤t≤150	
ZW7-40.5/2000	40.5	2000	25/31.5	25/31.5	63/80	63/80	30≤t≤60	70≤t≤150	
LW8-40.5/1600	40.5	1600	25/31.5	25/31.5	63/80	63/80	t≤60	t≤100	可配12只LR(D)-40.5电流互感器
LW8-40.5/2000	40.5	2000	25/31.5	25/31.5	63/80	63/80			
LW36-126/3150	126	3150	40	40	100	100	35±5	70±8	

4. 隔离开关技术术参数

附表 2-9　隔离开关技术术参数

型号	额定电压 /kV	额定电流 /A	额定短时 (4s) 耐受电流 /kA	额定峰值耐受电流 /kA	操作机构	说明
GN$_{19}$-12（c）/630	12	630	12.5	31.5	CS	
GN$_{19}$-12(c)/1000		1000	31.5	80		
GN$_{19}$-12(c)/1250		1250	40	100		
GN$_{22}$-12/1600		1600	40	50		
GN$_{22}$-12/2000		2000	40	50		
GN$_{30}$-12(D)/1600		1600	40	100	JSXGN-12	
GN$_{30}$-12(D)/2000		2000	50	125		
GN$_{30}$-12(D)/2500		2500	50	125		
GW$_4$-126(D)/630	126	630	20	50	CJ2、CJ5、CS14、CS17	括号内 D 表示带接地刀闸
GW$_4$-126(D)/1000		1000	31.5	80		
GW$_4$-126(D)/1250		1250	31.5	80		
GW$_4$-126(D)/2000		2000	40	100		
GW$_5$-126(D)/630		630	20	50	CS17	
GW$_5$-126(D)/1000		1000	31.5	80	CJ2	
GW$_5$-126(D)/1250		1250	31.5	80		
GW$_5$-126(D)/2000		2000	40	100		
GW$_{16}$-126(D)/1250		1250	31.5	80	CJ7A、CSA、CSB、CSC	
GW$_{16}$-126(D)/1600		1600	31.5	80		
GW$_{16}$-126(D)/2000		2000	31.5	80		
GW$_7$-252(D)/1600	252	1600	40(3s)	100	CSA、CSB、CS17-Ⅱ、CJ7A	
GW$_7$-252(D)/2000		2000	50(3s)	125		
GW$_7$-252(D)/2500		2500	50(3s)	125		
GW$_7$-252(D)/3150		3150	50(3s)	125		

5. 常用高压熔断器技术参数

附表 2-10　常用高压熔断器技术参数

产品型号	额定电压 /kV	额定电流范围 /A	最大切断电流 /kA	最大切断容量 /(MV·A)	切断极限短路电流最大峰值 /kA	参考价格
RN$_1$-6	6	2、3、5、7.5、10、15、20	20	≥200	5.2	30 元
		30、40、50、75	20	≥200	14	30 元
		100	20	≥200	19	40 元
		150、200、300	20	≥200	25	40 元
RN$_1$-10	10	2、3、5、7.5、10、15、20	12	≥200	4.5	30 元
		30、40、50	12	≥200	8.6	30 元
		75、100	12	≥200	15.5	40 元
		150、200	12	≥200	—	75 元
RN$_2$-10	3	0.5	100	≥500	160	28 元
	6	0.5	85	≥1000	300	28 元
	10	0.5	50	≥1000	1000	18 元
RW$_3$-10	10	3、5、7.5、10、15、20、25、30	—	30≤S≤100	—	35～65 元
RW$_3$-10	10	40、50、60、75、100、150、200				140～177 元
RW$_4$-10/50	10	3～50	—	5≤S≤100	—	45～73 元
RW$_4$-10/100	10	30～100	—	10≤S≤200	—	45～73 元
RW$_7$-10/50-75		50	—	10≤S≤75	—	—
RW$_7$-10/100-100		100	—	30≤S≤100	—	—
RW$_7$-10/200-100	10	200	—	30≤S≤100	—	—
RW$_7$-10/50-75GY		50	—	10≤S≤75	—	—
RW$_7$-10/10-100GY		10	—	30≤S≤100	—	—
RW$_1$-35	35	0.5、3、5、7、10、15、20、25、30、40、50、75、100	—	≥400	8	390 元/组
RW$_{10}$-35/0.5		0.5（保护电压互感器）	—	≥2000	—	
RW$_{10}$-35/2		2（以下保护电力线路）	—	≥600	—	
RW$_{10}$-35/3	35	3	—	≥600	—	130 元/台
RW$_{10}$-35/5		5RW	—	≥600	—	
RW$_{10}$-35/7.5		7.5	—	≥600	—	
RW$_{10}$-35/10		10	—	≥600	—	
RW$_5$-35/50	35	50	—	≥200	—	160 元
RW$_5$-35/100	35	100	—	≥400	—	160 元

6. 常用母线和电力电缆技术数据

附表 2-11 矩形母线允许载流量（竖放）（环境温度＋25℃，最高允许温度＋70℃）

母线尺寸（宽×厚）/(mm×mm)	铜母线（TMY）载流量/A			铝母线（LMY）载流量/A		
	每相的铜排数			每相的铝排数		
	1	2	3	1	2	3
15×3	210	—	—	165	—	—
20×3	275	—	—	215	—	—
25×3	340	—	—	265	—	—
30×4	475	—	—	365	—	—
40×4	625	—	—	480	—	—
40×4	700	—	—	540	—	—
50×5	860	—	—	665	—	—
50×6	955	—	—	740	—	—
60×6	1125	1740	2240	870	1355	1720
80×6	1480	2110	2720	1150	1630	2100
100×6	1810	2470	3170	1425	1935	2500
60×8	1320	2160	2790	1245	1680	2180
80×8	1690	2620	3370	1320	2040	2620
100×8	2080	3060	3930	1625	2390	3050
120×8	2400	3400	4340	1900	2650	3380
60×10	1475	2560	3300	1155	2010	2650
80×10	1900	3100	3990	1480	2410	3100
100×10	2310	3610	4650	1820	2860	3650
120×10	2650	4100	5200	2070	3200	4100

附表 2-12 油浸纸绝缘电力电缆允许的载流量

电缆型号	ZLQ，ZLQ，ZLL			ZLQ$_{20}$，ZLQ$_{30}$ ZLQ$_{12}$，ZLL$_{130}$			ZLQ$_2$，ZLQ$_3$，ZLQ$_5$ ZLL$_{12}$，ZLL$_{13}$		
额定电压/kV	1～3	6	10	1～3	6	10	1～3	6	10
最高允许温度/℃	80	65	60	80	65	60	80	65	60
芯数×截面/mm²	敷设于 25℃ 空气中载流量/A			敷设于 25℃ 空气中载流量/A			敷设于 15℃ 土壤中载流量/A		
3×2.5	22	—	—	24	—	—	30	—	—
3×4	28	—	—	32	—	—	39	—	—
3×6	35	—	—	40	—	—	50	—	—
3×10	48	43	—	55	48	—	67	61	—

续表

芯数×截面/mm²	敷设于 25℃ 空气中载流量/A						敷设于 15℃ 土壤中载流量/A		
3×16	65	55	55	70	65	60	88	78	73
3×25	85	75	70	95	85	80	114	104	100
3×35	105	90	85	115	100	95	141	123	118
3×50	130	115	105	145	125	120	174	151	147
3×70	160	135	130	180	155	145	212	186	170
3×95	195	170	160	220	190	180	256	230	209
3×120	225	195	185	255	220	206	289	257	243
3×150	265	225	210	300	255	235	332	291	277
3×180	305	260	245	345	295	270	376	330	310
3×240	365	310	290	410	345	325	440	386	367

附表 2-13　VLV 聚氯乙烯绝缘及护套铝芯电力电缆允许载流量　　　　单位：A

电缆额定电压/kV	1		6	
最高允许温度/℃	+65			
芯数×截面/mm²	15℃地中直埋	25℃空气中敷设	15℃地中直埋	25℃空气中敷设
3×2.5	25	16	—	—
3×4	33	22	—	—
3×6	42	29	—	—
3×10	57	40	54	42
3×16	75	53	71	56
3×25	99	72	92	74
3×35	120	87	116	90
3×50	147	108	143	112
3×70	181	135	171	136
3×95	215	165	208	167
3×120	244	191	238	194
3×150	280	225	272	224
3×180	316	257	308	257
3×240	361	306	353	301

附表 2-14 交联聚乙烯绝缘聚氯乙烯护套电力电缆允许载流量　　　单位：A

电缆额定电压/kV	1kV，3～4 芯				10kV，3 芯			
最高允许温度/℃	90							
芯数×截面/mm²	15℃地中直埋		25℃空气中敷设		15℃地中直埋		25℃空气中敷设	
	铝	铜	铝	铜	铝	铜	铝	铜
3×16	99	128	77	105	102	131	94	121
3×25	128	167	105	140	130	168	123	158
3×35	150	200	125	170	155	200	147	190
3×50	183	239	155	205	188	241	180	231
3×70	222	299	195	260	224	289	218	280
3×95	266	350	235	320	266	341	261	335
3×120	305	400	280	370	302	386	303	388
3×150	344	450	320	430	342	437	347	445
3×180	389	511	370	490	382	490	394	504
3×240	455	588	440	580	440	559	461	587

7. 电压互感器技术参数

附表2-15　电压、互感器技术参数

型号	额定一次电压 /kV	额定二次电压 /V	剩余电压绕组电压 /V	准确度等级组合	二次绕组额定输出容量 /(V·A)	极限输出容量 /(V·A)	说明
JDZ-3(Q)	3	100	—	0.2/0.5	25/30	200	
JDZ-6(Q)	6	100	—	0.2/0.5	25/50	300	
JDZ-10(Q)	10	100	—	0.2/0.5	30/80	500	
JDZJ-3(Q)	$3/\sqrt{3}$	$100/\sqrt{3}$	100/3	0.2/0.5/6P	15/30/50	200	
JDZJ-6(Q)	$6/\sqrt{3}$	$100/\sqrt{3}$	100/3	0.2/0.5/6P	15/30/50	200	
JDZJ-10(Q)	$10/\sqrt{3}$	$100/\sqrt{3}$	100/3	0.2/0.5/6P	30/50/50	300	
JDZ₁₀-6	6	100	—	0.2/0.5	15/30	200	户内型
JDZX₁₀-6	$6\sqrt{3}$	$100/\sqrt{3}$	100/3	0.2/0.5/6P	15/30/50	200	
JDZ₉-10	10	100	—	0.2/0.5	30/80	400	
JDZX₉-10	$10/\sqrt{3}$	$100/\sqrt{3}$	100/3	0.2/0.5/6P	20/50/50	300	
JDZ₁₀-10	10	100	—	0.2/0.5	15/30	200	
JDZX₁₀-10	$10/\sqrt{3}$	$100/\sqrt{3}$	100/3	0.2/0.5/6P	15/30/50	200	
JDZ₉-35	35	100	—	0.2/0.5	60/120	800	
JDZX₉-35	$35/\sqrt{3}$	$100/\sqrt{3}$	100/3	0.2/0.5/6P	30/80/100	600	
JDZW-10	10	100	—	0.2/0.5	30/80	400	
JDN₂-35	35	100	—	0.5/1/3	150/250/500	1000	
JDXN₂-35	$35/\sqrt{3}$	$100/\sqrt{3}$	100/3	0.2/0.5/1/6P	80/150/250/100	1000	
JDZXW-35	$35/\sqrt{3}$	$100/\sqrt{3}$	100/3	0.2/0.5/6P	20/60/100	800	户外型
JDQXF-110	$110/\sqrt{3}$	$100/\sqrt{3}$，$100/\sqrt{3}$	100	0.2/0.5/5P	100/200/300	—	
JDC-110	$110/\sqrt{3}$	$100/\sqrt{3}$	100	0.2/0.5/1/3/3P	150/300/500/500/300	2000	
JDCF-110	$110/\sqrt{3}$	$100/\sqrt{3}$，$100/\sqrt{3}$	100	0.2/0.5/3P	100/200/300	2000	

8. 常用电流互感器技术数据

附表 2-16　常用电流互感器技术数据

型号	额定电压/kV	额定一次电流/A	额定二次电流/A	准确度等级及组合	额定输出容量/(V·A)	额定热稳定倍数	额定动稳定倍数
LA-10(Q)	10	5～200	5 或 1	0.2/10P10 0.5/10P10	10/15 15/15	90	150
		300～400				75	135
		500				60	110
		600～1000				50	90
LAJ-10(Q)	10	5～200	5 或 1	0.2/10P10 0.5/10P10	10/20 15/20	120	215
		300				100	180
		400 500 600～800			10/15 15/15	75 60 50	135 110 90
		1000～2000			10/20 20/20	50	90
LQJ-10	10	5～200 300			10/15 15/15	70	150
LDJ-10		5～200	5 或 1	0.2/10P10 0.5/10P10	10/15	100	250
		300～400			10/15	63	100
		500～600			10/20	63	100
		800			15/20	63	100
		1000			10/25	80	130
		1200			20/25	80	130
LZZBJ₉-10	10	5～200 300～400 500～800 1000～2500	5 或 1	0.2/10P10 0.5/10P10 0.2/0.5/10P10 0.2/0.2/10P10	10/15 15/15 10/15/15 10/10/15	90 24.5 32 50	225 61.25 80 125
LZZBW-35	35	50 75 100 150 200 300 400 500 600 800 1000 1200 1500 2000 2500	5 或 1	0.2/0.5/10P10/10P10 0.2/0.5/5P20	15/20/30/40 15/20/40 30/50/50/50 30/50/50	6 9 12 18 24 30 45 45 63 63 80 80 100 100 100	15 22.5 30 45 60 90 112.5 112.5 130 130 160 160 160 160

续表

型号	额定电压/kV	额定一次电流/A	额定二次电流/A	准确度等级及组合	额定输出容量/(V·A)	额定热稳定倍数	额定动稳定倍数
LZZB₉-35	35	30～300	5 或 1	0.2/0.5 0.2/P10 0.5/P10	10/15	100	250
		400～1250			10/15 15/15	31.5	80
		1500～1600 2000			15/58 15/30 58/30	31.5	80
LR(D)-40.5	40.5	50～2000	5 或 1	0.2/0.5/10P/5P	5～40		
LB₇-110	110	2×(50～200)	5	10P15/10P15/10P15/0.2	50/50/50/50	5.3～42	13～108
		2×(300～1000)				31.5～45	80～115
LVQB-110	110	2×(300～1000)		10P20/10P20/10P20/0.2		40	100
LVQB-220	220	2300 2500 2×(600～1250)	5 或 1	0.2/0.5/5P/5P/5P/5P	30 40 50	31.5～63	80～160

9. KYN28A-12（GZS1）开关柜方案编号

附表 2-17　KYN28A-12（GZS1）开关柜方案编号

主接线方案编号	001	002	003	004	005	006	007	008
用途	架空进（出）线							
主接线方案编号	009	010	011	012	013	014	015	016
用途	架空进（出）线				电缆进（出）线			

续表

主接线方案编号	017	018	019	020	021	022	023	024
主接线方案								
用途	电缆进（出）线						左（右）联络	

主接线方案编号	025	026	027	028	029	030	031	032
主接线方案								
用途	左（右）联络							

主接线方案编号	033	034	035	036	037	038	039	040
主接线方案								
用途	架空进（出）线兼左（右）联络					架空进（出）线		

10. 电气一次设备图形文字符号

附表 2-18 电气一次设备图形文字符号

设备名称	图形符号	文字符号	用途
直流发电机		GD	将机械能转变成电能
交流发电机		G	将机械能转变成电能
直流电动机		MD	将电能转变成机械能
交流电动机		M	将电能转变成机械能
双绕组变压器			
三绕组变压器		TM	变换电能电压
自耦变压器			

设备名称	图形符号	文字符号	用途
电抗器		L	限制短路电流
分裂电抗器		L	限制短路电流
电流互感器		TA	大电流转换成小电流
电压互感器		TV	高电压转换成低电压
高压断路器		QF	投、切高压电路
低压断路器		QF	投、切低压电路
隔离开关		QS	隔离电源
负荷开关		QL	投、切电路
接触器		KM	投、切低压电路
熔断器		FU	短路或过负荷保护
避雷器		F	过电压保护
终端电缆头		X	电缆接头
保护接地		PE	保护人身安全
接地		E	保护或工作接地

11. 二次设备常用图形文字符号

附表 2-19 二次设备常用图形文字符号

序号	名称	图形符号	
		新	旧
1	继电器		
2	过电流继电器	I>	I
3	欠电压继电器	U<	U
4	气体继电器		

序号	名称	图形符号	
		新	旧
5	电铃		
6	电喇叭		
7	按钮开关（动合）		
8	按钮开关（动断）		
9	常开触点		
10	常闭触点		
11	延时闭合的常开触点		
12	延时闭合的常闭触点		
13	延时断开的常闭触点		
14	延时断开的常开触点		
15	接通的连接片 断开的连接片		
16	熔断器		
17	接触器常开（动合）触点		
	接触器常闭（动断）触点		

序号	名称	图形符号	
		新	旧
18	位置开关常开触点		
	常闭触点		
19	非电量触点常开（动合）触点		
	常闭（动断）触点		
20	切换片		
21	指示灯		
22	蜂鸣器		

12. 二次电路图常用的项目种类代号

附表 2-20　二次电路图常用的项目种类代号

序号	名称	字母	序号	名称	字母
1	电容器	C	12	断路器	QF
2	保护器件	F	13	隔离开关	QS
3	熔断器	FU	14	电阻器	R
4	发电机	G	15	控制电路的开关（按钮）	S(SB)
5	信号器件	H	16	变压器	T
6	红色信号灯	HR	17	电流互感器	TA
7	绿色信号灯	HG	18	电压互感器	TV
8	继电器（接触器）	K(KM)	19	晶体管	D
9	电感器	L	20	控制电路用电源的整流器	VC
10	电动机	M	21	端子	X
11	电力电路的开关	Q	22	电气操作的机械器件	Y

附录 3 发电厂电气部分课程 DIO 项目任务书

1. CDIO 工程教育理念

CDIO 是国际创新型工程教育模式，是美国麻省理工学院和瑞典皇家工学院的研究成果，它以产品的构思（conceive）、设计（design）、实施（implement）、运行改良（operate）四个生命周期为教育背景，以工程实践为载体，培养学生的工程基础知识，以及个人、人际团队和工程系统能力，注重能力－素质－知识一体化培养，采用"做中学""基于项目教育和学习"的方法，要求团队合作、交流沟通，鼓励学生主动学习、综合学习、创新学习。

2. 项目目的与要求

发电厂电气部分课程 DIO 项目是发电厂电气部分课程的一个组成部分，是课程教学内容的一个综合练习，通过发电厂电气部分课程 DIO 项目任务实践，让学生初步树立工程系统观念，综合课程所学的基本理论和专业知识，掌握发电厂电气一次部分初步设计的基本方法，学会分析原始资料，确定发电厂电气主接线方案（D），计算短路电流，进行主要电气一次设备的选型设计和配电装置的布置，绘制工程设计图纸（I），使用自评互评方案并加以改进（O）。

学生以组为单元完成整个项目，采取组长负责制，在实施过程中要求全体组员各尽其职，充分发挥团队协作精神，合力完成项目任务。

3. 项目原始资料

实例电站位于云南省境内，电站所在地区水利资源丰富，并逐步得到开发利用，已开发的电站和供电系统形成了现有供电系统，但随着工农业生产的不断发展，该地区电力供需矛盾日益紧张，为适应工农业发展的需要，现决定新建一座引水式水电站，根据电站周边的来水情况，确定建设电站的装机容量为 2×20MW，发电机选型为 SF20－10/3300，额定电压 $U_n = 10.5$kV，$\cos\phi = 0.8$（滞后），年最大负荷利用小时数为 3200h，所发电能全部送入距电站 50km 处的变电所 110kV 侧。系统在最大运行方式下折算到变电所 110kV 侧的电抗标幺值 $X_{\Sigma*} = 0.1$（以 $S_b = 100$MVA，$U_b = 115$kV 为基准），另已知该地区平均气温为 30℃。

4. 项目主要任务

1) 实例电站电气主接线的设计选择（D 任务）。

具体：

① 拟定技术上可行的若干种电气主接线方案。

② 对各主接线方案经技术、经济比较后确定最优主接线方案。

2) 实例电站三相短路电流计算（I 任务）。

具体：

① 10.5kV 侧三相短路电流计算。

② 110kV 侧三相短路电流计算。

3）实例电站电气一次设备选型（I任务）。

具体：

① 10kV 发电机回路、主变压器低压回路、母线电压互感器回路设备选择。

② 110kV 侧设备选择。

③ 厂用变压器回路设备选择。

4）电气主接线出图（I任务）。

具体：

按电力工程制图标准用 AutoCAD 绘制电气主接线图（2 号图纸）。

5）方案评比改良（O任务）。

具体：

① 制作汇报所用的 PPT。

② 以小组为单位汇报设计方案。

③ 现场进行方案自评、互评并提意见。

④ 根据整改意见改良方案。

5. 项目成果要求

说明书：可由正文、附录两部分组成。

正文部分先列出目录、前言，然后着重阐明项目任务与设计依据，各部分的设计原则与方法、设计方案与成果，必要的数据、表格、插图，设计者的心得体会等。

附录中可简要写出各项具体内容与计算过程（如短路电流计算、电气设备选择计算等），以及主要参考文献资料目录。

说明书用 A4 纸书写，篇幅不能少于 5000 字，文字应力求论证充分、简明通顺、条理清晰、逻辑性强。

图纸：电气主接线图 1 张（2 号图纸），所用各种图形符号、文字符号及制图方法等均应遵从国家规定，且应力求比例适当，图面正确、整洁、美观。

汇报所用的 PPT：要求生动、活泼、清楚，内容宜包含项目名称、项目主要任务、项目成员组成及各自分工，以及项目成果简介、自我评价、项目完成感悟等。

6. 项目设计要求

项目设计时要广泛查阅文献、规程、产品资料，力争所设计的电站技术先进、设备新颖，并能用 AutoCAD 出图。

7. 项目实施简要指导

在课程讲授开始即下放任务并组成项目小组，让学生带着任务学习并具备团队意识，具体落实的时间节点如下。

D 任务　单元四——发电厂变电所电气一次接线讲授完成后开始原始资料分析及主接线方案设计确定。

电气主接线与电力系统、电气布置、设备选型、继电保护、控制方式及运行的可靠性、灵活性和经济性等方面均有密切的关系。因此在设计电气主接线时，必须全面分析诸有关因素，正确处理相互之间的矛盾。

根据原始资料明确待建成的水电站在系统中的地位、作用。参阅有关的设计技术规程、设计手册，先拟定两三种技术上可行的主接线方案，然后经过经济比较后择优确定一种方案。

主变压器是电站中的主体设备，根据已有的主接线方案选择主变容量、型号。

I 任务一　短路电流计算。

短路电流计算的目的是选择电气设备时进行热稳定和动稳定校验。因此，应根据需要，选择不同的短路计算点，计算最大运行方式下不同时刻的短路电流值。

短路电流计算采用个别法查运算曲线来进行，为此，应首先选定基准电压及基准容量，把各个参数化为标幺值。然后，按短路计算点简化网络，求出各电源支路短路回路总电抗，再把短路回路总电抗归算为计算阻抗，利用运算曲线查得各有关时刻的短路电流值。

短路电流的整个计算过程是比较烦琐的，计算的量也较大，学生可将各短路电流的计算结果按短路计算点列成表格，放在设计说明书的正文内，而将参数的标幺值、网络的简化步骤等作为附件，放在设计说明书正文之后，作为附录的计算书内容。

I 任务二　单元六——电气设备的选择讲授完成后进行电气一次设备选择、配电装置的布置、电气主接线图绘制。

电气设备的选择包括 10kV 开关柜及 110kV 设备的选择。

需要选择的设备包括：断路器、互感器、隔离开关、熔断器、母线、电缆等。所有的设备均应满足正常工作状态及短路情况下的要求。

同短路电流计算一样，学生可将各电压级的设备选择结果列成表格（即设备清单），放在设计说明书正文内，将具体的计算、校验等作为附录的计算书内容。

O 任务　PPT 汇报（简要说明小组分工，整个方案 D、I 过程及成果）、小组自评互评，提出意见并改进方案。

8. 项目参考资料

郭琳，2009. 发电厂电气部分课程设计［M］. 北京：中国电力出版社.

郑晓丹，金永琪，2011. 发电厂电气部分［M］. 北京：科学出版社.

卢文鹏，吴佩雄，2005. 发电厂变电所电气设备［M］. 北京：中国电力出版社.

中国电力企业联合会，2009. 3～110kV 高压配电装置设计规范（GB 50060—2008）［S］. 北京：中国计划出版社.

中国电力企业联合会，2005. 导体和电器选择设计技术规定（DL/T 5222—2005）［S］. 北京：中国电力出版社.

长江勘测规划设计研究院，2012. 水利水电工程三相交流系统短路电流计算导则（SL 585—2012）［S］. 北京：中国水利水电出版社.

水利电力部西北电力设计院，1989. 电力工程电气设计手册（第 1 册）：电气一次部

分 [M].北京：中国电力出版社.

电力规划设计总院，2015.电力工程制图标准（DL/T 5028—2015）[S].北京：中国计划出版社.

主要参考文献

长江勘测规划设计研究院，2012. 水利水电工程三相交流系统短路电流计算导则（SL 585—2012）[S]．北京：中国水利水电出版社．

电力工业部 西北电力设计院，1998. 电力工程电气设备手册：电气一次部分 [M]．北京：中国电力出版社．

黄纯华，1987. 发电厂电气部分课程设计参考资料 [M]．北京：中国水利电力出版社．

刘宝贵，2005. 发电厂变电所电气设备 [M]．北京：中国电力出版社．

卢文鹏，吴佩雄，2005. 发电厂变电所电气设备 [M]．北京：中国电力出版社．

水利电力部 西北电力设计院，1989. 电力工程电气设计手册：电气一次部分 [M]．北京：中国电力出版社．

水利水电规划设计总院，2016. 水力发电厂二次接线设计规范（NB/T 35076—2016）[S]．北京：中国电力出版社．

王士政，冯金光，2002. 发电站电气部分 [M]．北京：中国水利水电出版社．

吴靓，谢珍贵，2004. 发电厂及变电站电气设备 [M]．北京：中国水利水电出版社．

谢珍贵，汪永华，2009. 发电厂电气设备 [M]．郑州：黄河水利出版社．

熊信银，2004. 发电厂电气部分 [M]．3 版．北京：中国电力出版社．

杨宛辉，1997. 发电厂电气部分：设计计算资料 [M]．西安：西北工业出版社．

姚春球，2013. 发电厂电气部分 [M]．3 版．北京：中国电力出版社．

应明耕，1988. 水电站电气部分 [M]．杭州：浙江大学出版社．

应明耕，2000. 水电站电气一次部分 [M]．北京：中国水利水电出版社．

中国电力企业联合会，2000. 火力发电厂试验、修配设备及建筑面积配置导则（DL/T 5004—2010）[S]．北京：中国电力出版社．

中国电力企业联合会，2005. 导体和电器选择设计技术规定（DL/T 5222—2005）[S]．北京：中国电力出版社．

中国电力企业联合会，2009. 3～110kV 高压配电装置设计规范（GB 50060—2008）[S]．北京：中国计划出版社．